课书房 新/形/态/教/材
高等职业教育工程造价专业系列教材
GAODENG ZHIYE JIAOYU GONGCHENG ZAOJIA ZHUANYE XILIE JIAOCAI

建筑管道工程预(结)算

（第2版）

JIANZHU GUANDAO GONGCHENG YU（JIE）SUAN

主　编○许光毅

参　编○熊　平　杜玲玲　冉建敏

重庆大学出版社

内容提要

本书取建筑给水排水及供暖分部工程的(室内和室外)生活给水、(室内和室外)消火栓、(室内和室外)排水三大系统独立成"章",同时简要介绍了供暖系统和空调系统的相关知识。本书对传统的安装工程识图与施工工艺、安装工程计量与计价(或安装工程概预算)、安装工程软件应用、BIM 技术基础、安装工程课程设计等专业课程进行了重组,以适应模块化、项目化教学模式,活页式教材等教学改革的需要。本书各章的初识、识图实践、识图理论对应于安装工程识图与施工工艺课程,各章的计价定额和清单计价理论、投标预算书的编制、手工计量、招标工程量清单的编制对应于安装工程计量与计价(或安装工程概预算)课程和安装工程设计课程,各章的 BIM 建模实务、BIM 建模实训对应于安装工程软件应用和 BIM 技术基础课程,既可灵活组合使用,也可按本书独立设置课程。

本书可作为高等职业院校工程造价、建设工程管理、智能建造、建筑经济信息化管理、给水排水专业学习工程造价的教学用书,也适合初学工程预(结)算编制的人员自学使用。

图书在版编目(CIP)数据

建筑管道工程预(结)算 / 许光毅主编. -- 2 版
. -- 重庆 : 重庆大学出版社, 2022.8
高等职业教育工程造价专业系列教材
ISBN 978-7-5689-1757-5

Ⅰ. ①建…　Ⅱ. ①许…　Ⅲ. ①管道工程—建筑预算定额—高等职业教育—教材　Ⅳ. ①TU723.3

中国版本图书馆 CIP 数据核字(2022)第 126874 号

高等职业教育工程造价专业系列教材
建筑管道工程预(结)算
(第 2 版)
主　编　许光毅
责任编辑:刘颖果　　版式设计:刘颖果
责任校对:邹　忌　　责任印制:赵　晟
*
重庆大学出版社出版发行
出版人:饶帮华
社址:重庆市沙坪坝区大学城西路 21 号
邮编:401331
电话:(023) 88617190　88617185(中小学)
传真:(023) 88617186　88617166
网址:http://www.cqup.com.cn
邮箱:fxk@cqup.com.cn (营销中心)
全国新华书店经销
POD:重庆新生代彩印技术有限公司
*
开本:787mm×1092mm　1/16　印张:16.75　字数:420千
2019 年 8 月第 1 版　2022 年 8 月第 2 版　2022 年 8 月第 3 次印刷
ISBN 978-7-5689-1757-5　定价:46.00 元

前言

为响应教育部提出的“产教融合、校企合作、工学结合、知行合一”的“四合”要求，创新改革应用技术教育体系下的教学机制，针对适应“模块化集成、水平和垂直结合式教学机制”（Modular integration, horizontal and vertical integration teaching mechanism，简称 MHV 教制）的需要，满足“网络课程支持的互动教学法”（Interactive teaching methods supported by online courses，核心词为 Interactive Teaching & Online Courses，简称 I&O 教法），以《建筑工程施工质量验收统一标准》（GB 50300—2013）和相应各分部工程对应的施工质量验收规范、《建设工程工程量清单计价规范》（GB 50500—2013）和《通用安装工程工程量计算规范》（GB 50856—2013）、《重庆市建设工程费用定额》（CQFYDE—2018）和《重庆市通用安装工程计价定额》（CQAZDE—2018）等标准和规范为依据编写本书。

本书依据“项目全过程集成暨五步逆作教学法”的思路，以子分部或分项工程为“项目任务模块（对象）”构建为“章”。各“章”按照初识→计价→建模→识图→手算的五大步骤，遵循“素不相识→似曾相识→了如指掌→刻骨铭心”的认识规律，由具体至抽象，再从抽象至具体，循序渐进地学习。

“项目全过程集成暨五步逆作教学法”（Project whole process integration and five step inverse teaching method，简称 P&F 教法）是符合初学者认识规律的一种学习方法。它针对一个明确的子分部工程或分项工程，首先通过对工程实体及项目名称的初次接触和了解，让学习者建立一个新事物的概念；然后站在工程造价人员的角度，学习并掌握计价的知识和技能，快速构建起操作计价软件的能力和理解计价定额知识的能力。在此基础上，通过 BIM 技术（建筑信息模型）建模知识和技能的掌握，形成“三维立体空间”的理解能力。然后再学习工程识图与施工工艺的知识，这样更有利于学习者站在工程造价计量立项的角度去把握学习的切入点和要点。最后采用“手算”方式深刻地理解并掌握“计量规则”。这是一种循序渐进的学习方法，学习者能够体会到“我的成功是我成功之母”的学习乐趣。它着眼于知识与技能的结合，且着重于落实培养技能的应用技术教育理念。本书内容逻辑构成如下：

（1）初识——系统原理介绍、设备材料及图例展示、施工质量验收规范相关条文说明和简化施工图介绍。

（2）计价——清单计价知识和计价定额知识的说明。采用提供的“招标工程量清单”，使用计价软件编制“投标预算书”来让学生操作练习。同时，让学生建立清单项目、项目特征、工程量三者关联的概念。

(3)建模——采用提供的"学生宿舍D栋建模基础数据表",选择BIM建模软件,由教师引领学生建立BIM模型,学生学会整理工程量表并理解"学生宿舍D栋建模基础数据表"。

(4)识图——利用前述建模的成果,由教师引领学生识读学生宿舍D栋施工图,掌握运用相关标准图集对主要节点大样图进行识读的技巧,明确与计价定额项目对应的识图关系,学会利用相关的技术规范和图集查询相关信息。

(5)手算——选择工程量表格计算软件,利用建模的成果,采取对照方式说明手工计算原则,引导学生深入理解"工程量计算规则",掌握不便于建模表达项目的手工计量技巧和再次采用计价软件编制"招标工程量清单",最终达成培养学生操作技能的目标。

本教材推荐采用"一套施工图用于教学引导,另一套施工图用于学生练习"的教学方法。在教学过程中,教师用某学校学生宿舍D栋(地上6层,建筑最大高度23 m,建筑面积9 887.43 m^2)施工图,引导学生开展计价与计量的学习;另采用某办公楼(地上3层,建筑最大高度12.6 m,建筑面积2 566.23 m^2)施工图,由学生为主进行实训。通过"一教一练",帮助学习者掌握知识、达成技能,具备初步职业能力。

本教材宜配套实行"I&O教法",即以互动式教学法之"主题探讨式互动"理论为基础,运用"网络私播课"的形式为支持,采用"学习小组"的组织方式为保障,依托学校由教师主导的"网络课程支持的互动教学法"开展学习。学习者通过小组合作,不仅能学习知识、掌握技能,还能提高其沟通与协调能力、分析与判断能力、快速学习能力、创新工作能力、承受压力能力这五个基本的职业能力,达到培养学习者最终具备进入职场所需综合能力的应用技术教育目标。

本书宜与重庆大学出版社的"课书房教学云平台"配套使用。选用本书的学校,可获得配套的教学PPT、教学日历、教学组织管理文件、教师参考资料等系列化"三维立体教案"。通过对教材对应的"完整视频课件"的学习,可满足学生预习和复习的需要,培养学生能提出有效质疑的能力和快速学习能力、沟通与协调能力。学习所需的施工图和各类表格等基础文件资料均可在重庆大学出版社网站下载,教师也可到工程造价教学交流群(QQ:238703847)下载。同时,强调课堂实行"主题互动式教学法"的重要性,推荐的学习程序如下图所示。

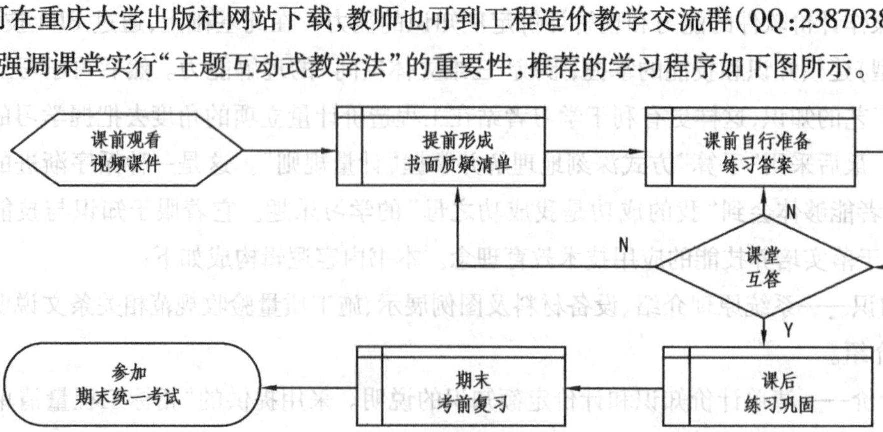

本书学习程序

本书强调引领学生掌握相关国家标准、规范、图集的识读与应用，着重培养学生从工程预(结)算的角度掌握"BIM 建模"条件下的施工图"立项与计量"技能，为学生从事工程造价职业奠定基础，进而培养造价工程师助手。

本书为适应当前建筑市场发承包模式下的一般水电工程之"水"，分为生活给水系统、消火栓系统、排水系统、其他管道工程四大部分。各章既可相对独立形成一门课程，也可一起组成"建筑管道工程预(结)算"一门课程。学生通过其中任一章的学习，可相对全面、系统地掌握某一分项工程预(结)算的基本技能，具备前往施工项目部实习的知识体系，体现了知识与技能的对象化、模块化、快捷化、系统化的新型应用技术教育理念。

重庆许建业企业管理咨询有限公司许光毅组织《建筑管道工程预(结)算》《建筑电气工程预(结)算》《建筑消防工程预(结)算》三本书的编写和审定；重庆许建业企业管理咨询有限公司冉建敏，重庆建筑科技职业学院的郭远方等老师，重庆交通职业学院的杜玲玲等老师，重庆大学城市科技学院的史玲老师，长江师范学院的熊平老师共同承担三本书的编写。本书由许光毅主编。其中，第 1 章给水系统由许光毅编写，第 2 章消火栓系统由杜玲玲编写，第 3 章排水系统由冉建敏编写，第 4 章其他管道系统由熊平编写。全书由许光毅负责制定编写大纲、提供基础资料和最终审核定稿。

编者愿意全心全意地为读者服务，但限于知识、环境条件等约束，错误在所难免，恳请广大同行和读者批评指正。

编者

2022 年 6 月

目　录

第 1 章　生活给水系统

1.1　本章导论

1.1.1　何谓建筑安装工程

1) 涉及安装工程的诸多“说法”

在日常的社会生活中，对于安装工程，常常有机电安装工程、建筑安装工程、设备安装工程、一般安装工程、通用安装工程、空调安装工程、消防安装工程等诸多说法。

2) 安装工程在招标投标市场中的划分

在建筑工程的招标投标市场活动中，有一般安装工程、空调安装工程、消防安装工程等说法。安装工程发承包时，按照不同单位工程划分合同包，常见的如图 1.1.1 所示。

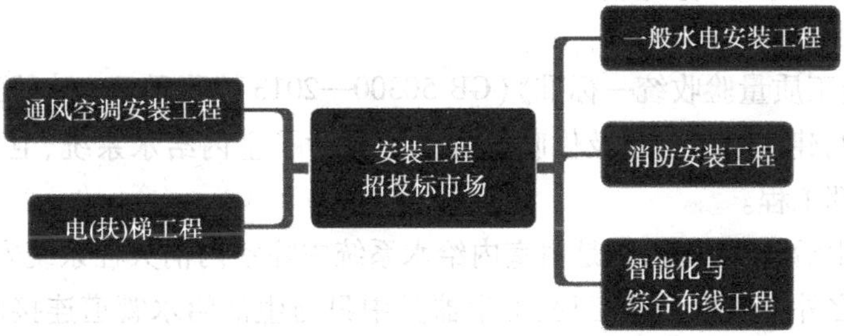

图 1.1.1　按照不同单位工程划分合同包

3) 机电工程与机电安装工程

在建造师执业资格认证活动中，“机电工程”是作为一个独立的专业类别进行注册管理的。它包括机电安装、石油化工、冶炼、电力四大专业工程。

机电安装工程由建筑机电工程和工业机电工程构成。建筑机电工程与工业机电工程的依据，来自国家标准《建筑工程施工质量验收统一标准》(GB 50300—2013)和《工业安装工程施工质量验收统一标准》(GB 50252—2018)。

4)建筑机电工程

国家标准《建筑工程施工质量验收统一标准》(GB 50300—2013)将建筑机电工程划分为五大分部工程,如图 1.1.2 所示。

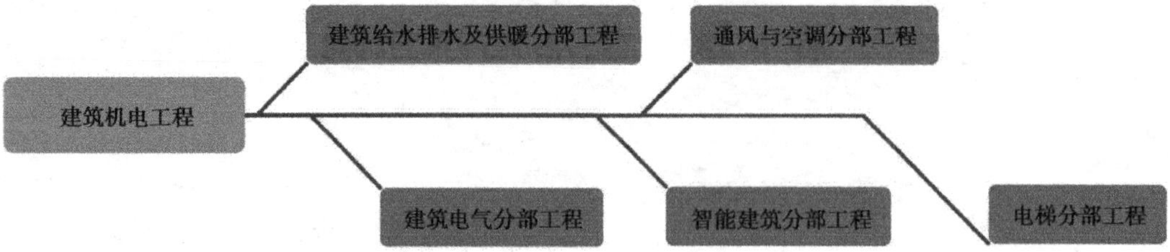

图 1.1.2　建筑机电工程分部工程的划分

5)建筑安装工程

通常情况下,房屋建筑工程项目一般由土建、安装、装饰三个部分构成。其中的"安装",就是机电工程中的"建筑机电工程",通常我们称之谓"建筑安装工程"。

6)通用安装工程

通用安装工程是工程量清单计价方式下,国家标准《通用安装工程工程量计算规范》(GB 50856—2013)的称谓。

综上所述:建筑安装工程与建筑机电工程是同一事物的不同称谓;而机电工程与通用安装工程的概念,其实质也是相同的。

1.1.2　生活给水系统的含义

《建筑工程施工质量验收统一标准》(GB 50300—2013)"附录 B　建筑工程的分部工程、分项工程划分"中,建筑给水排水及供暖分部工程包含了室内给水系统、卫生器具、室外给水管网等多个子分部工程。

本章所指的生活给水系统,则是由室内给水系统中除室内消火栓系统安装和消防喷淋系统安装分项工程之外的其他分项工程、卫生器具中只与生活给水管道连接的卫生器具,以及室外给水管网中除室外消火栓系统安装分项工程之外的其他分项工程构成。室内(外)消火栓系统安装分项工程在本书"第 2 章　消火栓系统"中介绍;消防喷淋系统安装分项工程在《建筑消防工程预(结)算》中介绍;与生活给水管道和排水管道连接的卫生器具在本书"第 3 章　排水系统"中介绍。

1.1.3　本章的学习内容与目标

本章将围绕生活给水系统的概念与构成、常用材料与设备、主要施工工艺及设备、给水系统对应项目的计价定额与工程量清单计价、施工图识读、BIM 模型的建立及手工算量的技巧等一系列知识点,形成一个相对闭合的学习环节,从而全面解读生活给水系统工程预(结)算文件编制的全过程。通过学习本章内容,学习者应掌握生活给水系统工程预(结)算的相关知识,具备计价、识图、BIM建模和计算工程量的技能,拥有编制生活给水系统工程预(结)算的能力。

1.2 初识生活给水系统

1.2.1 生活给水系统概述

1)城市给水排水与建筑给水排水的关系(图1.2.1、图1.2.2)

图1.2.1 城市给水

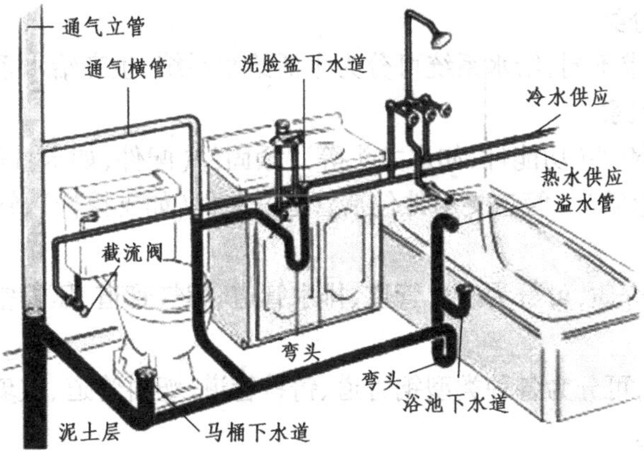

图1.2.2 建筑给水排水

①城市给水排水工程属于市政建设工程,不包含在建筑安装工程的范围内。

②城市给水工程一般是以水源地的一级泵房为起点,建筑小区的水表为终点。其包括了一级和二级泵房、输水管网、给水处理厂和配水管网等。

③城市排水工程按污水性质的不同,分为城市污水排水工程和城市雨水排水工程两类。

a.城市污水排水工程是从建筑小区下游最后一个污水检查井(碰头井)起至污水出水口,包括污水碰头井、污水排水管网、污水处理厂和污水出水口等。

b.城市雨水排水工程是从建筑小区下游最后一个雨水检查井(碰头井)起至雨水出水口,包括雨水碰头井、雨水排水管网和雨水口等。

城市给水排水工程与建筑给水排水的划分如图 1.2.3 所示。

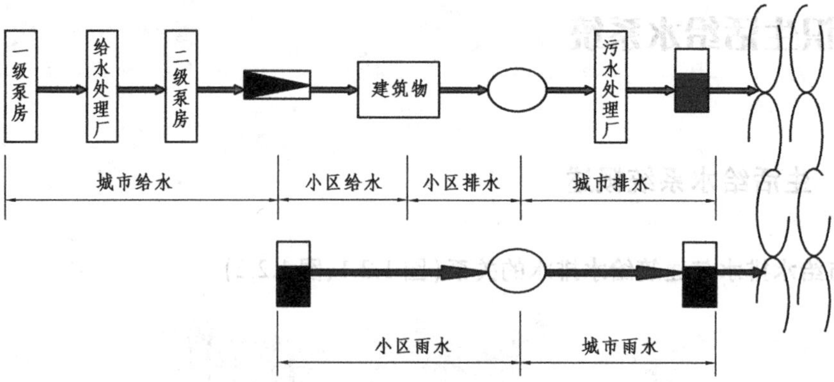

图 1.2.3　城市给水排水工程与建筑给水排水的划分

2)建筑给水工程的分界

①依据《建筑工程施工质量验收统一标准》(GB 50300—2013)对室外安装子分部工程的相关规定,建筑室外给水工程是独立的子分部工程。

②建筑小区室外给水系统(子分部工程)与室内生活给水系统(子分部工程)的分界点为:入口处设阀门者以阀门为界,无阀门者以建筑外墙皮 1.5 m 为界。

3)给水系统的分类与组成

(1)给水系统的分类

按供水用途和要求不同,给水系统可分为生活给水系统、生产给水系统和消防给水系统。

(2)组成管道的元素

管道组成件包括附件(功能件,如水龙头等)、紧固件(配件,如卡箍等)、管件(零件,如弯头与三通等)、管道(直管)。管道支承件包括管道安装件(如支撑杆)、管道附着件(如管吊)。

(3)管道的种类

①按管内的输送介质,可分为给水管道、排水管道、燃气管道、压缩空气管道、通风管道和空调管道。

②按管道的材质,可分为各种类型钢管道、铸铁管道、塑料管道、玻璃钢管道、复合材料管道和钢筋混凝土管道。

4)建筑管道工程施工工艺

①建筑管道工程施工工艺是指建筑管道工程施工的全过程,主要包括管材与管件的选用和测绘,支架制作与安装,管道预制与安装,设备、容器、卫生器具、附件以及构筑物安装,管道及设备的保温、试验和试运转等。而管道的连接方式是确定管道工程施工工艺的主要因素。管道常见的连接方式如表 1.2.1 所示。

表 1.2.1　管道常见的连接方式

名　称	图　片	名　称	图　片
电熔连接		平焊法兰连接	
螺纹连接		沟槽连接	
热熔连接	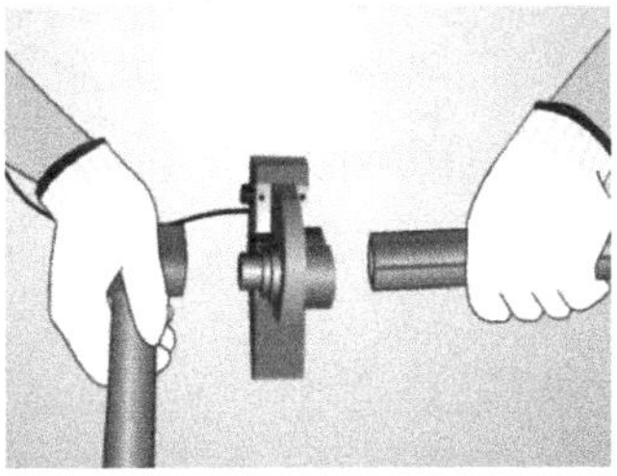	卡套(箍)连接	

②管道公称直径。公称直径(nominal diameter)又称平均外径(mean outside diameter),是指标准化以后的标准直径,用 DN 表示,单位:mm。

例如,DN15 的低压液体输送用镀锌焊接钢管(白铁管)的尺寸关系如图 1.2.4 所示,DN 表示公称直径,D 表示外径,d 表示内径,δ 表示壁厚。

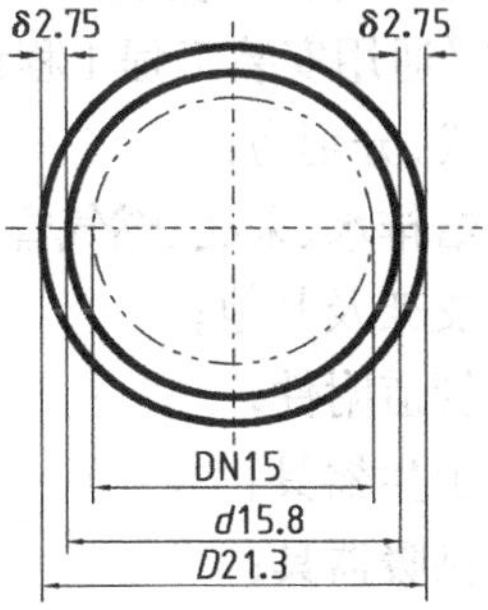

图 1.2.4　DN15 焊接钢管尺寸关系

③PP-R 给水塑料管常用外径(De)表达,其外径与公称直径的对照关系如表 1.2.2 所示。

表 1.2.2　PP-R 给水塑料管外径与公称直径的对照关系

De	20	25	32	40	50	63	75	90	110
DN	15	20	25	32	40	50	65	80	100

④PVC-U 排水塑料管也常用外径(De)表达,其外径与公称直径的对照关系如表 1.2.3 所示。

表 1.2.3 PVC-U 排水塑料管与公称直径的对照关系

De	50	75	110	160
DN	50	75	100	150

5)管道工程在各种标准中的不同划分方式

①《建筑工程施工质量验收统一标准》(GB 50300—2013)将建筑给水排水工程划分为15个子分部工程,分别为:

a.室内生活给水系统;

b.室内排水系统;

c.室内热水系统;

d.卫生器具;

e.室内供暖系统;

f.室外给水管网;

g.室外排水管网;

h.室外供暖管网;

i.室外二次供热管网;

j.建筑饮用水供应系统;

k.建筑中水系统及雨水利用系统;

l.游泳池及公共浴池水系统;

m.水景喷泉系统;

n.热源及辅助设备;

o.监测与控制仪表。

②《通用安装工程工程量计算规范》(GB 50856—2013)中规定给排水、采暖、燃气工程由9类构成,分别为:

a.给排水、采暖、燃气管道;

b.支架及其他;

c.管道附件;

d.卫生器具;

e.供暖器具;

f.采暖、给排水设备;

g.燃气器具及其他;

h.医疗气体设备及附件;

i.采暖、空调水工程系统调试。

1.2.2　生活给水系统的设备及材料

1) 室外生活给水系统的材料

室外生活给水系统常见的管道和附件如表 1.2.4 所示。

表 1.2.4　常见的室外给水管道和附件

名　称	图　片	图例符号	备　注
球墨铸铁给水管		—— J ——	室外给水管,常见于市政工程,图中管道采用承插连接
PE 聚乙烯塑料给水管		—— J ——	室外给水管,常见于建筑小区,图中管道采用电热熔连接
焊接钢管给水管		—— J ——	室外给水管,常见于市政工程,图中管道采用焊接连接
手轮式蝶阀			常见于给水管网工程
快开水嘴	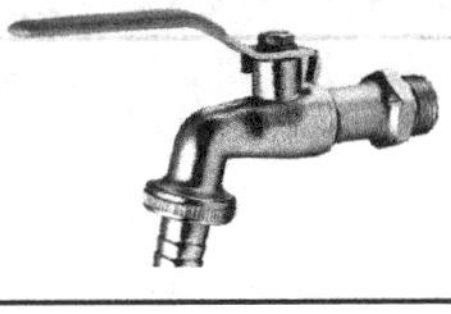		快开式带接口水嘴,常见于室外绿化用水管网工程

2) 室内生活给水系统的设施(设备)

室内生活给水系统常见的给水设施(设备)如表 1.2.5 所示。

表 1.2.5　常见的给水设施(设备)

名　称	图　片	图例符号	备　注
水池			一般采用钢筋混凝土结构,高层建筑常常设在地下底层,不小于 1 h 消防用水量
水箱			不小于 10 min 消防用水量
水箱构造图	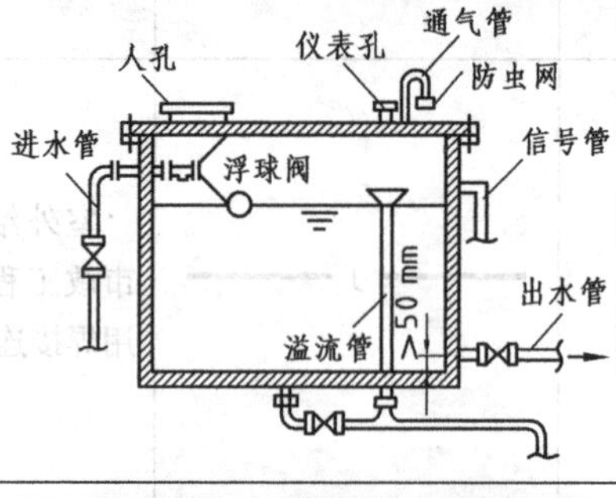		
加压稳压设备		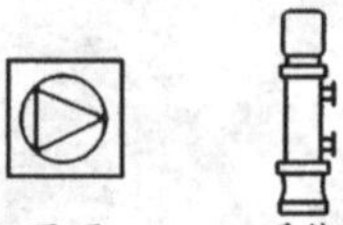	常用于生活给水系统加压

续表

名　称	图　片	图例符号	备　注
立式单级水泵		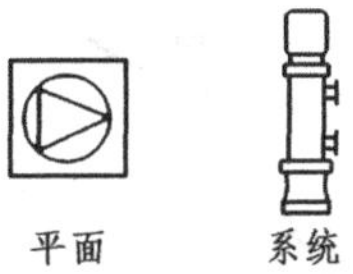	常用于空调冷却循环水系统
卧式离心水泵		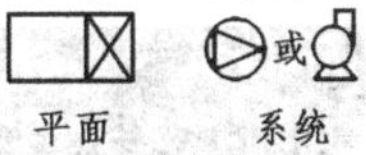	常用于大型泵房。其中,吸水式的泵轴高于水池最低设计水位;灌入式的泵轴低于水池最低设计水位
电热水器	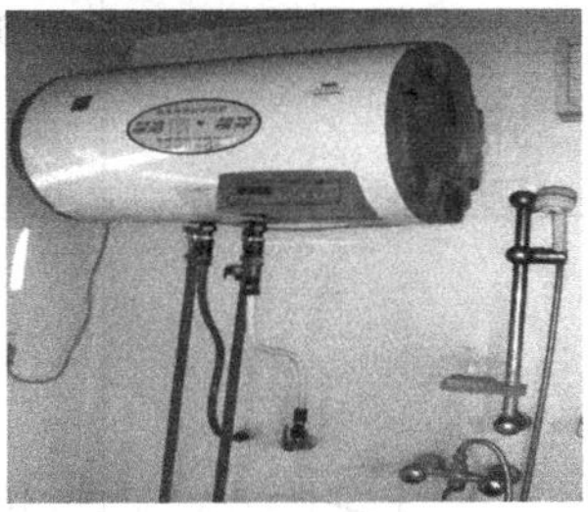		图为电加热容积式热水器
燃气热水器			图为燃气容积式热水器

3)室内生活给水系统附件

室内生活给水系统常见的附件如表1.2.6所示。

表1.2.6　室内生活给水系统常见附件

名　称	图　片	图例符号	备　注
阀门类附件			
(液位控制阀)遥控浮球阀		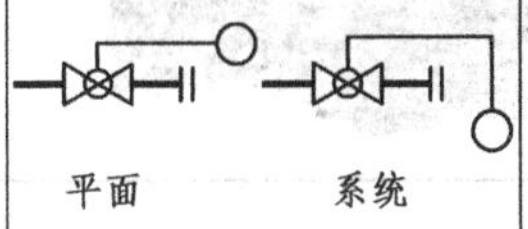	常用于水池的进水管端

续表

名　称	图　片	图例符号	备　注
浮球阀		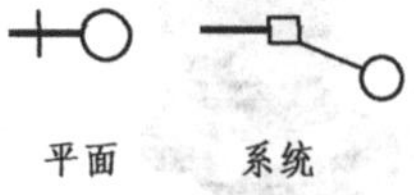	常用于水箱的进水管端
焊接法兰闸阀			用于(双向)关断和流量调节，规格大于 DN50
减压阀		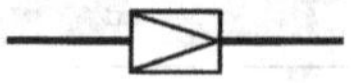	作用:调压
法兰式截止阀		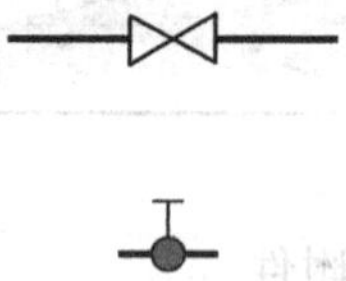	常用于公称直径小于 DN80 的管道
螺纹式截止阀		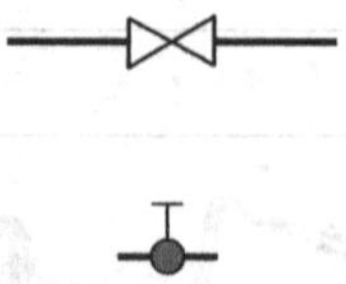	常用于公称直径小于 DN50 的管道

续表

名　称	图　片	图例符号	备　注
(快开)球阀			作用:快速启闭
		止回隔断类附件	
防污隔断阀(倒流防止器)			作用:严格阻止介质倒流
过滤器		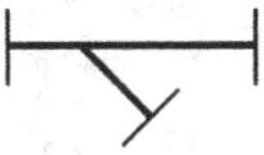	作用:清污
橡胶软接头		 单球　双球	作用:减振
		流量计类附件	
(入户)水表井			①旋翼式水表的转轴与水流方向垂直,水流阻力较大,多为小口径、小流量水表 ②螺翼式水表的转轴与水流方向平行,水流阻力较小,多为大口径、大流量水表

续表

名　称	图　片	图例符号	备　注
(进户) 螺纹 水表(组)	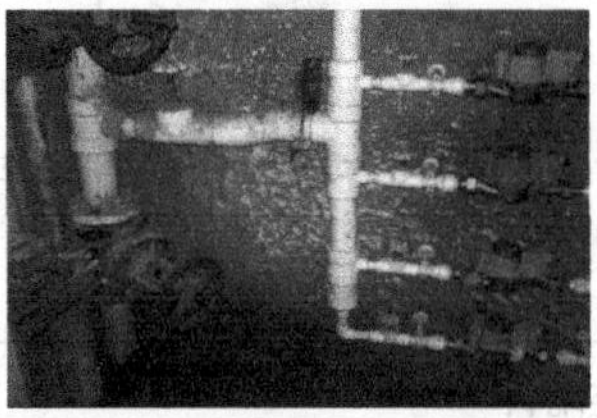	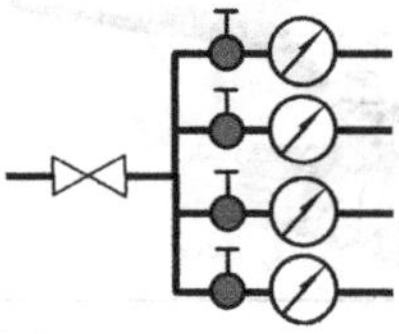	由干管截止阀、表前截止阀和旋翼式水表组成
卫生器具类			
水龙头(水嘴)	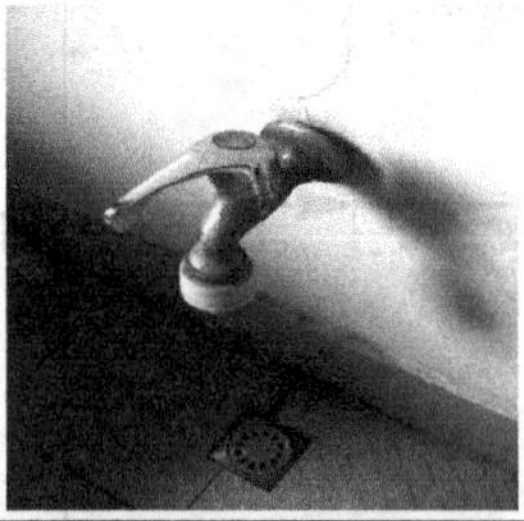		作用:启闭与流量调节
单把硬管 淋浴器			

4)室内生活给水系统管道及零配件

室内生活给水系统常用的管道及零配件如表1.2.7所示。

表1.2.7　室内生活给水系统常用管道及零配件

名　称	图　片	图例符号	备　注
复合给水管道及零配件			
外镀锌内衬 钢塑复合管	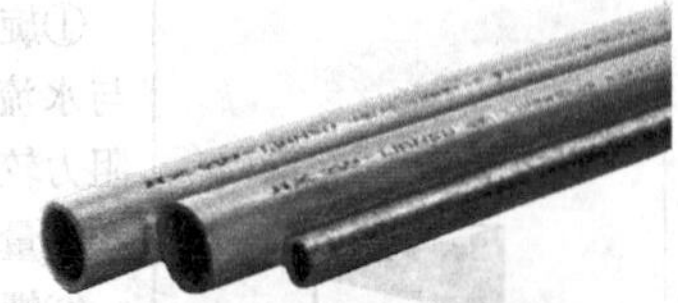	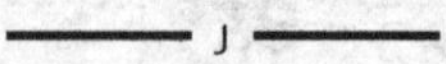	水平管,采用卡套连接方式
钢塑复合管		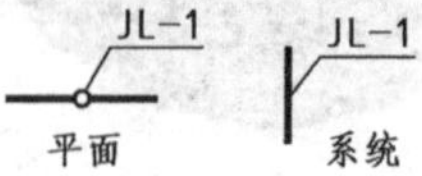	立管,采用电热熔连接方式

续表

名　称	图　片	图例符号	备　注
孔网钢带 复合管	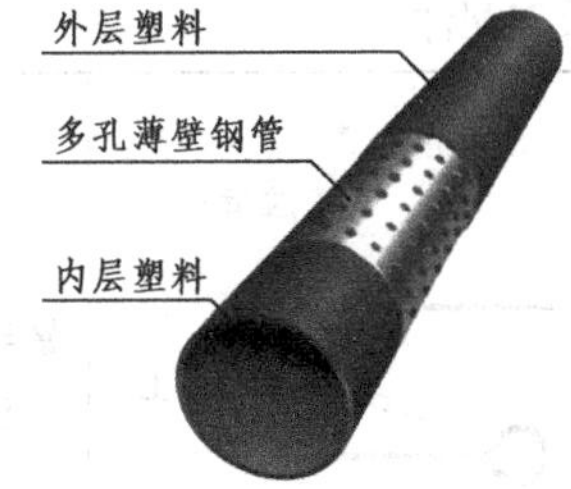		地沟管，采用电热熔连接方式
铝塑复合管	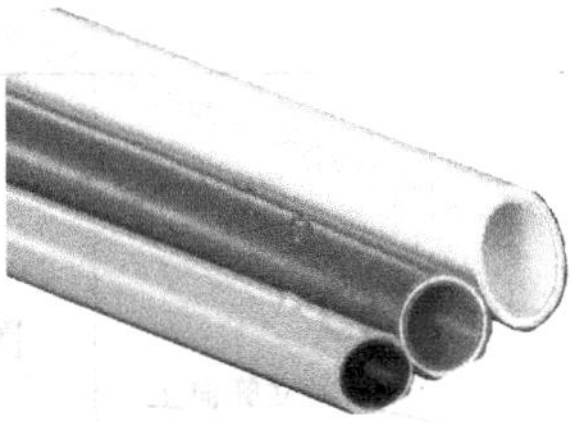	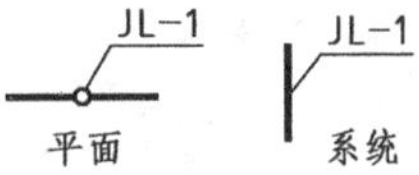	卡套连接，L 为立管，1 为编号
塑料给水管道及零配件			
无规共聚 聚丙烯 PP-R 塑料管	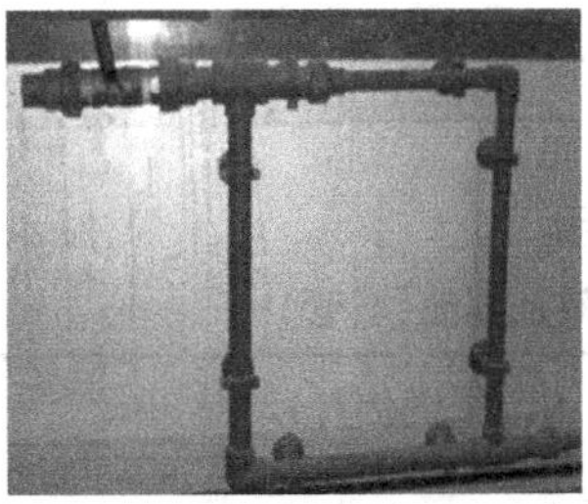	—— J ——	工作压力不超过 0.6 MPa 时，其长期工作水温为 70 ℃，短期使用温度可达到 95 ℃。 应用于饮用水、冷热水；抗紫外线能力差，适合暗敷；可燃，不得用于消防系统
丁烯 PB 塑料管		—— J ——	图中为热熔连接，长期工作水温为 90 ℃，最高使用温度可达到 110 ℃。 应用于饮用水、冷热水；常用于地板采暖系统的盘管
氯化聚氯 乙烯 PVC-C 塑料管		—— J ——	连接方式有溶剂粘接、螺纹连接、法兰连接、焊条连接，主要采用粘接，但胶水有毒性，常用于工业管道。长期工作水温为 90 ℃，高温机械强度高，阻燃、防火，导热性能低

续表

名　称	图片	图例符号	备　注
		金属给水管道及零配件	
焊接钢管 无缝钢管 镀锌钢管		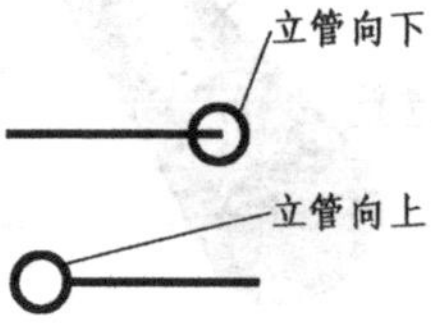	可采用的连接方式有螺纹连接、焊接连接、法兰连接
不锈钢管	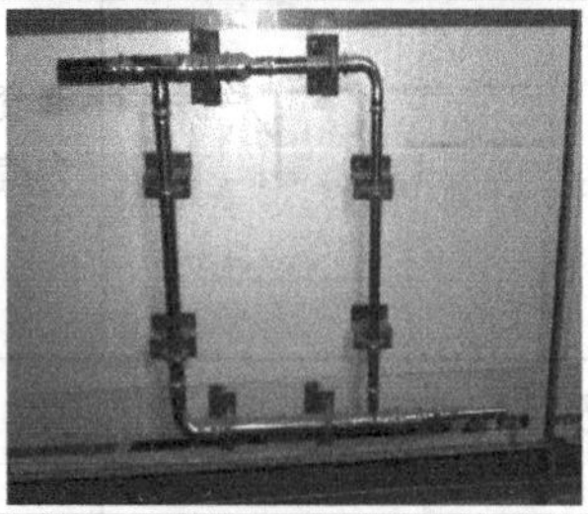	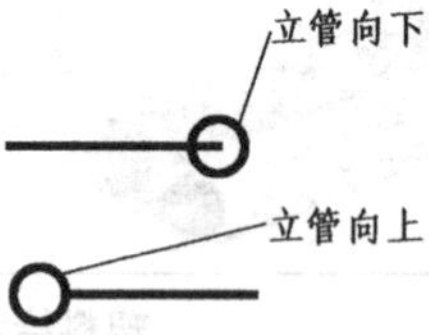	图中为卡压连接

5)室内管道支架及其他

室内管道的支架及其他(套管)如表1.2.8所示。

表1.2.8　室内管道支架及其他(套管)

名　称	图　片	图例符号	备　注
		支架类	
(型钢支架) 铁构件			
		套管类	
(带翼环) 防水套管		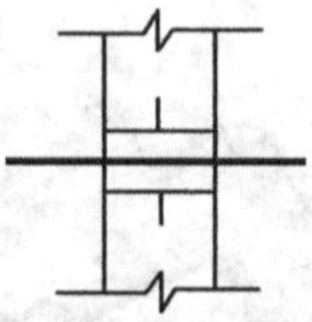	按有无振动,分为刚性防水套管和柔性防水套管

续表

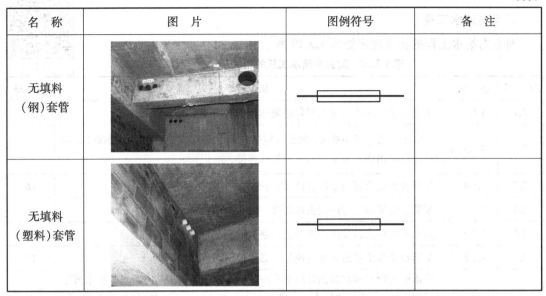

名　称	图　片	图例符号	备　注
无填料（钢）套管			
无填料（塑料）套管			

1.2.3　施工质量验收规范对给水系统的相关规定

《建筑给水排水及采暖工程施工质量验收规范》（GB 50242—2002）对给水系统的相关规定如下。

表1.2.9

1）室外给水工程

对室外给水工程的相关规定如表1.2.9所示。

表1.2.9　对室外给水工程的相关规定（摘要）

序　号	条　码	知识点	页　码
1.1	9.1.2	输送生活给水的管道应采用塑料管、复合管、镀锌钢管或给水铸铁管	40
1.2	9.2.1	给水管道在埋地敷设时，无冰冻地区管顶的覆土埋深不得小于500 mm，穿越道路部位的埋深不得小于700 mm	40
1.3	9.2.3	管道接口的部件不应埋在土壤中	40
1.4	9.2.10	水表、阀门等设施的重量或启闭装置的扭矩不得作用于管道上，当管径≥50 mm时，必须设置独立的支承装置	42
1.5	9.2.5	管网必须进行水压试验	40
1.6	9.2.7	给水管道在竣工后，必须对管道进行冲洗，饮用水管道还要进行消毒	41
1.7	9.2.6	镀锌钢管、钢管埋地的防腐，分为正常防腐层（一布二油）、加强防腐层（二布三油）、特加强防腐层（三布四油）	40
1.8	9.2.17	采用橡胶圈接口的埋地给水管道，每个接口的最大偏转角应符合规定	43

2)室内给水工程

对室内给水工程的相关规定如表1.2.10所示。

表1.2.10

表1.2.10　对室内给水工程的相关规定(摘要)

序　号	条　码	知识点	页　码
2.1	4.1.2	生活给水系统所涉及的材料必须达到饮用水卫生标准	16
2.2	4.1.3	管径小于或等于100 mm的镀锌钢管应采用螺纹连接;管径大于100 mm的镀锌钢管采用法兰或卡套式专用管件连接	16
2.3	4.1.4	塑料管和复合管与金属管件、阀门等的连接应使用专用管件连接	16
2.4	4.1.6	铜管连接可采用专用接头或焊接	16
2.5	4.2.2	给水系统在交付使用前必须进行通水试验	17
2.6	4.2.3	生活给水系统管道在交付使用前必须冲洗和消毒	17
2.7	4.2.5	给水引入管与排水排出管的水平净距不得小于1 m。室内给水与排水管道平行敷设时,两管间的最小水平净距不得小于0.5 m;交叉铺设时,垂直净距不得小于0.15 m。给水管一般在排水管上面,若给水管在排水管下方,应加不小于排水管管径3倍长度的套管	17
2.8	4.2.10	螺翼式水表前应与阀门有不小于8倍水表接口直径的直线管段	18

3)给水排水采暖工程中支架及其他

对给水排水采暖工程中支架及其他的通用规定如表1.2.11所示。

表1.2.11

表1.2.11　对给水排水采暖工程中支架及其他的通用规定(摘要)

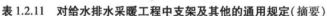

序　号	条　码	知识点	页　码
3.1	3.3.8	钢管水平安装的支架最大间距应区分保温管和不保温管	14
3.2	3.3.11	金属管道立管管卡安装时,层高小于或等于5 m,每层必须安装1个;层高大于5 m,每层不得少于2个	14
3.3	3.3.9	塑料管和复合管支架,区分立管和水平管;水平管还需要区分冷水管和热水管的不同间距	14
3.4	3.3.10	铜管区分垂直管和水平管的不同间距	14
3.5	3.3.3	管道穿越地下室或地下构筑物外墙应防水,有严格防水要求的,必须采用柔性防水套管	13
3.6	3.3.13	管道穿过墙壁和楼板,应设置金属或塑料套管	15
3.7	3.2.4	阀门安装前,应做强度和严密性试验	12
3.8	3.3.16	各种承压管道系统和设备应做水压试验;非承压管道系统和设备应做灌水试验	15
3.9	3.3.4	管道穿过结构伸缩缝、抗震缝及沉降缝敷设时,应采取保护措施	13

1.2.4　初识生活给水系统工程图

1) 室内生活给水系统的构成及供水方式

①室内生活给水系统的构成如图 1.2.5 所示。

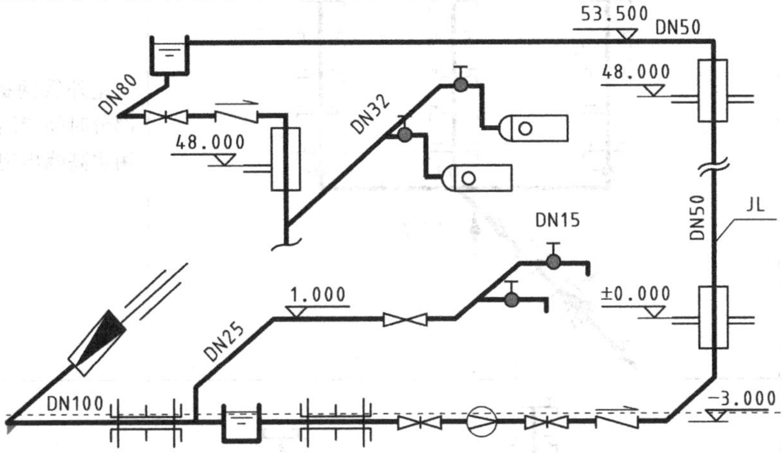

图 1.2.5　室内生活给水系统的构成

②室内生活给水系统的供水方式如表 1.2.12 所示。

表 1.2.12　室内生活给水系统的供水方式

供水方式	图　示	适用情况
直接给水方式	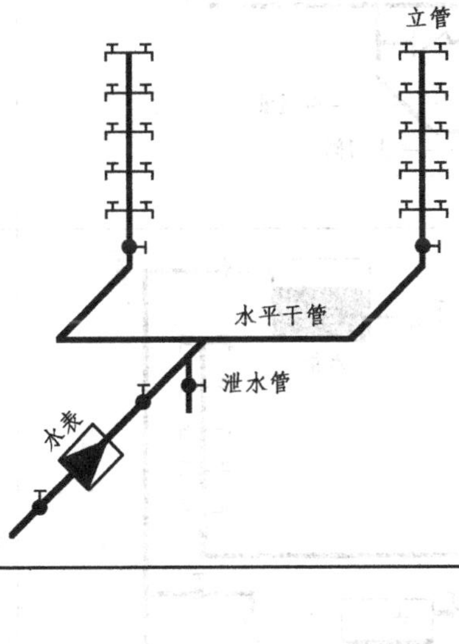	室外管网提供的水压、水量和水质均满足时

续表

供水方式	图 示	适用情况
单设水箱的给水方式	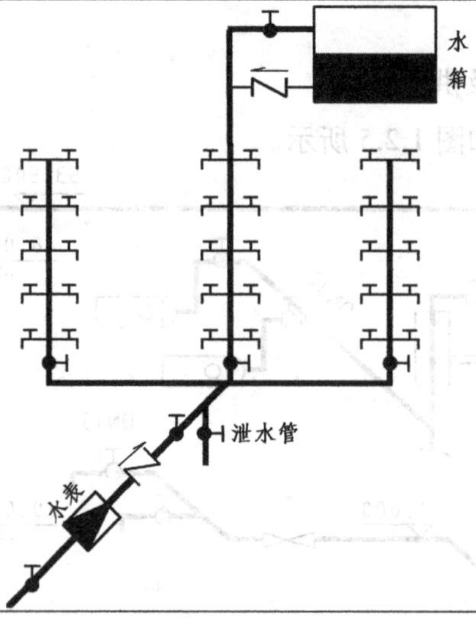	室外管网提供的水压大部分时间能满足要求,仅在用水高峰出现不足时
单设水泵的给水方式	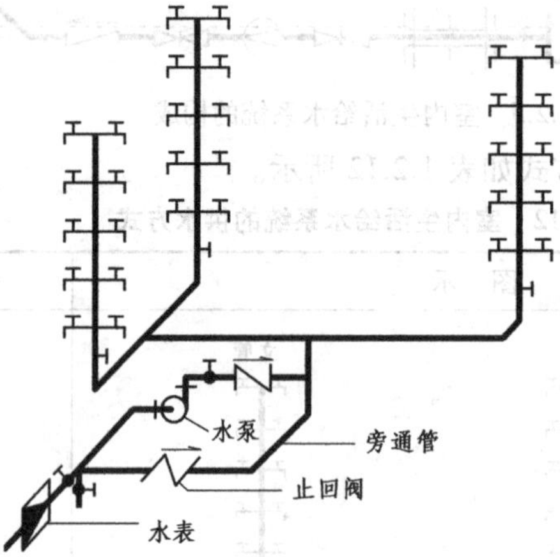	室外管网提供的水压经常不足时
设水泵、水箱和水池的给水方式	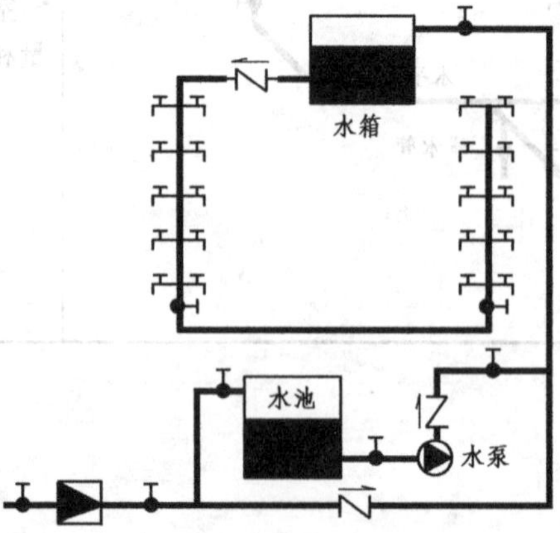	室外管网提供的水压经常不足,且室内用水量变化较大时

续表

供水方式	图　示	适用情况
设气压给水设备的给水方式	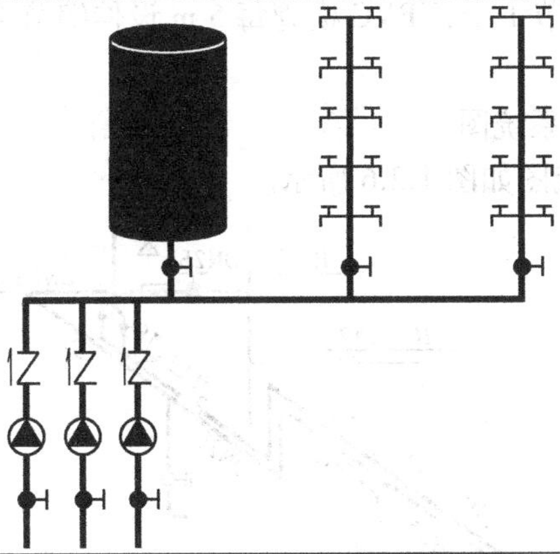	室外管网提供的水压经常不足，且不宜设置高位水箱时
分区给水方式	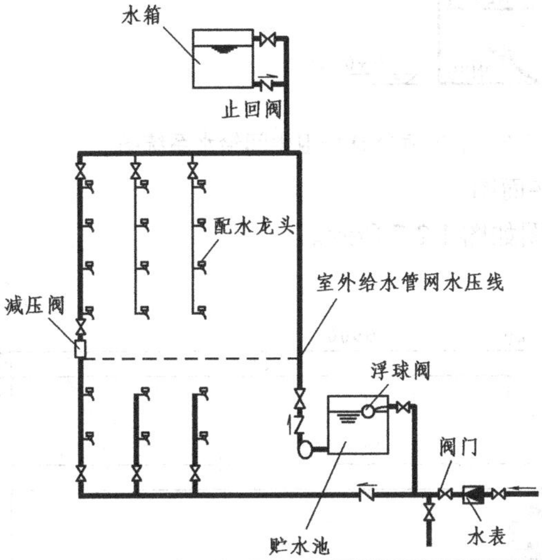	多层或高层常用的给水方式

2）学生宿舍D栋卫生间给水施工图

（1）学生宿舍D栋给排水施工说明

①管道标高：所有给水管道均指管中心标高；排水管道室内部分为管中心标高，室外部分均指管底标高。

②管道的安装与验收按《建筑给排水及采暖工程施工质量验收规范》（GB 50242—2002）执行。

③管道安装完后，必须根据有关规范要求进行水压试验和通水试验。

④水源：由市政给水管网供给，用水量标准为200 L/（人·d），每栋设计人数为1 248人，每栋用水量为250 t/d。

⑤水系统：因水压（0.45 MPa）能满足要求，故采用市政给水管道直接给水方式。

⑥给水管材：室外及室内选用内筋嵌入式衬塑钢管。

⑦所有管道穿墙体、楼面处均应预埋钢套管或孔洞，套管尺寸比管道大二级，套管高出楼

面 50~100 mm。

⑧UPVC 管与卫生器具连接时穿楼板处均设止水圈,并将该处打毛,四周用 C20 细石混凝土填实。UPVC 立管各层设伸缩节 1 个,UPVC 横管每 5 m 设伸缩节 1 个。UPVC 管的其他施工注意事项详见产品说明书。

(2)学生宿舍 D 栋卫生间给水系统图

学生宿舍 D 栋卫生间给水系统图如图 1.2.6 所示。

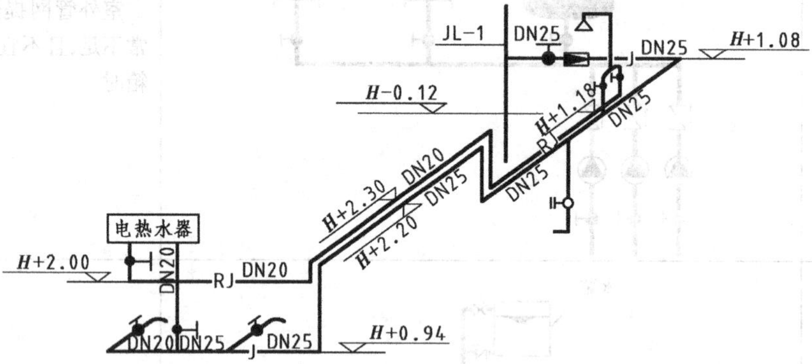

图 1.2.6 学生宿舍 D 栋卫生间给水系统图

(3)学生宿舍 D 栋卫生间平面图

学生宿舍 D 栋卫生间平面图如图 1.2.7 所示。

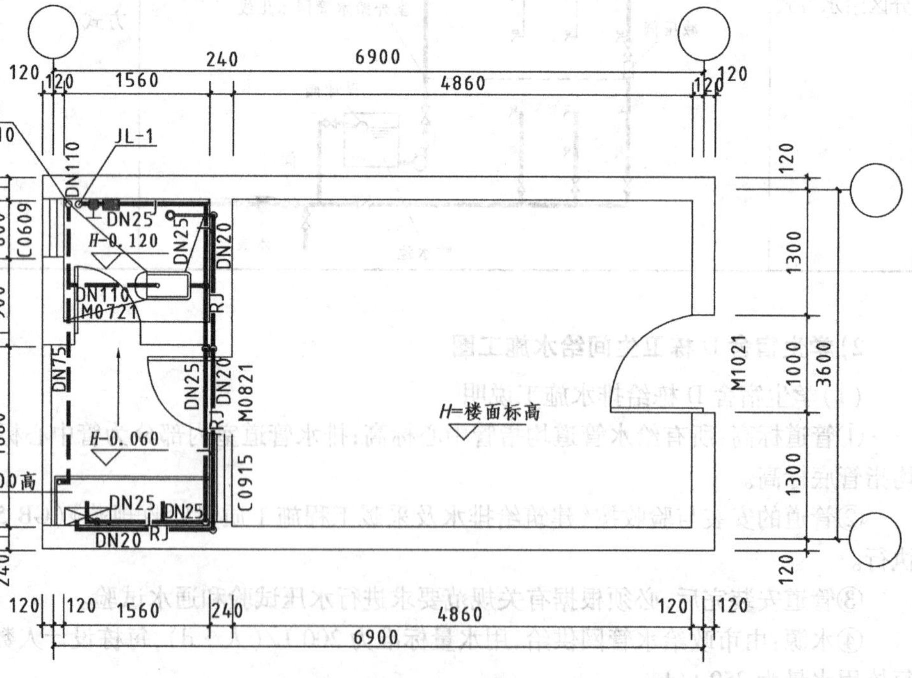

图 1.2.7 学生宿舍 D 栋卫生间平面图

(4)学生宿舍 D 栋卫生间三维图

学生宿舍 D 栋卫生间三维图如图 1.2.8 所示。

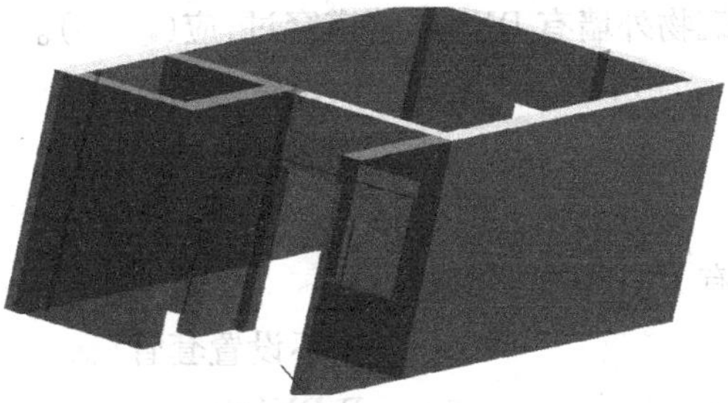

图 1.2.8　学生宿舍 D 栋卫生间三维图

根据上述学生宿舍 D 栋卫生间施工图相关图例及标注可知:各处给水管道的标高各不相同,其中从给水立管引出的水平管标高为楼层标高+1.08 m,门窗洞中上方水平管的标高为楼层标高+2.2 m,洗手台处水平管标高为楼层标高+0.94 m。

习题

1.单项选择题

(1)污水、废水、雨水分别设置管道排出室外的方式称为(　　)。

A.室内排水　　B.室外排水　　C.分流制排水　　D.合流制排水

(2)《建筑工程施工质量验收统一标准》(GB 50300—2013)将建筑给水排水工程划分为(　　)个子分部工程。

A.10　　B.15　　C.20　　D.25

(3)管道工程的管道支承件是指管道安装件和(　　)。

A.配件　　B.附件　　C.附着件　　D.管件

(4)管道按管内输送的介质进行划分,以下符合标准的是(　　)。

A.钢管道　　B.塑料管道　　C.铸铁管道　　D.给水管道

(5)管道的(　　)是确定管道工程施工工艺的主要因素。

A.连接方式　　B.强度　　C.硬度　　D.化学成分

(6)管道规格中的 De 通常用于(　　)管道的标注。

A.金属管　　B.塑料管　　C.复合管　　D.混凝土管

(7)金属管道的立管管卡设置,在(　　)时每层必须安装 1 个。

A.采用无保温管　　B.楼层高度大于 5 m

C.楼层高度小于或等于 5 m　　D.采用保温管

2.多项选择题

(1)室内给水系统按供水用途和要求不同分为哪几种类型?(　　)

A.生活给水　　B.厨房给水

C.生产给水　　D.车间给水

E.消防给水

(2)地下室或地下构筑物外墙有 DN300 管道穿过,应(　　)。

A.设置钢套管　　B.设置塑料套管

C.设置防水套管　　D.DN350

E.DN300

(3)建筑墙面或楼板有 DN100 管道穿过,应(　　)。

A.设置一般套管　　B.不设置套管

C.设置防水套管　　D.DN150

E.DN100

(4)室内生活给水系统管道的试验项目包括(　　)。

A.灌水试验　　B.水压试验

C.通水试验　　D.冲洗

E.消毒

(5)阀门安装前,应做(　　)项目。

A.强度试验　　B.水压试验

C.严密性试验　　D.冲洗

E.消毒

1.3 生活给水系统计价定额

1.3.1 生活给水系统计价前应知

1)编制工程造价文件的三个维度

计量、计价与核价是编制工程造价文件相对独立的三个环节。其中,计量既可以通过 BIM 建模软件计算工程量,也可以通过手工算量得到工程量。计价与核价可以分为"套用定额及取费"和"确定设备材料价格"两个维度。"套用定额及取费"即为前述的计价维度,"确定设备材料价格"即为前述的核价维度。在工程量清单计价模式下,采用"清单综合单价×工程量"得到合价,并以人工费等费用为基数乘以相应费率得到工程其他相关费用,从而最终得到工程造价,如图 1.3.1 所示。

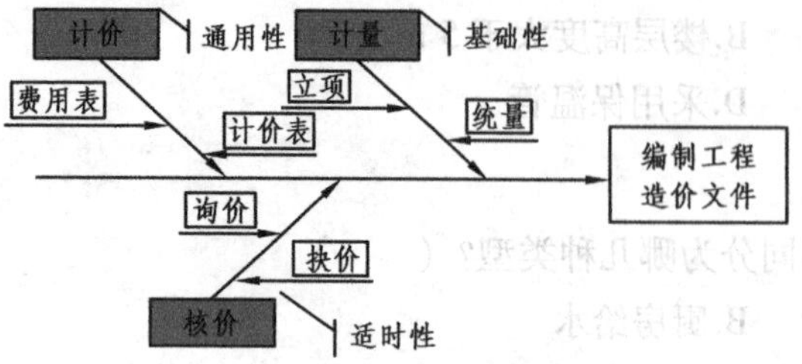

图 1.3.1　编制工程造价文件的三个维度

在实际业务中,计量工作由专职造价人员或施工员等承担;计价工作只能由专职造价人员承担;核价工作由专职造价人员或由采购员等承担。但采购员更适合,原因是核价不是选择当时当地的市场价格,而是在综合考虑付款条件和远期价格周期波动的情况下,从投标者角度预测的趋势性价格,即设备材料的造价信息是随市场变化的动态信息,如受人工和材料的市场价格变化及政策因素等影响。因此,实时、及时的询价和抉价是正确核算工程造价的前提。

当然,一名成熟的工程造价人员必须能够熟练地掌握软件建模计量、软件计价组价和预测动态的工程造价信息。

2) 重庆市2018费用定额

生活给水系统子分部工程常用的定额有《重庆市建设工程费用定额》(CQFYDE—2018)和《重庆市通用安装工程计价定额》(CQAZDE—2018)的第十册《给排水、采暖、燃气安装工程》。其中《重庆市建设工程费用定额》(CQFYDE—2018)的主要内容如表1.3.1所示。

表1.3.1 重庆市2018费用定额的主要内容

<table>
<tr><th colspan="5">表现形式</th><th>费用指标</th></tr>
<tr><td rowspan="6">清单计价方式</td><td rowspan="6">建筑安装工程费</td><td>分部分项费用</td><td rowspan="6">综合单价</td><td>人工费</td><td rowspan="7">定额人工综合单价125元/工日。
划分一般风险费和其他风险费:
①一般风险费:是指工程施工期间因停水、停电,材料设备供应,材料代用等不可预见的一般风险因素影响正常施工而又不便计算的损失费用。
②其他风险费:是指除一般风险费外,招标人根据现行《建设工程工程量清单计价规范》(GB 50500—2013)、《重庆市建设工程工程量清单计价规则》(CQJJGZ—2013)的有关规定,在招标文件中要求投标人承担的人工、材料、机械价格及工程量变化导致的风险费用</td></tr>
<tr><td>措施项目费</td><td>材料费</td></tr>
<tr><td>其他项目费</td><td>施工机具使用费</td></tr>
<tr><td>规费</td><td>企业管理费</td></tr>
<tr><td rowspan="2">税金</td><td>利润</td></tr>
<tr><td>一般风险费</td></tr>
<tr><td colspan="2" rowspan="3">一般计税和简易计税两种程序计税法</td><td>增值税一般计税法</td><td colspan="2">应纳税额=当期销项税额-当期进项税额。即一般纳税人应缴纳的当期销项税额抵扣当期进项税额后的余额</td></tr>
<tr><td rowspan="2">增值税简易计税法</td><td colspan="2" rowspan="2">小规模纳税人应缴纳的按照销售额和增值税征收率计算的增值税额,不得抵扣进项税额</td><td>规费:五险一金(环境保护税按实计取)</td></tr>
<tr><td>借用其他专业定额子目按“以主带次”原则纳入本专业工程取费</td></tr>
<tr><td colspan="5">不同专业工程不同费率</td><td>二次搬运费按实计取,经验值15.5%</td></tr>
<tr><td colspan="5">设备费归入材料费项目内</td><td>乙供材采保费率:材料2%,设备0.8%</td></tr>
<tr><td colspan="5">借用其他专业定额子目按“以主带次”原则</td><td>环境保护税按实计取(不在规费中)</td></tr>
</table>

3) 出厂价、工地价、预算价的不同概念

设备和未计价材料的预算单价,是指建筑材料从其来源地运到施工工地仓库直至出库形成的综合平均单价,其内容包括材料原价、运杂费(包括运输费和保险费)、运输损耗费、采购及保管费。当一般纳税人采用一般计税方法时,材料单价中的材料原价、运杂费等均应扣除增值税进项税额。

材料原价=出厂价

工地价=出厂价+运杂费+途中损耗费

预算价=(出厂价+运杂费+途中损耗费)×(1+采购及保管费率)

途中损耗费=(材料原价+运杂费)×运输损耗率

采购及保管费=(材料原价+运杂费)×(1+运输损耗率)×采购及保管费率

根据《重庆市建设工程费用定额》(CQFYDE—2018)的规定,承包人采购材料、设备的采购及保管费率分别为:材料2%,设备0.8%;预拌商品混凝土及商品湿拌砂浆、水稳层、沥青混凝土等半成品取0.6%,苗木取0.5%。发包人提供的预拌商品混凝土及商品湿拌砂浆、水稳层、沥青混凝土等半成品不计取采购及保管费;发包人提供的其他材料到承包人指定地点,承包人计取采购及保管费的2/3。

4)生活给水系统造价分析指标

(1)传统指标体系

传统指标体系以单位面积为基数的分析思想:

造价指标=分部工程造价/建筑面积

(2)专业指标体系

专业指标体系以本专业的给水总量单价为基数的分析思想,即用给水总量替代建筑面积:

造价指标=分部工程造价/给水总量

(3)建立造价分析指标制度的作用

①近期作用:是宏观评价工程造价水平(质量)的依据。

②远期作用:积累经验。

1.3.2 生活给水系统计价定额常用项目

1)《重庆市通用安装工程计价定额》(CQAZDE—2018)的组成

《重庆市通用安装工程计价定额》(CQAZDE—2018)分册的组成如图1.3.2所示。

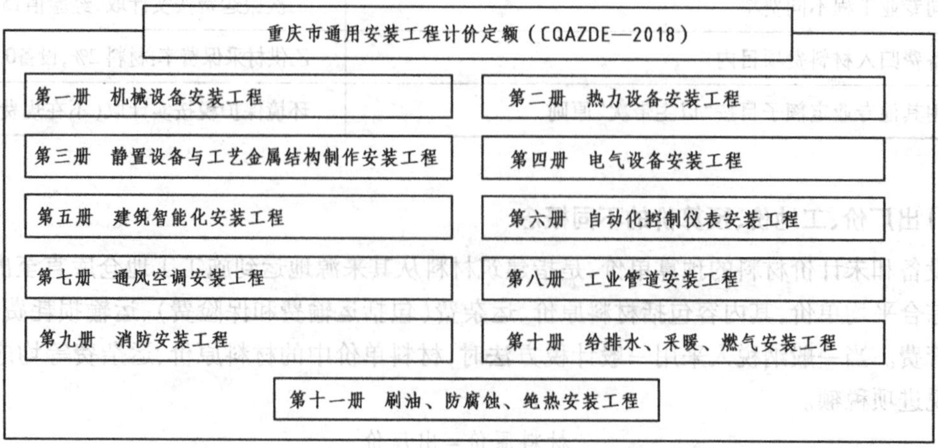

图1.3.2 《重庆市通用安装工程计价定额》分册的组成

2)第十册《给排水、采暖、燃气安装工程》的组成

给水系统属于《重庆市通用安装工程计价定额》(CQAZDE—2018)中第十册《给排水、采暖、燃气安装工程》,如图1.3.3所示。

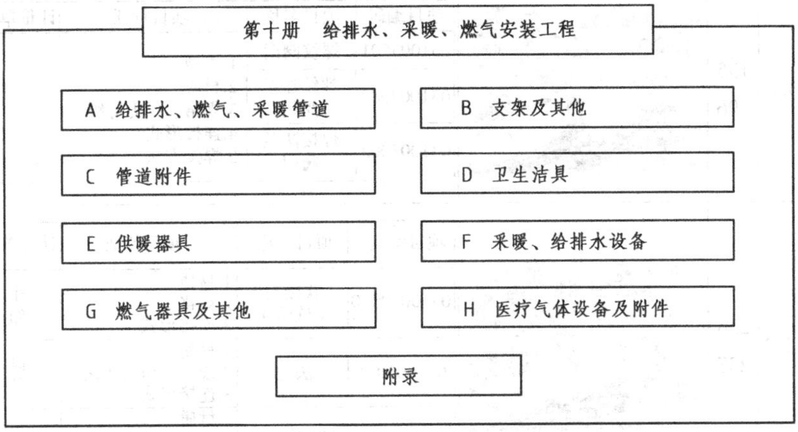

图1.3.3　第十册《给排水、采暖、燃气安装工程》的组成

3)生活给水系统常用项目

(1)室外生活给水系统常用项目

室外生活给水系统常用项目如表1.3.2所示。

表1.3.2

表1.3.2　室外生活给水系统常用项目

<table>
<tr><th rowspan="2">定额项目</th><th rowspan="2">章节编号</th><th rowspan="2">定额页码</th><th rowspan="2">图　片</th><th colspan="4">对应清单</th><th rowspan="2">说　明</th></tr>
<tr><th>项目编码</th><th>项目名称</th><th>项目特征</th><th>计量单位</th></tr>
<tr><td>室外铸铁给水管(胶圈连接)</td><td>A.5.3</td><td>79
80
81</td><td rowspan="2"></td><td rowspan="2">031001005</td><td rowspan="2">铸铁管</td><td rowspan="2">1.安装部位
2.介质
3.材质、规格
4.连接形式
5.接口材料
6.压力试验及吹、洗设计要求
7.警示带形式</td><td rowspan="2">m</td><td rowspan="2"></td></tr>
<tr><td>管道消毒、冲洗</td><td>B.4.4</td><td>176
177</td></tr>
<tr><td>室外塑料给水管(电熔连接)</td><td>A.6.3</td><td>103
104</td><td rowspan="2"></td><td rowspan="2">031001006</td><td rowspan="2">塑料管</td><td rowspan="2">1.安装部位
2.介质
3.材质、规格
4.连接形式
5.阻火圈设计要求
6.压力试验及吹、洗设计要求
7.警示带形式</td><td rowspan="2">m</td><td rowspan="2"></td></tr>
<tr><td>管道消毒、冲洗</td><td>B.4.4</td><td>176
177</td></tr>
<tr><td rowspan="3">室外焊接钢管给水管(焊接连接)</td><td rowspan="3">A.2.1</td><td rowspan="3">23
24
25</td><td rowspan="4"></td><td>031001001</td><td>镀锌钢管</td><td rowspan="4">1.安装部位
2.介质
3.规格、压力等级
4.连接形式
5.压力试验及吹、洗设计要求
6.警示带形式</td><td rowspan="4"></td><td rowspan="4"></td></tr>
<tr><td>031001002</td><td>钢管</td></tr>
<tr><td>031001003</td><td>不锈钢管</td></tr>
<tr><td>管道消毒、冲洗</td><td>B.4.4</td><td>176
177</td><td>031001004</td><td>钢管</td></tr>
</table>

续表

<table>
<tr><th>定额项目</th><th>章节编号</th><th>定额页码</th><th>图　片</th><th>对应清单</th><th>说　明</th></tr>
<tr><td>焊接法兰阀</td><td>C.3.1</td><td>195
196</td><td></td><td>
<table>
<tr><th>项目编码</th><th>项目名称</th><th>项目特征</th><th>计量单位</th></tr>
<tr><td>031003001</td><td>螺纹阀门</td><td rowspan="3">1.类型
2.材质
3.规格、压力等级
4.连接形式
5.焊接方法</td><td rowspan="3"></td></tr>
<tr><td>031003002</td><td>螺纹法兰阀门</td></tr>
<tr><td>031003003</td><td>焊接法兰阀门</td></tr>
</table>
</td><td>不含法兰,区别于对夹式蝶阀</td></tr>
<tr><td>碳钢平焊法兰安装</td><td>C.11.2</td><td>236
237</td><td></td><td>
<table>
<tr><th>项目编码</th><th>项目名称</th><th>项目特征</th><th>计量单位</th></tr>
<tr><td>0310030010</td><td>软接头（软管）</td><td>1.材质
2.规格
3.连接形式</td><td>个（组）</td></tr>
<tr><td>031003011</td><td>法兰</td><td>1.材质
2.规格、压力等级
3.连接形式</td><td>副（片）</td></tr>
<tr><td>031003012</td><td>倒流防止器</td><td>1.材质
2.型号、规格
3.连接形式</td><td>套</td></tr>
</table>
</td><td></td></tr>
</table>

(2)室内生活给水系统常用项目

室内生活给水系统常用项目如表 1.3.3 所示。

表1.3.3

表 1.3.3　室内生活给水系统常用项目

<table>
<tr><th>定额项目</th><th>章节编号</th><th>定额页码</th><th>图　片</th><th>对应清单</th><th>说　明</th></tr>
<tr><td>电热水器（挂式）</td><td>F.10.1</td><td>326</td><td>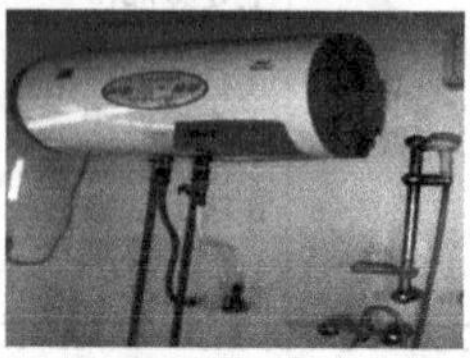</td><td>
<table>
<tr><th>项目编码</th><th>项目名称</th><th>项目特征</th><th>计量单位</th></tr>
<tr><td>031006012</td><td>热水器、开水炉</td><td>1.能源种类
2.型号、容积
3.安装方式</td><td>台</td></tr>
</table>
</td><td>未包括连接管路;未包括配电线路</td></tr>
<tr><td>法兰水表组安装（有旁通管及止回阀）</td><td>C.12.4</td><td>250
251</td><td></td><td>
<table>
<tr><th>项目编码</th><th>项目名称</th><th>项目特征</th><th>计量单位</th></tr>
<tr><td>031003013</td><td>水表</td><td>1.安装部位（室内外）
2.型号、规格
3.连接形式
4.附件配置</td><td>组（个）</td></tr>
</table>
</td><td>定额中包含了法兰、各类阀门、水表的安装(不含未计价材料)</td></tr>
</table>

续表

<table>
<tr><th>定额项目</th><th>章节编号</th><th>定额页码</th><th>图　片</th><th>对应清单</th><th>说　明</th></tr>
<tr><td>螺纹水表组安装</td><td>C.12.3</td><td>247</td><td></td><td><table><tr><th>项目编码</th><th>项目名称</th><th>项目特征</th><th>计量单位</th></tr><tr><td>031003013</td><td>水表</td><td>1.安装部位（室内外）
2.型号、规格
3.连接形式
4.附件配置</td><td>组（个）</td></tr></table></td><td>定额中包含了螺纹水表、螺纹阀门、止回阀的安装(不含未计价材料)</td></tr>
<tr><td>螺纹水表</td><td>C.12.1</td><td>245</td><td></td><td><table><tr><th>项目编码</th><th>项目名称</th><th>项目特征</th><th>计量单位</th></tr><tr><td>031003013</td><td>水表</td><td>1.安装部位（室内外）
2.型号、规格
3.连接形式
4.附件配置</td><td>组（个）</td></tr></table></td><td>螺纹水表定额中不包含表前的阀门，应在“附件配置”中准确表述</td></tr>
<tr><td>IC卡水表</td><td>C.12.2</td><td>246</td><td>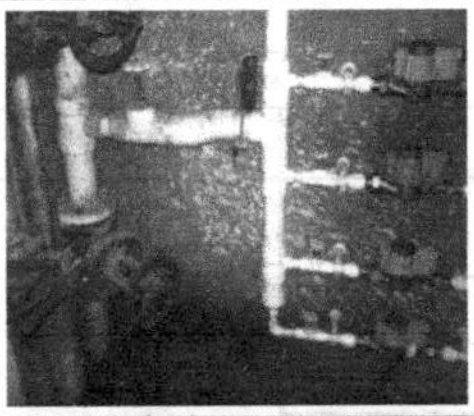</td><td><table><tr><th>项目编码</th><th>项目名称</th><th>项目特征</th><th>计量单位</th></tr><tr><td>031003013</td><td>水表</td><td>1.安装部位（室内外）
2.型号、规格
3.连接形式
4.附件配置</td><td>组（个）</td></tr></table></td><td></td></tr>
<tr><td>塑料阀门</td><td>C.5.2</td><td>210
211</td><td>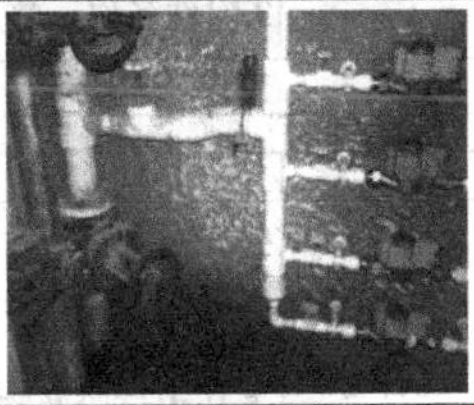</td><td><table><tr><th>项目编码</th><th>项目名称</th><th>项目特征</th><th>计量单位</th></tr><tr><td>031003005</td><td>塑料阀门</td><td>1.规格
2.连接形式</td><td>个</td></tr></table></td><td></td></tr>
<tr><td>螺纹阀</td><td>C.1.1</td><td>185
186</td><td></td><td><table><tr><th>项目编码</th><th>项目名称</th><th>项目特征</th><th>计量单位</th></tr><tr><td>031003001</td><td>螺纹阀门</td><td rowspan="3">1.类型
2.材质
3.规格、压力等级
4.连接形式
5.焊接方法</td><td rowspan="3"></td></tr><tr><td>031003002</td><td>螺纹法兰阀门</td></tr><tr><td>031003003</td><td>焊接法兰阀门</td></tr></table></td><td>若采用专用接头，应加以注明，以便于换算</td></tr>
</table>

续表

<table>
<tr><th>定额项目</th><th>章节编号</th><th>定额页码</th><th>图片</th><th>对应清单</th><th>说明</th></tr>
<tr><td>法兰阀门</td><td>C.3.1</td><td>195
196
197</td><td></td><td>
<table>
<tr><th>项目编码</th><th>项目名称</th><th>项目特征</th><th>计量单位</th></tr>
<tr><td>031003001</td><td>螺纹阀门</td><td rowspan="3">1.类型
2.材质
3.规格、压力等级
4.连接形式
5.焊接方法</td><td rowspan="3"></td></tr>
<tr><td>031003002</td><td>螺纹法兰阀门</td></tr>
<tr><td>031003003</td><td>焊接法兰阀门</td></tr>
</table>
</td><td>定额不再包括连接法兰，法兰安装应另立项</td></tr>
<tr><td>沟槽法兰</td><td>C.11.7</td><td>244
245</td><td></td><td>
<table>
<tr><th>项目编码</th><th>项目名称</th><th>项目特征</th><th>计量单位</th></tr>
<tr><td>0310030010</td><td>软接头（软管）</td><td>1.材质
2.规格
3.连接形式</td><td>个（组）</td></tr>
<tr><td>031003011</td><td>法兰</td><td>1.材质
2.规格、压力等级
3.连接形式</td><td>副（片）</td></tr>
<tr><td>031003012</td><td>倒流防止器</td><td>1.材质
2.型号、规格
3.连接形式</td><td>套</td></tr>
</table>
</td><td></td></tr>
<tr><td>水龙头</td><td>D.14.3</td><td>289</td><td></td><td>
<table>
<tr><th>项目编码</th><th>项目名称</th><th>项目特征</th><th>计量单位</th></tr>
<tr><td>031004014</td><td>给、排水附（配）件</td><td>1.材质
2.型号、规格
3.安装方式</td><td>个（组）</td></tr>
</table>
</td><td>此项只在单独安装时才能立项计量</td></tr>
<tr><td>成品淋浴器</td><td>D.10.1</td><td>284</td><td></td><td>
<table>
<tr><th>项目编码</th><th>项目名称</th><th>项目特征</th><th>计量单位</th></tr>
<tr><td>031004009</td><td>烘手器</td><td>1.材质
2.型号、规格</td><td>个</td></tr>
<tr><td>031004010</td><td>沐浴器</td><td rowspan="3">1.材质、规格
2.组装形式
3.附件名称、数量</td><td rowspan="3">套</td></tr>
<tr><td>031004011</td><td>沐浴间</td></tr>
<tr><td>031004012</td><td>桑拿浴房</td></tr>
</table>
</td><td></td></tr>
<tr><td>室内钢塑复合管(螺纹连接)</td><td>A.7.6</td><td>139
140</td><td rowspan="2"></td><td rowspan="2">
<table>
<tr><th>项目编码</th><th>项目名称</th><th>项目特征</th><th>计量单位</th></tr>
<tr><td>031001007</td><td>复合管</td><td>1.安装部位
2.介质
3.材质、规格
4.连接形式
5.压力试验及吹、洗设计要求
6.警示带形式</td><td>m</td></tr>
</table>
</td><td rowspan="2">DN100 以下采用螺纹连接</td></tr>
<tr><td>管道消毒、冲洗</td><td>B.4.4</td><td>176</td></tr>
<tr><td>室内钢塑复合管(沟槽连接)</td><td>A.2.3</td><td>31
32</td><td rowspan="2">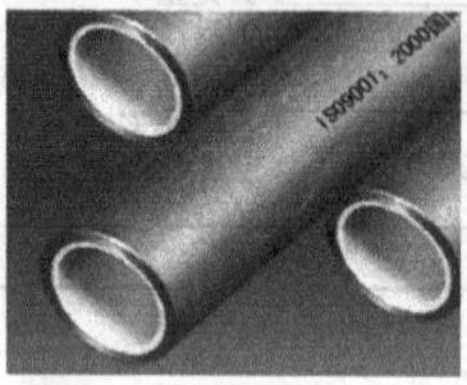</td><td rowspan="2">
<table>
<tr><th>项目编码</th><th>项目名称</th><th>项目特征</th><th>计量单位</th></tr>
<tr><td>031001007</td><td>复合管</td><td>1.安装部位
2.介质
3.材质、规格
4.连接形式
5.压力试验及吹、洗设计要求
6.警示带形式</td><td>m</td></tr>
</table>
</td><td rowspan="2">DN100 及以上采用沟槽连接，定额中有说明</td></tr>
<tr><td>管道消毒、冲洗</td><td>B.4.4</td><td>176</td></tr>
</table>

续表

<table>
<tr><th>定额项目</th><th>章节编号</th><th>定额页码</th><th>图　片</th><th>对应清单</th><th>说　明</th></tr>
<tr><td>室内塑料给水管（热熔连接）</td><td>A.6.10</td><td>113
114</td><td rowspan="2"></td><td rowspan="2"><table><tr><th>项目编码</th><th>项目名称</th><th>项目特征</th><th>计量单位</th></tr><tr><td>031001006</td><td>塑料管</td><td>1.安装部位
2.介质
3.材质、规格
4.连接形式
5.阻火圈设计要求
6.压力试验及吹、洗设计要求
7.警示带形式</td><td>m</td></tr></table></td><td rowspan="2">明装，不含管卡与支架</td></tr>
<tr><td>管道消毒、冲洗</td><td>B.4.4</td><td>176</td></tr>
<tr><td>室内直埋塑料给水管（热熔连接）</td><td>A.6.11</td><td>115</td><td></td><td><table><tr><th>项目编码</th><th>项目名称</th><th>项目特征</th><th>计量单位</th></tr><tr><td>031001006</td><td>塑料管</td><td>1.安装部位
2.介质
3.材质、规格
4.连接形式
5.阻火圈设计要求
6.压力试验及吹、洗设计要求
7.警示带形式</td><td>m</td></tr></table></td><td>直埋（不含凿槽），含固定管卡</td></tr>
<tr><td>剔堵槽、沟（宽×深）</td><td>F.3.1
F.3.2</td><td>86</td><td>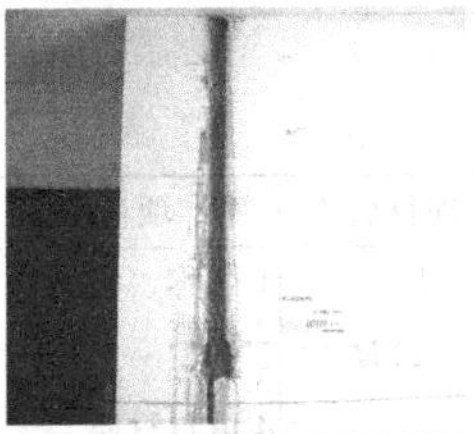</td><td><table><tr><th>项目编码</th><th>项目名称</th><th>项目特征</th><th>计量单位</th></tr><tr><td>030906003</td><td>剔堵槽、沟</td><td></td><td>个/台/m</td></tr></table></td><td>区分凿槽体的材质：砖或混凝土</td></tr>
<tr><td>室内薄壁不锈钢管（卡压连接）</td><td>A.3.6</td><td>61</td><td rowspan="2">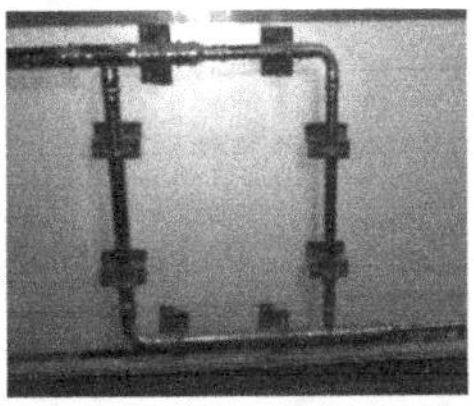</td><td rowspan="2"><table><tr><th>项目编码</th><th>项目名称</th><th>项目特征</th><th>计量单位</th></tr><tr><td>031001001</td><td>镀锌钢管</td><td rowspan="4">1.安装部位
2.介质
3.规格、压力等级
4.连接形式
5.压力试验及吹、洗设计要求
6.警示带形式</td><td rowspan="4">m</td></tr><tr><td>031001002</td><td>钢管</td></tr><tr><td>031001003</td><td>不锈钢管</td></tr><tr><td>031001004</td><td>钢管</td></tr></table></td><td rowspan="2">不含管卡与支架等</td></tr>
<tr><td>管道消毒、冲洗</td><td>B.4.4</td><td>176</td></tr>
<tr><td>一般套管制作安装（钢管）</td><td>B.3.1</td><td>164
165</td><td></td><td><table><tr><th>项目编码</th><th>项目名称</th><th>项目特征</th><th>计量单位</th></tr><tr><td>031002003</td><td>套管</td><td>1.名称、类型
2.材质
3.规格
4.填料材质</td><td>个</td></tr></table></td><td>不再区分穿墙套管和穿楼板带翼环钢套管</td></tr>
<tr><td>一般套管制作安装（塑料管）</td><td>B.3.2</td><td>166</td><td>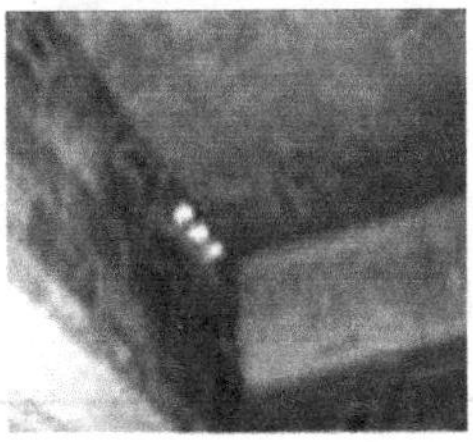</td><td><table><tr><th>项目编码</th><th>项目名称</th><th>项目特征</th><th>计量单位</th></tr><tr><td>031002003</td><td>套管</td><td>1.名称、类型
2.材质
3.规格
4.填料材质</td><td>个</td></tr></table></td><td></td></tr>
</table>

续表

<table>
<tr><th>定额项目</th><th>章节编号</th><th>定额页码</th><th>图　片</th><th>对应清单</th><th>说　明</th></tr>
<tr><td>预留孔洞</td><td>F.5.1</td><td>88
89</td><td rowspan="2"></td><td rowspan="2"><table><tr><th>项目编码</th><th>项目名称</th><th>项目特征</th><th>计量单位</th></tr><tr><td>030906005</td><td>预留孔洞</td><td></td><td>个</td></tr></table></td><td rowspan="2">区分事先留洞与事后开洞。此项目适用于一般套管，不适用于防水套管，且不能重复计堵洞</td></tr>
<tr><td>堵洞</td><td>F.6.1</td><td>90</td></tr>
<tr><td>刚性防水套管制作</td><td>B.3.5</td><td>169
170</td><td rowspan="2"></td><td rowspan="2"><table><tr><th>项目编码</th><th>项目名称</th><th>项目特征</th><th>计量单位</th></tr><tr><td>031002003</td><td>套管</td><td>1.名称、类型
2.材质
3.规格
4.填料材质</td><td>个</td></tr></table></td><td rowspan="2">必须区分刚性防水套管和柔性防水套管</td></tr>
<tr><td>刚性防水套管安装</td><td>B.3.6</td><td>171</td></tr>
<tr><td>管道支架制作安装</td><td>B.1.1</td><td>161</td><td></td><td><table><tr><th>项目编码</th><th>项目名称</th><th>项目特征</th><th>计量单位</th></tr><tr><td>031002001</td><td>管道支架</td><td>1.材质
2.管架形式</td><td rowspan="2">1.kg
2.套</td></tr><tr><td>031002002</td><td>设备支架</td><td>1.材质
2.形式</td></tr></table></td><td>清单工作内容，包括制作和安装。切记不包含除锈、刷油（计价定额也是相同情况）。必须区分管道支架和设备支架</td></tr>
</table>

续表

<table>
<tr><th>定额项目</th><th>章节编号</th><th>定额页码</th><th>图　片</th><th>对应清单</th><th>说　明</th></tr>
<tr><td>成品管卡安装</td><td>B.1.2</td><td>162</td><td></td><td>
<table>
<tr><th>项目编码</th><th>项目名称</th><th>项目特征</th><th>计量单位</th></tr>
<tr><td>031002001</td><td>管道支架</td><td>1.材质
2.管架形式</td><td rowspan="2">1.kg
2.套</td></tr>
<tr><td>031002002</td><td>设备支架</td><td>1.材质
2.形式</td></tr>
</table>
</td><td></td></tr>
<tr><td>一般钢结构刷油</td><td>A.1.3
B.3.1.2
B.3.1.6</td><td>10
40
42</td><td></td><td>
<table>
<tr><th>项目编码</th><th>项目名称</th><th>项目特征</th><th>计量单位</th></tr>
<tr><td>031201003</td><td>金属结构刷油</td><td>1.除锈级别
2.油漆品种
3.结构类型
4.涂刷遍数、漆膜厚度</td><td>1.m²
2.kg</td></tr>
</table>
</td><td>清单工作内容包括除锈、调配和涂刷</td></tr>
<tr><td>管道刷油</td><td>A.1.3
B.3.1.2
B.3.1.6</td><td>9
27
29</td><td></td><td>
<table>
<tr><th>项目编码</th><th>项目名称</th><th>项目特征</th><th>计量单位</th></tr>
<tr><td>031201001</td><td>管道刷油</td><td rowspan="2">1.除锈级别
2.油漆品种
3.涂刷遍数、漆膜厚度
4.标志色方式、品种</td><td rowspan="2">1.m²
2.m</td></tr>
<tr><td>031201002</td><td>设备与矩形管道刷油</td></tr>
</table>
</td><td></td></tr>
</table>

1.3.3　生活给水系统计价定额册、章、计算规则的说明

1)册说明的主要内容

《重庆市通用安装工程计价定额》(CQAZDE—2018)第十册的册说明如下。

册说明

二、本册定额不包括以下内容:

1.工业管道,生产生活共用的管道,锅炉房、泵房、站类管道以及建筑物内加压泵间、空调制冷机房、消防泵房的管道,管道焊缝热处理、无损探伤,医疗气体管道及附件按第八册《工业管道安装工程》相应定额子目执行。

2.本册定额未包括的采暖、给排水设备安装按第一册《机械设备安装工程》、第三册《静置设备与工艺金属结构制作安装工程》相应定额子目执行。

3.水暖设备、器具等电气检查、接线工作,按第四册《电气设备安装工程》相应定额子目执行。

4.刷油、防腐蚀、绝热工程按第十一册《刷油、防腐蚀、绝热安装工程》相应定额子目执行。

5.本册凡涉及管沟、工作坑及井类的土方开挖、回填、运输、垫层、基础、砌筑、地沟盖板预制安装、路面开挖及修复、管道混凝土支墩以及混凝土管道、水泥管道等项目，按《重庆市房屋建筑与装饰工程计价定额》相应定额子目执行或按《重庆市市政工程计价定额》相应定额子目执行。

三、下列费用可按系数分别读取：

1.脚手架搭拆费按定额人工费的5%计算，其中人工工资占35%。单独承担的室外埋地管道工程，如发生脚手架搭拆时按实收取该费用。

2.操作高度增加费：定额中操作物高度以距楼地面3.6 m为限，超过3.6 m时，超过部分工程量按定额人工费乘以下表系数：

操作物高度(m以内)	10	30	50
超高系数	1.1	1.2	1.5

3.超高增加费，指在6层或20 m以上的工业与民用建筑物上进行安装时增加的费用，按下表计算，其中人工工资占65%。

建筑物檐高(m以内)	40	60	80	100	120	140	160	180	200
建筑层数(层)	≤12	≤18	≤24	≤30	≤36	≤42	≤48	≤54	≤60
按人工费的百分比(%)	1.83	4.56	8.21	12.78	18.25	23.73	29.20	34.68	40.15

4.在地下室内(含地下车库)、净高小于1.06 m楼层、断面小于4 m^2且大于2 m^2的隧道或洞内进行安装的工程，定额人工费乘以系数1.12。

5.在管井内、竖井内、断面小于或等于2 m^2隧道或洞内、封闭吊顶天棚内进行安装的工程，定额人工费乘以系数1.15。

6.空调水系统调整费按空调水系统工程人工费的10%计算，其中人工工资占35%。

7.安装与生产同时进行，按照定额人工费的10%计算。

2)“A给排水、燃气、采暖管道”章说明和计算规则的主要内容

《重庆市通用安装工程计价定额》(CQAZDE—2018)第十册“A给排水、燃气、采暖管道”章说明和计算规则如下。

说　明

一、本章适用于室内外生活用给水、排水、燃气、空调水等管道的安装，包括镀锌钢管、钢管、不锈钢管、铜管、铸铁管、塑料管、复合管等不同材质的管道安装及室外管道碰头等项目。

二、管道的界限划分：

1.室内外给水管道以建筑物外墙皮1.5 m为界，建筑物入口处设阀门者以阀门为界。

2.室内外排水管道以出户第一个排水检查井为界。

3.给水管道与工业管道界线以与工业管道碰头点为界。

4.设在建筑物内的水泵房(间)管道以泵房(间)外墙皮为界。

5.室内外燃气管道:

(1)地下引入室内的管道以室内第一个阀门为界。

(2)地上引入室内的管道以墙外三通为界。

6.室内外空调水管道:

(1)室内外管道以建筑物外墙皮1.5 m为界,建筑物入口处设阀门者以阀门为界。

(2)设在建筑物内的空调机房管道以机房外墙皮为界。

三、管道的适用范围:

1.给水管道适用于生活饮用水、热水、中水及压力排水等管道的安装。

2.塑料管安装适用于UPVC、PVC、PP-C、PP-R、PE、PB管等塑料管安装。

3.镀锌钢管(螺纹连接)项目适用于室内外焊接钢管的螺纹连接。

4.钢塑复合管安装适用于内涂塑、内外涂塑、内衬塑、外覆塑内衬塑复合管道安装。

5.钢管沟槽连接适用于镀锌钢管、焊接钢管及无缝钢管等沟槽连接的管道安装。不锈钢管、铜管、复合管的沟槽连接,可参照执行。

6.燃气管道安装项目适用于工作压力小于或等于0.4 MPa(中压A)的燃气管道系统。

7.空调冷热水镀锌钢管(沟槽连接)安装项目适用于空调冷热水系统中采用沟槽连接的DN150以下焊接钢管的安装。

四、有关说明:

1.管道安装项目中,给水管道、空调冷热水管道均包括相应管件安装、水压试验及水冲洗工作内容。燃气管道均包括管道及管件安装、强度试验、严密性试验、空气吹扫等内容。排(雨)水管道包括管道及管件安装、灌水(闭水)及通球试验工作内容;定额中铜管、塑料管、复合管(除钢塑复合管外)按公称外径表示,其他管道均按公称直径表示。

2.定额中各种管件数量系综合取定,执行定额时,成品管件材料数量可参照本册附录"管道管件数量取定表"或依据设计文件及施工方案计算,定额中其他消耗量均不做调整。

3.本册定额管件中不含与螺纹阀门配套的活接、对丝,其用量含在螺纹阀门安装项目中。

4.管道安装项目中,除室内直埋塑料给水管项目中已包括管卡安装外,均不包括管道支架、管卡、托钩等制作安装以及管道穿墙、楼板套管制作安装、预留孔洞、堵洞、打洞、凿槽等工作内容,发生时,应按第九册《消防安装工程》相应定额子目执行。

5.钢管焊接安装项目中均综合考虑了成品管件和现场煨制弯管、摔制大小头、挖眼三通。

6.室内柔性铸铁排水管(机械接口)按带法兰承口的承插式管材考虑。

7.雨水管道系统中的雨水斗及雨水口安装按本册第四章相应定额子目执行。

8.室内直埋塑料管道是指敷设于室内地坪下或墙内的塑料给水管段,包括充压隐蔽、水压试验、水冲洗以及地面画线标示等工作内容。

9.塑料管热熔连接公称外径DN25及以上管径按热熔对接连接考虑。

10.管道的消毒冲洗按本册"支架及其他"相应定额子目执行;排水管道不包括止水环、透气帽本体材料,发生时按实际数量另计材料费。

11.燃气管道已验收合格未及时投入使用的管道,使用前需再做强度试验、严密性试验、空气吹扫等项目,按第八册《工业管道安装工程》相应定额子目执行。

12.燃气检漏管安装按本册"给排水、燃气、采暖管道"相应定额子目执行。

13.室内空调机房与空调冷却塔之间的冷却水管道按本册"给排水、燃气、采暖管道"相应定额子目执行。

14.空调凝结水管道安装项目是按集中空调系统编制的,也适用于户用单体空调设备的凝结水管道系统的安装。

15.室内空调水管道在过路口或跨绕梁、柱等障碍时,如发生类似于方形补偿器的管道安装形式,按本册“管道附件”相应定额子目执行。

16.给水室外管道碰头项目适用于新建管道与已有水源管道的碰头连接,如已有水源管道已做预留接口,则不执行相应定额子目。

17.燃气室外管道碰头项目适用于新建管道与已有气源管道的碰头连接,如已有气源管道已做预留接口,则不执行相应定额子目;与已有管道碰头项目中,不包含氮气置换、连接后的单独试压以及带气施工措施费,应根据施工方案另行计算。

18.成品防腐管道需做电火花检测的,可另行计算。

19.安装带保温层的管道时,可执行相应材质及连接形式的管道安装项目,其人工乘以系数1.1;管道接头保温按第十一册《刷油、防腐蚀、绝热安装工程》相应定额子目执行,其人工、机械乘以系数2.0。

计算规则

一、各类管道安装区分室内外、材质、连接形式、规格,按设计图示管道中心线长度计算,不扣除阀门、管件、附件(包括器具组成)及附属构筑物所占长度。

二、室内给排水管道与卫生器具连接的计算分界:

1.给水管道工程量计算至卫生器具(含附件)前与管道系统连接的第一个连接件(角阀、三通、弯头、管箍等)止。

2.排水管道工程量自卫生器具出口处的地面或墙面算起;与地漏连接的排水管道自地面算起,不扣除地漏所占长度。

三、燃气管道与已有管道碰头项目,除钢管带介质碰头、塑料管带介质碰头以支管管径外,其他项目均按设计图示主管管径以“处”计算。

四、空调水管道方形补偿器管道所占长度计入管道安装工程量。方形补偿器制作安装应按本册“管道附件”相应定额子目执行。

3)“B 支架及其他”章说明和计算规则的主要内容

《重庆市通用安装工程计价定额》(CQAZDE—2018)第十册“B 支架及其他”章说明和计算规则如下。

说　明

一、本章内容包括管道支架、设备支架和各种套管制作安装,阻火圈安装,计量表箱、管道压力试验、通球试验、管道冲洗等项目。

二、管道支架制作安装项目,适用于室内外管道的管架制作与安装。如单件质量大于100 kg时,应按本章设备支架制作安装相应定额子目执行。

三、管道支架采用木垫式、弹簧式管架时,均按本章管道支架安装定额子目执行,支架中的弹簧减震器、滚珠、木垫等成品件质量应计入安装工程量,其材料费数量按实计入。

四、成品管卡安装项目,适用于与各类管道配套的立、支管成品管卡的安装。

五、管道、设备支架的除锈、刷油,按第十一册《刷油、防腐蚀、绝热安装工程》相应定额子目执行。

六、刚性防水套管和柔性防水套管安装项目中,包括了配合预留孔洞及浇筑混凝土工作内容。一般套管制作安装项目,均未包括预留孔洞工作,发生时按第九册《消防安装工程》相应定额子目执行。

七、套管制作安装项目已包含堵洞工作内容。

八、套管内填料按油麻编制,如与设计不符时,可按工程要求调整换算填料。

九、保温管道穿墙、板采用套管时,按保温层外径规格执行套管相应子目。

十、水压试验项目仅适用于因工程需要而发生的非正常情况的管道水压试验。管道安装定额中已经包括了规范要求的水压试验,不得重复计算。

十一、因工程需要再次发生管道冲洗时,按本章相应定额子目执行,同时扣减定额中漂白粉消耗量,其他消耗量乘以系数0.6。

十二、成品表箱安装适用于水表、热量表、燃气表等箱的安装。

计算规则

一、管道支架制作安装,按设计图示实际质量以"kg"计算;设备支架制作安装,按设计图示实际单件质量以"kg"计算。

二、成品管卡、阻火圈安装、成品防火套管安装,区分工作介质、管道直径,按设计图示不同规格数量以"个"计算。

三、管道保护管制作与安装,分为钢制和塑料两种材质,区分不同规格,按设计图示管道中心线长度计算。

四、管道水压试验、消毒冲洗按设计图示管道长度计算。

五、一般穿墙套管,柔性、刚性套管,区分工作介质、管道的公称直径,按设计图示数量以"个"计算。

六、成品表箱安装,区分箱体半周长,按设计图示数量以"个"计算。

七、氮气置换安装,区分管径,按设计图示长度计算。

八、警示带、示踪线安装,按设计图示长度计算。

九、地面警示标志桩安装,按设计图示数量以"个"计算。

4)"C 管道附件"章说明和计算规则的主要内容

《重庆市通用安装工程计价定额》(CQAZDE—2018)第十册"C 管道附件"章说明和计算规则如下。

说 明

一、本章内容包括各类阀门、法兰、低压器具、补偿器、计量表、软接头、倒流防止器、塑料排水管消声器、液面计、水位标尺等安装。

二、阀门安装均综合考虑了标准规范要求的强度及严密性试验工作内容。若采用气压试验时,除定额人工外,其他相关消耗量可进行调整。

三、安全阀安装后进行压力调整的,其人工乘以系数2.0。螺纹三通阀安装按螺纹阀门安装项目乘以系数1.3。

四、电磁阀、温控阀安装项目均包括了配合调试工作内容,不再重复计算。

五、对夹式蝶阀安装已含双头螺栓用量,在套用与其连接的法兰安装项目时,应将法兰安装项目中的螺栓用量扣除。浮球阀安装已包括了连杆及浮球的安装。

六、与螺纹阀门配套的连接件,如设计与定额中材质不同时,可按实调整。

七、法兰阀门、法兰式附件安装项目均不包括法兰安装，按本册相应定额子目执行。

八、每副法兰和法兰式附件安装项目中，均包括一个垫片和一副法兰螺栓的材料用量。各种法兰连接用垫片均按石棉橡胶板考虑，如工程要求采用其他材质可按实调整。

九、减压器、疏水器安装均按成组安装考虑，分别依据国家建筑标准设计图集 01SS105 和 05R407 编制。疏水器成组安装未包括止回阀安装，若安装止回阀，按本册相应定额子目执行。单独减压器、疏水器安装，按本册相应定额子目执行。

十、除污器成组安装依据国家建筑标准设计图集 03R402 编制，适用于立式、卧式和旋流式除污器成组安装。单个过滤器安装，按本册相应定额子目执行，人工乘以系数 1.2。

十一、普通水表、IC 卡水表安装不包括水表前的阀门安装。水表安装定额是按与钢管连接编制的，若与塑料管连接时，其人工乘以系数 0.6，材料、机械消耗量可按实调整。

十二、水表组成安装是依据国家建筑标准设计图集 05S502 编制的。法兰水表（带旁通管）成组安装中三通、弯头均按成品管件考虑。

十三、热量表成组安装是依据国家建筑标准设计图集 10K509\10R504 编制的，如实际组成与此不同，可按本册法兰、阀门等附件相应定额子目执行。

十四、倒流防止器成组安装是依据国家建筑标准设计图集 12S108-1 编制的，按连接方式不同分为带水表与不带水表安装。

十五、器具成组安装项目已包括标准设计图集中的旁通管安装，旁通连接管所占长度不再另计管道工程量。

十六、器具组成安装均分别依据现行相关标准图集编制，其中连接管、管件均按钢制管道、管件及附件考虑，如实际采用其他材质组成安装，则按本册相应定额子目执行。器具附件组成如实际与定额不同时，可按本册法兰、阀门等附件相应定额子目执行。

十七、补偿器项目包括方形补偿器制作安装和焊接式、法兰式成品补偿器安装，成品补偿器包括球形、填料式、波纹式补偿器。补偿器安装项目中包括就位前进行预拉(压)工作。

十八、法兰式软接头安装适用于法兰式橡胶及金属挠性接头安装。

十九、塑料排水管消声器安装按成品考虑。

二十、浮标液面计、水位标尺分别依据《采暖通风国家标准图集》N102-3 和《全国通用给排水标准图集》S318 编制，如设计与标准图集不符，主要材料可作调整，其他不变。

二十一、本章所有安装项目均不包括固定支架的制作安装，发生时应按本册“支架及其他”相应定额子目执行。

计算规则

一、各种阀门、补偿器、软接头、普通水表、IC 卡水表、水锤消除器、塑料排水管消声器安装，区分不同连接方式、公称直径，按设计图示数量以“个”计算。

二、减压器、疏水器、水表、倒流防止器、热量表成组安装，区分不同组成结构、连接方式、公称直径，按设计图示数量以“组”计算。减压器安装，按高压侧的直径以“个”计算。

三、卡紧式软管区分不同管径，按设计图示数量以“根”计算。

四、法兰均区分不同公称直径，按设计图示数量以“副”计算。承插盘法兰短管区分不同连接方式、公称直径，按设计图示数量以“副”计算。

五、浮标液面计、浮标水位标尺区分不同的型号，按设计图示数量以“组”计算。

5)“D 卫生器具”章说明和计算规则的主要内容

《重庆市通用安装工程计价定额》(CQAZDE—2018)第十册“D 卫生器具”章说明和计算规则如下。

说　明

一、本章内容中卫生器具系参照国家建筑标准设计图集《排水设备及卫生器具安装》(2010年合订本)中的有关标准图编制,包括浴盆、净身盆、洗脸盆、洗涤盆、化验盆、大便器、小便器、淋浴器、淋浴室、桑拿浴房、烘手器、拖布池、水龙头、排水栓、地漏、地面扫除口、雨水斗、蒸汽-水加热器、冷热水混合器、饮水器、隔油器等器具安装项目,以及大、小便器自动冲洗水箱和小便槽冲洗管制作安装。

二、各类卫生器具安装项目除另有标注外,均适用于各种材质。

三、各类卫生器具安装项目包括卫生器具本体、配套附件、成品支托架安装。各类卫生器具配套附件是指给水附件(水嘴、金属软管、阀门、冲洗管、喷头等)和排水附件(下水口、排水栓、存水弯、与地面或墙面排水口间的排水连接管等)。卫生间配件是指卫生间内的置物架、纸筒等。

四、各类卫生器具所用附件已列出消耗量,如随设备或器具本体供应已配套带有时,其消耗量不得重复计算。各类卫生器具支托架如现场制作时,按本册“支架及其他”相应定额子目执行。

五、浴盆冷热水带喷头若采用埋入式安装时,混合水管及管件消耗量应另行计算。按摩浴盆包括配套小型循环设备(过滤罐、水泵、按摩泵、气泵等)安装,其循环管路材料、配件等均按成套供货考虑。浴盆底部所需要填充的干砂消耗量另行计算。

六、液压脚踏卫生器具安装按本章相应定额子目执行,人工乘以系数1.3,液压脚踏装置材料消耗量另行计算。如水嘴、喷头等配件随液压阀及控制器成套供应时,应扣除定额中的相应材料,不得重复计取。卫生器具所用液压脚踏装置包括配套的控制器、液压脚踏开关及其液压连接软管等配套附件。

七、大、小便器冲洗(弯)管均按成品考虑。大便器安装已包括了柔性连接头或胶皮碗。

八、大、小便槽自动冲洗水箱安装中,已包括水箱和冲洗管的成品支托架、管卡安装,水箱支托架及管卡的制作及刷漆按相应定额子目执行。

九、与卫生器具配套的电气安装,按第四册《电气设备安装工程》相应定额子目执行。

十、各类卫生器具的混凝土或砖基础、周边砌砖、瓷砖粘贴,蹲式大便器蹲台砌筑、台式洗脸盆的台面安装,按《重庆市房屋建筑与装饰工程计价定额》相应定额子目执行。

十一、本章所有项目安装不包括预留、堵孔洞,按第九册《消防安装工程》相应定额子目执行。

计算规则

一、各种卫生器具安装,按设计图示数量以“组”或“套”计算。

二、大便槽、小便槽自动冲洗水箱安装,区分容积按设计图示数量以“套”计算。大、小便槽自动冲洗水箱制作不分规格,按实际质量以“kg”计算。

三、小便槽冲洗管制作与安装,按设计图示长度计算,不扣除管件所占的长度。

四、湿蒸房依据使用人数,按设计图示数量以“座”计算。

五、隔油器安装,区分安装方式、进水管径,按设计图示数量以“套”计算。

1.3.4　成品管卡的用量参考表

《重庆市通用安装工程计价定额》(CQAZDE—2018)附录关于成品管卡数量的取定如表1.3.4所示。

表 1.3.4　成品管卡用量参考表　　单位:个/10 m

序号	公称直径(mm 以内)	给水、采暖、空调水管道									排水管道	
		钢管		铜管		不锈钢管		塑料管及复合管			塑料管	
		保温管	不保温管	垂直管	水平管	垂直管	水平管	立管	水平管		立管	横管
									冷水管	热水管		
1	15	5	4	5.56	8.33	6.67	10	11.11	16.67	33.33	—	—
2	20	4	3.33	4.17	5.56	5	6.67	10	14.29	28.57	—	—
3	25	4	2.86	3.33	5.56	5	6.67	9.09	12.5	25	—	—
4	32	4	2.5	3.33	4.17	4	5	7.69	11.11	20	—	—
5	40	3.33	2.22	3.33	4.17	4	5	6.25	10	16.67	8.33	25
6	50	3.33	2	2.86	4.17	3.33	4	5.56	9.09	14.29	8.33	20
7	65	2.5	1.67	2.86	3.33	3.33	4	5	8.33	12.5	6.67	13.33
8	80	2.5	1.67	2.86	3.33	2.86	3.33	4.55	7.41	—	5.88	11.11
9	100	2.22	1.54	2.86	3.33	2.86	3.33	4.17	6.45	—	5	9.09
10	125	1.67	1.43	2.86	3.33	2.86	3.33	—	—	—	5	7.69
11	150	1.43	1.25	2.5	2.86	2.5	2.86	—	—	—	5	6.25

习题

1.单项选择题

(1)室外 PE 聚乙烯塑料给水管(电熔连接)归属于《重庆市通用安装工程计价定额》(CQAZDE—2018)的哪册哪章?(　　)

A.第十册“A 给排水、燃气、采暖管道”　　B.第十册“B 支架及其他”

C.第十册“C 管道附件”　　D.第十册“D 卫生洁具”

(2)电热水器、开水炉安装归属于《重庆市通用安装工程计价定额》(CQAZDE—2018)的哪册哪章?(　　)

A.第十册“E 供暖设备”　　B.第十册“F 采暖、给排水设备”

C.第十册“H 医疗气体设备及附件”　　D.第十册“附录”

(3)《重庆市通用安装工程计价定额》(CQAZDE—2018)第十册规定,在管井内、竖井内、断面小于或等于 2 m^2 隧道或洞内、封闭吊顶天棚内进行安装的工程,定额人工费乘以系数(　　)。

A.1.1　　B.1.12　　C.1.15　　D.1.2

(4)《重庆市通用安装工程计价定额》(CQAZDE—2018)第十册规定,在地下室内(含地下车库)、净高小于 1.06 m 的楼层、断面小于 4 m^2 或大于 2 m^2 的隧道或洞内进行安装的工程,定额人工费乘以系数(　　)。

A.1.1　　B.1.12　　C.1.15　　D.1.2

(5)《重庆市通用安装工程计价定额》(CQAZDE—2018)第十册规定,单个过滤器安装,按本册相应定额子目执行,人工乘以系数(　　)。

A.1.1　　B.1.12　　C.1　　D.1.2

2.多项选择题

(1)依据《重庆市通用安装工程计价定额》(CQAZDE—2018)的规定,螺纹水表组计价定额项目中,包含了(　　)。

A.螺纹水表安装费　　B.支架或支墩安装费

C.螺纹阀门安装费　　D.各类阀门的未计价材料费

E.止回阀安装费

(2)依据《重庆市通用安装工程计价定额》(CQAZDE—2018)的规定,螺纹水表或IC卡水表计价定额项目中,不包含(　　)。

A.螺纹水表或IC卡水表安装费　　B.螺纹水表或IC卡水表未计价材料费

C.表前螺纹阀门　　D.管道支架

E.阀门检验试验费

(3)依据《重庆市通用安装工程计价定额》(CQAZDE—2018)的规定,法兰阀门计价定额项目中,包含了(　　)。

A.法兰连接　　B.水压试验

C.阀门连接　　D.制垫加垫

E.紧螺栓

(4)依据《重庆市通用安装工程计价定额》(CQAZDE—2018)的规定,PP-R塑料管(直埋方式)计价定额项目中,包含了(　　)。

A.凿槽　　B.管道和管件安装

C.固定管卡　　D.消毒冲洗

E.水压试验

(5)依据《重庆市通用安装工程计价定额》(CQAZDE—2018)的规定,刚性防水套管和柔性防水套管制作安装计价定额项目中,包含了(　　)。

A.配合预留孔洞及浇注混凝土　　B.堵洞

C.制作　　D.安装

E.调整换算填料

1.4 生活给水系统清单计价

1.4.1 生活给水系统清单计价理论

1)生活给水系统清单计价规范

本节生活给水系统清单计价项目,采用的是现行《通用安装工程工程量计算规范》

(GB 50856—2013)附录K“给排水、采暖、燃气工程”与附录M“刷油、防腐蚀、绝热工程”等相关项目。

2)室外给水系统的清单项目

(1)给排水、采暖、燃气管道

《通用安装工程工程量计算规范》(GB 50856—2013)中,室外给水系统中给排水、采暖和燃气管道工程量清单项目的设置、项目特征描述的内容、计量单位及工程量计算规则,应按表1.4.1的规定执行,表中内容摘自该规范第129和130页。

表1.4.1 给排水、采暖、燃气管道清单项目(编码:031001)

项目编码	项目名称	项目特征	计量单位	工程量计算规则	工作内容
031001001	镀锌钢管	1.安装部位 2.介质 3.规格、压力等级 4.接连形式 5.压力试验及吹、洗设计要求 6.警示带形式	m	按设计图示管道中心线以长度计算	1.管道安装 2.管件制作、安装 3.压力试验 4.吹扫、冲洗 5.警示带铺设
031001002	钢管				
031001003	不锈钢管				
031001004	铜管				
031001005	铸铁管	1.安装部位 2.介质 3.材质、规格 4.连接形式 5.接口材料 6.压力试验及吹、洗设计要求 7.警示带形式			1.管道安装 2.管件安装 3.压力试验 4.吹扫、冲洗 5.警示带铺设
031001006	塑料管	1.安装部位 2.介质 3.材质、规格 4.连接形式 5.阻火圈设计要求 6.压力试验及吹、洗设计要求 7.警示带形式			1.管道安装 2.管件安装 3.塑料卡固定 4.阻火圈安装 5.压力试验 6.吹扫、冲洗 7.警示带铺设
031001007	复合管	1.安装部位 2.介质 3.材质、规格 4.连接形式 5.压力试验及吹、洗设计要求 6.警示带形式			1.管道安装 2.管件安装 3.塑料卡固定 4.压力试验 5.吹扫、冲洗 6.警示带铺设

续表

项目编码	项目名称	项目特征	计量单位	工程量计算规则	工作内容
031001008	直埋式预制保温管	1.埋设深度 2.介质 3.管道材质、规格 4.连接形式 5.接口保温材料 6.压力试验及吹、洗设计要求 7.警示带形式	m	按设计图示管道中心线以长度计算	1.管道安装 2.管件安装 3.接口保温 4.压力试验 5.吹扫、冲洗 6.警示带铺设

(2)刷油工程和防腐蚀工程

《通用安装工程工程量计算规范》(GB 50856—2013)中,刷油工程和防腐蚀工程工程量清单项目的设置、项目特征描述的内容、计量单位及工程量计算规则,应按表1.4.2和表1.4.3的规定执行,表中内容摘自该规范第152和153页。

表1.4.2 刷油工程清单项目(编码:031201)

项目编码	项目名称	项目特征	计量单位	工程量计算规则	工作内容
031201001	管道刷油	1.除锈级别 2.油漆品种 3.涂刷遍数、漆膜厚度 4.标志色方式、品种	1.m^2 2.m	1.以平方米计量,按设计图示表面积尺寸以面积计算 2.以米计量,按设计图示尺寸以长度计算	1.除锈 2.调配、涂刷
031201002	设备与矩形管道刷油				
031201003	金属结构刷油	1.除锈级别 2.油漆品种 3.结构类型 4.涂刷遍数、漆膜厚度	1.m^2 2.kg	1.以平方米计量,按设计图示表面积尺寸以面积计算 2.以千克计量,按金属结构的理论质量计算	
031201004	铸铁管、暖气片刷油	1.除锈级别 2.油漆品种 3.涂刷遍数、漆膜厚度	1.m^2 2.m	1.以平方米计量,按设计图示表面积尺寸以面积计算 2.以米计量,按设计图示尺寸以长度计算	
031201005	灰面刷油	1.油漆品种 2.涂刷遍数、漆膜厚度 3.涂刷部位	m^2	按设计图示表面积计算	调配、涂刷
031201006	布面刷油	1.布面品种 2.油漆品种 3.涂刷遍数、漆膜厚度 4.涂刷部位			

续表

项目编码	项目名称	项目特征	计量单位	工程量计算规则	工作内容
031201007	气柜刷油	1.除锈级别 2.油漆品种 3.涂刷遍数、漆膜厚度 4.涂刷部位	m^2	按设计图示表面积计算	1.除锈 2.调配、涂刷
031201008	玛琋酯面刷油	1.除锈级别 2.油漆品种 3.涂刷遍数、漆膜厚度			调配、涂刷

表 1.4.3　防腐蚀涂料工程清单项目(编码:031202)

项目编码	项目名称	项目特征	计量单位	工程量计算规则	工作内容
031202006	H 型钢制钢结构防腐蚀	1.除锈级别 2.涂刷(喷)品种 3.分层内容 4.涂刷(喷)遍数、漆膜厚度	m^2	按设计图示表面积计算	1.除锈 2.调配、涂刷(喷)
031202007	金属油罐内壁防静电				
031202008	埋地管道防腐蚀	1.除锈级别 2.刷缠品种 3.分层内容 4.刷缠遍数	1.m^2 2.m	1.以平方米计量,按设计图示表面积尺寸以面积计算 2.以米计量,按设计图示尺寸以长度计算	1.除锈 2.刷油 3.防腐蚀 4.缠保护层
031202009	环氧煤沥青防腐蚀				1.除锈 2.涂刷、缠玻璃布
031202010	涂料聚合一次	1.聚合类型 2.聚合部位	m^2	按设计图示表面积计算	聚合

注:1.分层内容:指应注明每一层的内容,如底漆、中间漆、面漆及玻璃丝布等内容。

2.如设计要求热固化需注明。

3.设备筒体、管道表面积:$S=\pi\cdot D\cdot L$,π——圆周率,D——直径,L——设备筒体高或管道延长米。

4.阀门表面积:$S=\pi\cdot D\cdot 2.5D\cdot K\cdot N$,$K$——1.05,$N$——阀门个数。

5.弯头表面积:$S=\pi\cdot D\cdot 1.5D\cdot 2\pi\cdot N/B$,$N$——弯头个数,$B$值取定:90°弯头$B=4$;45°弯头$B=8$。

6.法兰表面积:$S=\pi\cdot D\cdot 1.5D\cdot K\cdot N$,$K$——1.05,$N$——法兰个数。

7.设备、管道法兰翻边面积:$S=\pi\cdot(D+A)\cdot A$,A——法兰翻边宽。

8.带封头的设备面积:$S=L\cdot\pi\cdot D+(D^2/2)\cdot\pi\cdot K\cdot N$,$K$——1.5,$N$——封头个数。

9.计算设备、管道内壁防腐蚀工程量,当壁厚大于 10 mm 时,按其内径计算;当壁厚小于 10 mm 时,按其外径计算。

3)室内生活给水系统的清单项目

(1)采暖给水设备

《通用安装工程工程量计算规范》(GB 50856—2013)中,采暖给水设备工程量清单项目的设置、项目特征描述的内容、计量单位及工程量计算规则,应按表1.4.4的规定执行,表中内容摘自该规范第135页。

表1.4.4　采暖给水设备清单项目(编码:031006)

项目编码	项目名称	项目特征	计量单位	工程量计算规则	工作内容
031006007	除砂器	1.型号、规格 2.安装方式	台	按设计图示数量计算	安装
031006008	水处理器	1.类型 2.型号、规格			
031006009	超声波灭藻设备				
031006010	水质净化器				
031006011	紫外线杀菌设备	1.名称 2.规格			
031006012	热水器、开水炉	1.能源种类 2.型号、容积 3.安装方式			1.安装 2.附件安装
031006013	消毒器、消毒锅	1.类型 2.型号、规格			安装
031006014	直饮水设备	1.名称 2.规格	套		安装
031006015	水箱	1.材质、类型 2.型号、规格	台		1.制作 2.安装

注:1.变频给水设备、稳压给水设备、无负压给水设备安装,说明:

1)压力容器包括气压罐、稳压罐、无负压罐;

2)水泵包括主泵及备用泵,应注明数量;

3)附件包括给水装置中配备的阀门、仪表、软接头,应注明数量,含设备、附件之间管路连接;

4)泵组底座安装,不包括基础砌(浇)筑,应按现行国家标准《房屋建筑与装饰工程工程量计算规范》(GB 50854)相关项目编码列项;

5)控制柜安装及电气接线、调试应按本规范附录D"电气设备安装工程"相关项目编码列项。

2.地源热泵机组,接管以及接管上的阀门、软接头、减震装置和基础另行计算,应按相关项目编码列项。

(2)卫生器具

《通用安装工程工程量计算规范》(GB 50856—2013)中,卫生器具工程量清单项目的设置、项目特征描述的内容、计量单位及工程量计算规则,应按表1.4.5的规定执行,表中内容摘自该规范第132和133页。

表 1.4.5　卫生器具清单项目(编码:031004)

项目编码	项目名称	项目特征	计量单位	工程量计算规则	工作内容
031004001	浴缸	1.材质 2.规格、类型 3.组装形式 4.附件名称、数量	组	按设计图示数量计算	1.器具安装 2.附件安装
031004002	净身盆				
031004003	洗脸盆				
031004004	洗涤盆				
031004005	化验盆				
031004006	大便器				
031004007	小便器				
031004008	其他成品卫生器具				
031004009	烘手器	1.材质 2.型号、规格	个	按设计图示数量计算	安装
031004010	淋浴器	1.材质、规格 2.组装形式 3.附件名称、数量	套		1.器具安装 2.附件安装
031004011	淋浴间				
031004012	桑拿浴房				
031004013	大、小便槽自动冲洗水箱	1.材质、类型 2.规格 3.水箱配件 4.支架形式及做法 5.器具及支架除锈、刷油设计要求			1.制作 2.安装 3.支架制作、安装 4.除锈、刷油
031004014	给、排水附(配)件	1.材质 2.型号、规格 3.安装方式	个 (组)		安装
031004015	小便槽冲洗管	1.材质 2.规格	m	按设计图示长度计算	1.制作 2.安装
031004016	蒸汽-水加热器	1.类型 2.型号、规格 3.安装方式	套	按设计图示数量计算	
031004017	冷热水混合器				
031004018	饮水器				
031004019	隔油器	1.类型 2.型号、规格 3.安装部位			安装

续表

注:1.成品卫生器具项目中的附件安装,主要指给水附件包括水嘴、阀门、喷头等,排水配件包括存水弯、排水栓、下水口等以及配备的连接管。 2.浴缸支座和浴缸周边的砌砖、瓷砖粘贴,应按现行国家标准《房屋建筑与装饰工程工程量计算规范》(GB 50854)相关项目编码列项;功能性浴缸不含电机接线和调试,应按本规范附录 D"电气设备安装工程"相关项目编码列项。 3.洗脸盆适用于洗脸盆、洗发盆、洗手盆安装。 4.器具安装中若采用混凝土或砖基础,应按现行国家标准《房屋建筑与装饰工程工程量计算规范》(GB 50854)相关项目编码列项。 5.给、排水附(配)件是指独立安装的水嘴、地漏、地面扫除口等。

(3)给排水、采暖、燃气管道

①《通用安装工程工程量计算规范》(GB 50856—2013)中,室内生活给水系统中给排水、采暖、燃气管道工程量清单项目的设置、项目特征描述的内容、计量单位及工程量计算规则,应按表 1.4.6、表 1.4.7 的规定执行,表中内容摘自该规范第 129,130 和 71 页。

表 1.4.6　给排水、采暖、燃气管道清单项目(编码:031001)

项目编码	项目名称	项目特征	计量单位	工程量计算规则	工作内容
031001001	镀锌钢管	1.安装部位 2.介质 3.规格、压力等级 4.连接形式 5.压力试验及吹、洗设计要求 6.警示带形式	m	按设计图示管道中心线以长度计算	1.管道安装 2.管件制作、安装 3.压力试验 4.吹扫、冲洗 5.警示带铺设
031001002	钢管				
031001003	不锈钢管				
031001004	铜管				
031001005	铸铁管	1.安装部位 2.介质 3.材质、规格 4.连接形式 5.接口材料 6.压力试验及吹、洗设计要求 7.警示带形式			1.管道安装 2.管件安装 3.压力试验 4.吹扫、冲洗 5.警示带铺设
031001006	塑料管	1.安装部位 2.介质 3.材质、规格 4.连接形式 5.阻火圈设计要求 6.压力试验及吹、洗设计要求 7.警示带形式			1.管道安装 2.管件安装 3.塑料卡固定 4.阻火圈安装 5.压力试验 6.吹扫、冲洗 7.警示带铺设

续表

项目编码	项目名称	项目特征	计量单位	工程量计算规则	工作内容
031001007	复合管	1.安装部位 2.介质 3.材质、规格 4.连接形式 5.压力试验及吹、洗设计要求 6.警示带形式	m	按设计图示管道中心线以长度计算	1.管道安装 2.管件安装 3.塑料卡固定 4.压力试验 5.吹扫、冲洗 6.警示带铺设
031001008	直埋式预制保温管	1.埋设深度 2.介质 3.管道材质、规格 4.连接形式 5.接口保温材料 6.压力试验及吹、洗设计要求 7.警示带形式			1.管道安装 2.管件安装 3.接口保温 4.压力试验 5.吹扫、冲洗 6.警示带铺设

注:1.安装部位,指管道安装在室内、室外。
2.输送介质包括给水、排水、中水、雨水、热媒体、燃气、空调水等。
3.方形补偿器制作安装应含在管道安装综合单价中。
4.铸铁管安装适用于承插铸铁管、球墨铸铁管、柔性抗震铸铁管等。
5.塑料管安装适用于UPVC、PVC、PP-C、PP-R、PE、PB管等塑料管材。
6.复合管安装适用于钢塑复合管、铝塑复合管、钢骨架复合管等复合型管道安装。
7.直埋保温管包括直埋保温管件安装及接口保温。
8.排水管道安装包括立管检查口、透气帽。
9.室外管道碰头:
1)适用于新建或扩建工程热源、水源、气源管道与原(旧)有管道碰头;
2)室外管道碰头包括挖工作坑、土方回填或暖气沟局部拆除及修复;
3)带介质管道碰头包括开关闸、临时放水管线铺设等费用;
4)热源管道碰头每处包括供、回水两个接口;
5)碰头形式指带介质碰头、不带介质碰头。
10.管道工程量计算不扣除阀门、管件(包括减压器、疏水器、水表、伸缩器等组成安装)及附属构筑物所占长度;方形补偿器以其所占长度列入管道安装工程量。
11.压力试验按设计要求描述试验方法,如水压试验、气压试验、泄漏性试验、闭水试验、通球试验、真空试验等。
12.吹、洗按设计要求描述吹扫、冲洗方法,如水冲洗、消毒冲洗、空气吹扫等。

表1.4.7　附属工程清单项目(编码:030413)

项目编码	项目名称	项目特征	计量单位	工程量计算规则	工作内容
030413002	凿(压)槽	1.名称 2.规格 3.类型 4.填充(恢复)方式 5.混凝土标准	m	按设计图示尺寸以长度计算	1.开槽 2.恢复处理

续表

项目编码	项目名称	项目特征	计量单位	工程量计算规则	工作内容
030413003	打洞(孔)	1.名称 2.规格 3.类型 4.填充(恢复)方式 5.混凝土标准	个	按设计图示数量计算	1.开孔、洞 2.恢复处理

②附录K"给排水采暖燃气工程"相关问题及说明。

《通用安装工程工程量计算规范》(GB 50856—2013)中,附录K"给排水采暖燃气工程"相关问题及说明如下。

K.10 相关问题及说明

K.10.1 管道界限的划分。

1.给水管道室内外界限划分:以建筑物外墙皮1.5 m为界,入口处设阀门者以阀门为界。

2.排水管道室内外界限划分:以出户第一个排水检查井为界。

3.采暖管道室内外界限划分:以建筑物外墙皮1.5 m为界,入口处设阀门者以阀门为界。

4.燃气管道室内外界限划分:地下引入室内的管道以室内第一个阀门为界,地上引入室内的管道以墙外三通为界。

K.10.2 管道热处理、无损探伤,应按本规范附录H"工业管道工程"相关项目编码列项。

K.10.3 医疗气体管道及附件,应按本规范附录H"工业管道工程"相关项目编码列项。

K.10.4 管道、设备及支架除锈、刷油、保温除注明者外,应按本规范附录M"刷油、防腐蚀、绝热工程"相关项目编码列项。

K.10.5 凿槽(沟)、打洞项目,应按本规范附录D"电气设备安装工程"相关项目编码列项。

(4)支架及其他

《通用安装工程工程量计算规范》(GB 50856—2013)中,支架及其他工程量清单项目的设置、项目特征描述的内容、计量单位及工程量计算规则,应按表1.4.8的规定执行,表中内容摘自该规范第130和131页。

表1.4.8 支架及其他清单项目(编码:031002)

项目编码	项目名称	项目特征	计量单位	工程量计算规则	工作内容
031002001	管道支架	1.材质 2.管架形式	1.kg 2.套	1.以千克计量,按设计图示质量计算 2.以套计量,按设计图示数量计算	1.制作 2.安装
031002002	设备支架	1.材质 2.形式			
031002003	套管	1.名称、类型 2.材质 3.规格 4.填料材质	个	按设计图示数量计算	1.制作 2.安装 3.除锈、刷油

续表

注:1.单件支架质量 100 kg 以上的管道支吊架执行设备支吊架制作安装。
2.成品支架安装执行相应管道支架或设备支架项目,不再计取制作费,支架本身价值含在综合单价中。
3.套管制作安装,适用于穿基础、墙、楼板等部位的防水套管、填料套管、无填料套管及防火套管等,应分别列项。

(5)管道附件

《通用安装工程工程量计算规范》(GB 50856—2013)中,管道附件工程量清单项目的设置、项目特征描述的内容、计量单位及工程量计算规则,应按表 1.4.9 的规定执行,表中内容摘自该规范第 131 页。

表 1.4.9 管道附件清单项目(编码:031003)

项目编码	项目名称	项目特征	计量单位	工程量计算规则	工作内容
031003001	螺纹阀门	1.类型 2.材质 3.规格、压力等级 4.连接形式 5.焊接方法	个	按设计图示数量计算	1.安装 2.电气接线 3.调试
031003002	螺纹法兰阀门	1.类型 2.材质 3.规格、压力等级 4.连接形式 5.焊接方法	个	按设计图示数量计算	1.安装 2.电气接线 3.调试
031003003	焊接法兰阀门	1.类型 2.材质 3.规格、压力等级 4.连接形式 5.焊接方法	个	按设计图示数量计算	1.安装 2.电气接线 3.调试
031003004	带短管甲乙阀门	1.材质 2.规格、压力等级 3.连接形式 4.接口方式及材质	个	按设计图示数量计算	1.安装 2.电气接线 3.调试
031003005	塑料阀门	1.规格 2.连接形式	个	按设计图示数量计算	1.安装 2.调试
031003006	减压器	1.材质 2.规格、压力等级 3.连接形式 4.附件配置	组	按设计图示数量计算	组装
031003007	疏水器	1.材质 2.规格、压力等级 3.连接形式 4.附件配置	组	按设计图示数量计算	组装
031003008	除污器(过滤器)	1.材质 2.规格、压力等级 3.连接形式	组	按设计图示数量计算	安装
031003009	补偿器	1.类型 2.材质 3.规格、压力等级 4.连接形式	个	按设计图示数量计算	安装

续表

项目编码	项目名称	项目特征	计量单位	工程量计算规则	工作内容
0310030010	软接头（软管）	1.材质 2.规格 3.连接形式	个（组）	按设计图示数量计算	安装
031003011	法兰	1.材质 2.规格、压力等级 3.连接形式	副（片）		
031003012	倒流防止器	1.材质 2.型号、规格 3.连接形式	套		
031003013	水表	1.安装部位（室内外） 2.型号、规格 3.连接形式 4.附件配置	组（个）		组装
031003014	热量表	1.类型 2.型号、规格 3.连接形式	块		安装
031003015	塑料排水管消声器	1.规格 2.连接形式	个		
031003016	浮标液面计		组		
031003017	浮漂水位标尺	1.用途 2.规格	套		

注：1.法兰阀门安装包括法兰连接，不得另计。阀门安装如仅为一侧法兰连接时，应在项目特征中描述。
　2.塑料阀门连接形式需注明热熔连接、粘接、热风焊接等方式。
　3.减压器规格按高压侧管道规格描述。
　4.减压器、疏水器、倒流防止器等项目包括组成与安装工作内容，项目特征应根据设计要求描述附件配置情况，或根据××图集或××施工图做法描述。

注意：

1.倒流防止器应区分有无水表。

2.旋翼式水表的转轴与水流方向垂直，水流阻力较大，多为小口径、小流量水表，通常采用螺纹连接方式；螺翼式水表的转轴与水流方向平行，水流阻力较小，多为大口径、大流量水表，通常采用法兰连接方式。

4）室外给水系统涉及的建筑工程清单项目

（1）土方工程

《房屋建筑与装饰工程工程量计算规范》（GB 50854—2013）中，土方工程工程量清单项目的设置、项目特征描述的内容、计量单位及工程量计算规则，应按表1.4.10的规定执行，表中内容摘自该规范第7页。

表 1.4.10　土方工程清单项目(编码:010101)

项目编码	项目名称	项目特征	计量单位	工程量计算规则	工作内容
010101007	管沟土方	1.土壤类别 2.管外径 3.挖沟深度 4.回填要求	1.m 2.m^3	1.以米计量,按设计图示以管道中心线长度计算 2.以立方米计量,按设计图示管底垫层面积乘以挖土深度计算;无管底垫层按管外径的水平投影面积乘以挖土深度计算	1.排地表水 2.土方开挖 3.围护(挡土板)、支撑 4.运输 5.回填

注:1.挖土方平均厚度应按自然地面测量标高至设计地坪标高间的平均厚度确定。基础土方开挖深度应按基础垫层底表面标高至交付施工场地标高确定,无交付施工场地标高时,应按自然地面标高确定。

2.建筑物场地厚度≤±300 mm 的挖、填、运、找平,应按本表中平整场地项目编码列项。厚度>±300 mm 的竖向布置挖土或山坡切土应按本表中挖一般土方项目编码列项。

3.沟槽、基坑、一般土方的划分为:底宽≤7 m、底长>3 倍底宽为沟槽;底长≤3 倍底宽、底面积≤150 m^2 为基坑;超出上述范围则为一般土方。

4.挖土方如需截桩头时,应按桩基工程相关项目编码列项。

5.桩间挖土不扣除桩的体积,并在项目特征中加以描述。

6.弃、取土运距可以不描述,但应注明由投标人根据施工现场实际情况自行考虑,决定报价。

7.土壤的分类应按表 A.1-1(见表 1.4.11)确定,如土壤类别不能准确划分时,招标人可注明为综合,由投标人根据地勘报告决定报价。

8.土方体积应按挖掘前的天然密实体积计算。如需按天然密实体积折算时,应按表 A.1-2 系数计算。

9.挖沟槽、基坑、一般土方因工作面和放坡增加的工程量(管沟工作面增加的工程量),是否并入各土方工程量中,按各省、自治区、直辖市或行业建设主管部门的规定实施,如并入各土方工程量中,办理工程结算时,按经发包人认可的施工组织设计规定计算,编制工程量清单时,可按表 A.1-3(见表 1.4.12)、A.1-4、A.1-5(见表 1.4.13)规定计算。

10.挖方出现流砂、淤泥时,如设计未明确,在编制工程量清单时,其工程数量可为暂估量,结算时应根据实际情况由发包人与承包人双方现场签证确认工程量。

11.管沟土方项目适用于管道(给排水、工业、电力、通信)、光(电)缆沟[包括:人(手)孔、接口坑]及连接井(检查井)等。

表 1.4.11　土壤分类表

土壤分类	土壤名称	开挖方法
一、二类土	粉土、砂土(粉砂、细砂、中砂、粗砂、砾砂)、粉质黏土、弱中盐渍土、软土(淤泥质土、泥炭、泥炭质土)、软塑红黏土、冲填土	用锹,少许用镐、条锄开挖。机械能全部直接铲挖满载者

续表

土壤分类	土壤名称	开挖方法
三类土	黏土、碎石土(圆砾、角砾)混合土、可塑红黏土、硬塑红黏土、强盐渍土、素填土、压实填土	主要用镐、条锄,少许用锹开挖。机械需部分刨松方能铲挖满载者或可直接铲挖但不能满载者
四类土	碎石土(卵石、碎石、漂石、块石)、坚硬红黏土、超盐渍土、杂填土	全部用镐、条锄挖掘,少许用撬棍挖掘。机械须普遍刨松方能铲挖满载者
注:本表土的名称及其含义按国家标准《岩土工程勘察规范》GB 50021—2001(2009年版)定义。		

表1.4.12　放坡系数表

土类别	放坡起点(m)	人工挖土	机械挖土		
			在坑内作业	在坑上作业	顺沟槽在坑上作业
一、二类土	1.20	1∶0.5	1∶0.33	1∶0.75	1∶0.5
三类土	1.50	1∶0.33	1∶0.25	1∶0.67	1∶0.33
四类土	2.00	1∶0.25	1∶0.10	1∶0.33	1∶0.25
注:1.沟槽、基坑中土类别不同时,分别按其放坡起点、放坡系数,依不同土类别厚度加权平均计算。 2.计算放坡时,在交接处的重复工程量不予扣除,原槽、坑作基础垫层时,放坡自垫层上表面开始计算。					

表1.4.13　管沟施工每侧所需工作面宽度计算表　　单位:mm

管沟材料	管道结构宽			
	≤500	≤1 000	≤2 500	>2 500
混凝土及钢筋混凝土管道	400	500	600	700
其他材质管道	300	400	500	600
注:1.本表按《全国统一建筑工程预算工程量计算规则》GJDGZ-101—95整理。 2.管道结构宽:有管座的按基础外缘,无管座的按管道外径。				

(2)石方工程

《房屋建筑与装饰工程工程量计算规范》(GB 50854—2013)中,石方工程工程量清单项目的设置、项目特征描述的内容、计量单位及工程量计算规则,应按表1.4.14的规定执行,表中内容摘自该规范第9页。

表 1.4.14　石方工程清单项目(编码:010102)

项目编码	项目名称	项目特征	计量单位	工程量计算规则	工作内容
010102004	挖管沟石方	1.岩石类别 2.管外径 3.挖沟深度	1.m 2.m^3	1.以米计量,按设计图示以管道中心线长度计算 2.以立方米计量,按设计图示截面积乘以长度计算	1.排地表水 2.凿石 3.回填 4.运输

注:1.挖石应按自然地面测量标高至设计地坪标高的平均厚度确定。基础石方开挖深度应按基础垫层底表面标高至交付施工场地标高确定,无交付施工场地标高时,应按自然地面标高确定。

2.厚度>±300 mm 的竖向布置挖石或山坡凿石应按本表中挖一般石方项目编码列项。

3.沟槽、基坑、一般石方的划分为:底宽≤7 m 且底长>3 倍底宽为沟槽;底长≤3 倍底宽且底面积≤150 m^2 为基坑;超出上述范围则为一般石方。

4.弃碴运距可以不描述,但应注明由投标人根据施工现场实际情况自行考虑,决定报价。

5.岩石的分类应按表 A.2-1(见表 1.4.15)确定。

6.石方体积应按挖掘前的天然密实体积计算。非天然密实石方应按表 A.2-2 折算。

7.管沟石方项目适用于管道(给排水、工业、电力、通信)、光(电)缆沟[包括:人(手)孔、接口坑]及连接井(检查井)等。

表 1.4.15　岩石分类表

岩石分类		代表性岩石	开挖方法
极软岩		1.全风化的各种岩石; 2.各种半成岩	部分用手凿工具、部分用爆破法开挖
软质岩	软岩	1.强风化的坚硬岩或较硬岩; 2.中等风化—强风化的较软岩; 3.未风化—微风化的页岩、泥岩、泥质砂岩等	用风镐和爆破法开挖
	较软岩	1.中等风化—强风化的坚硬岩或较硬岩; 2.未风化—微风化的凝灰岩、千枚岩、泥灰岩、砂质泥岩等	用爆破法开挖
硬质岩	较硬岩	1.微风化的坚硬岩; 2.未风化—微风化的大理岩、板岩、石灰岩、白云岩、钙质砂岩等	用爆破法开挖
	坚硬岩	未风化—微风化的花岗岩、闪长岩、辉绿岩、玄武岩、安山岩、片麻岩、石英岩、石英砂岩、硅质砾岩、硅质石灰岩等	用爆破法开挖

注:本表依据国家标准《工程岩体分级级标准》GB 50218—94 和《岩土工程勘察规范》GB 50021—2001(2009 年版)整理。

(3)砖砌体

《房屋建筑与装饰工程工程量计算规范》(GB 50854—2013)中,砖砌体工程量清单项目的设置、项目特征描述的内容、计量单位及工程量计算规则,应按表 1.4.16 的规定执行,表中内容摘自该规范第 22 页。

表1.4.16　砖砌体清单项目(编码:010401)

项目编码	项目名称	项目特征	计量单位	工程量计算规则	工作内容
010401011	砖检查井	1.井截面、深度 2.砖品种、规格、强度等级 3.垫层材料种类、厚度 4.底板厚度 5.井盖安装 6.混凝土强度等级 7.砂浆强度等级 8.防潮层材料种类	座	按设计图示数量计算	1.砂浆制作、运输 2.铺设垫层 3.底板混凝土制作、运输、浇筑、振捣、养护 4.砌砖 5.刮缝 6.井池底、壁抹灰 7.抹防潮层 8.材料运输

(4)现浇混凝土基础

《房屋建筑与装饰工程工程量计算规范》(GB 50500—2013)中,现浇混凝土基础工程量清单项目的设置、项目特征描述的内容、计量单位及工程量计算规则,应按表1.4.17的规定执行,表中内容摘自该规范第30页。

表1.4.17　现浇混凝土基础清单项目(编码:010501)

项目编码	项目名称	项目特征	计量单位	工程量计算规则	工作内容
010501001	垫层	1.混凝土种类 2.混凝土强度等级	m^3	按设计图示尺寸以体积计算。不扣除伸入承台基础的桩头所占体积	1.模板及支撑制作、安装、拆除、堆放、运输及清理模内杂物、刷隔离剂等 2.混凝土制作、运输、浇筑、振捣、养护
010501002	带形基础				
010501003	独立基础				
010501004	满堂基础				
010501005	桩承台基础				
010501006	设备基础	1.混凝土种类 2.混凝土强度等级 3.灌浆材料及其强度等级			

(5)现浇混凝土其他构件

《房屋建筑与装饰工程工程量计算规范》(GB 50854—2013)中,现浇混凝土其他构件工程量清单项目的设置、项目特征描述的内容、计量单位及工程量计算规则,应按表1.4.18的规定执行,表中内容摘自该规范第34页。

表 1.4.18 现浇混凝土其他构件清单项目(编码:010507)

项目编码	项目名称	项目特征	计量单位	工程量计算规则	工作内容
010507003	电缆沟、地沟	1.土壤类别 2.沟截面净空尺寸 3.垫层材料种类、厚度 4.混凝土种类 5.混凝土强度等级 6.防护材料种类	m	按设计图示以中心线长计算	1.挖填、运土石方 2.铺设垫层 3.模板及支撑制作、安装、拆除、堆放、运输及清理模内杂物、刷隔离剂等 4.混凝土制作、运输、浇筑、振捣、养护 5.刷防护材料

(6)钢筋工程

《房屋建筑与装饰工程工程量计算规范》(GB 50854—2013)中,钢筋工程工程量清单项目的设置、项目特征描述的内容、计量单位及工程量计算规则,应按表 1.4.19 的规定执行,表中内容摘自该规范第 40 页。

表 1.4.19 钢筋工程清单项目(编码:010515)

项目编码	项目名称	项目特征	计量单位	工程量计算规则	工作内容
010515001	现浇构件钢筋	钢筋种类、规格	t	按设计图示钢筋(网)长度(面积)乘单位理论质量计算	1.钢筋制作、运输 2.钢筋安装 3.焊接
010515003	钢筋网片				1.钢筋网制作、运输 2.钢筋网安装 3.焊接
010515004	钢筋笼				1.钢筋笼制作、运输 2.钢筋笼安装 3.焊接(绑扎)

1.4.2 建立预算文件体系

清单计价方式使用的主要文件类型是招标工程量清单和投标预算书(或招标控制价)。它们均是建立在“预算文件体系”上的。

1)建立预算文件体系

(1)预算文件体系的概念

预算文件体系是指预算文件按照基本建设项目划分的规则,从建设项目起至分项工程止的构成关系，如表 1.4.20 所示。

表 1.4.20　预算文件体系

项目划分	软件新建工程命名	图　示
建设项目	某所职业学院	
单项工程	学生宿舍 D 栋	
单位工程	建筑安装工程	
分部工程	建筑给水排水及供暖	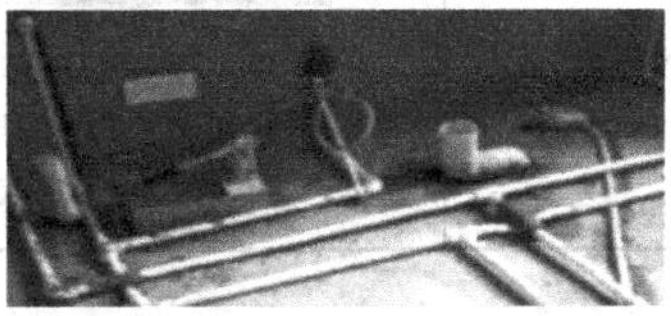
子分部工程	室内给水系统	
分项工程	给水设备安装、给水管道及配件安装等	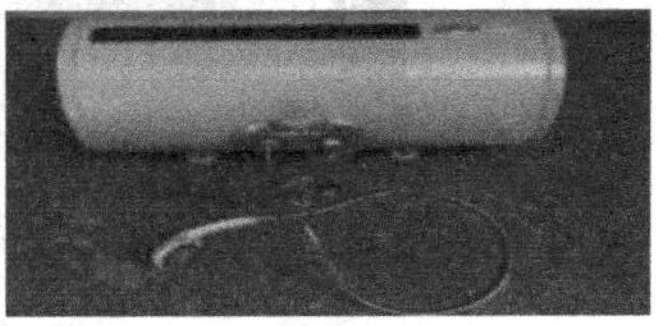

(2) 建立预算文件夹

建立预算文件夹是指从建设项目起至完善工程信息止的相应操作流程。首先在计算机桌面新建一个相应的投标预算文件夹，具体操作如表 1.4.21 所示。

表 1.4.21　建立预算文件夹

步骤	工　作	图　标	工具→命令	说　明
1.1	打开软件		广联达计价软件→云计价平台GCCP5.0	
1.2	登录		登录方式→离线使用	
1.3	新建项目		新建→新建招投标项目→新建投标项目→项目名称:某所职业学院	
1.4	新建单项工程		新建单项工程→单项工程名称:学生宿舍D栋	
1.5	修改单位工程		修改单位工程→工程名称:建筑安装工程	
1.6	完善信息	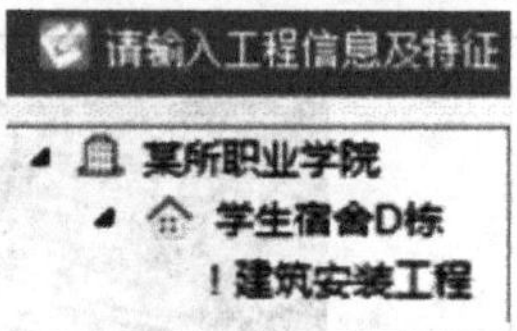	工程信息及特征	全部填写

2)广联达计价软件的使用方式

①方式一:离线使用,这是初学者常用的一种方式,选择"离线使用"按钮进入,如图1.4.1所示。

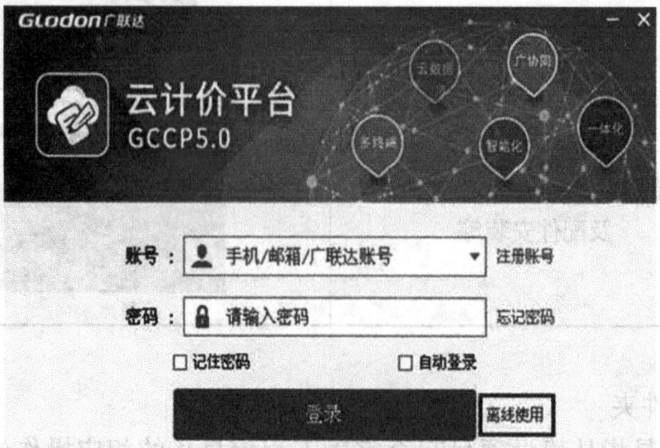

图 1.4.1　离线使用

②方式二:在线使用,其优势体现在可以使用云平台在线资源,选择"登录"按钮进入,如图 1.4.2 所示。

图 1.4.2　在线使用

③新建项目:应依据工作任务的需要确定是建立招标项目或是投标项目,如图 1.4.3 所示。

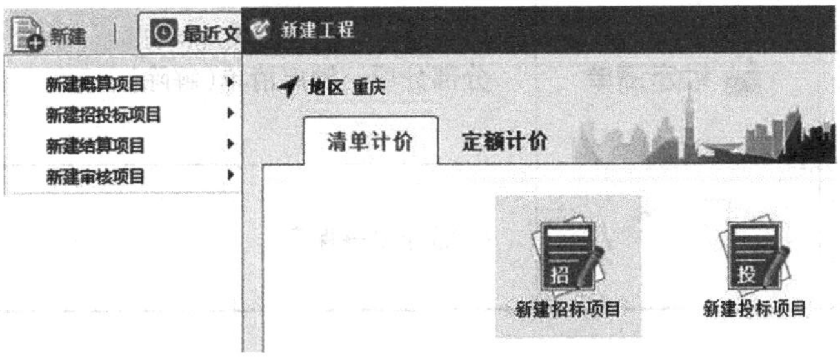

图 1.4.3　新建项目

1.4.3　编制投标预算书

在已经建立的"预算文件体系"上,以学生宿舍 D 栋(单项工程)为例,采用已知"招标工程量清单"(见本书配套教学资源包),编制投标预算书(或招标控制价)。

1)投标预算书编制的假设条件

①本工程是一栋 6 层的学生宿舍,项目所在地是市区;

②承包合同约定人工按市场价 100 元/工日调整;

③物资供应方式均选择乙供,型钢按 3 000 元/t[含税价,税率按 13%计算,折算系数为 1/(1+13%)≈0.885]暂估价计入,其他未计价材料暂不计价;

④暂列金额 100 000 元,总承包服务费率按 11.32%选取;

⑤计税方式采用增值税一般计税法。

2)导入工程量数据

导入工程量数据是编制投标预算书的基础工作,具体操作如表 1.4.22 所示。

表 1.4.22　导入工程量数据

步　骤	工　作	图　标	工具→命令	说　明
2.1	开始导入		分部分项→导入→导入 Excel 文件	
2.2	打开		导入 Excel 文件→打开招标工程量 Excel 文件	
2.3	识别行		导入 Excel 文件→识别行	
2.4	清空导入		导入 Excel 文件→清空导入→结束导入	
2.5	解除锁定	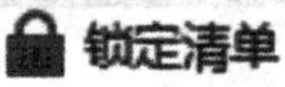	分部分项→锁定清单(解除)	图像形如已经锁上
2.6	保存		分部分项→保存	

3)套用计价定额

套用计价定额是编制投标预算书的基本工作之一,具体操作如表 1.4.23 所示。

表 1.4.23　套用计价定额

步　骤	工　作	图　标	工具→命令	说　明
3.1	复制材料	塑料管:给水用PP-R-De32	分部分项→Ctrl+C	
3.2	选择定额	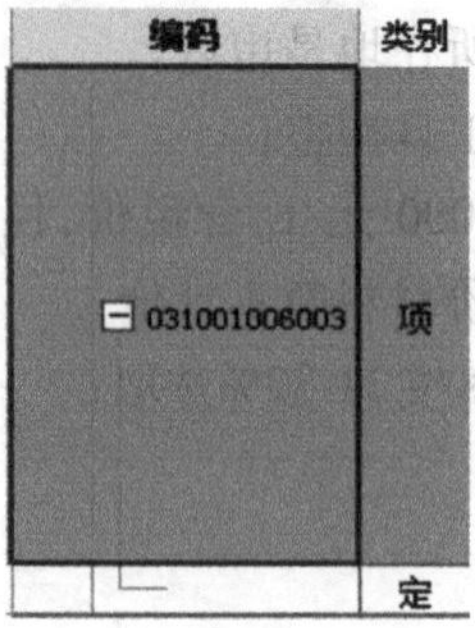	分部分项→双击工具栏符号"…"	

续表

步　骤	工　作	图　标	工具→命令	说　明
3.3	修改材料		未计价材料→Ctrl+V	修改后宜习惯性点击空格
3.4	逐步重复以上操作步骤			
3.5	逐项检查工程量表达式	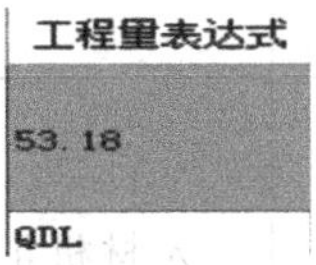	分部分项→工程量表达式→(定)QDL	此软件必须执行的程序
3.6	补充人材机			区分设备与未计价材料
3.7	修改含量		分部分项→含量→系数	涉及套管长度尺寸的调整

4)**各项费用计取**

各项费用计取既包括计价定额规定的综合系数，也包括费用定额规定的取费，具体操作如表1.4.24所示。

表1.4.24　各项费用计取

步　骤	工　作	图　标	工具→命令	说　明
4.1	计取安装费用		分部分项→安装费用→计取安装费用	勾取脚手架搭拆费
4.2	暂列金额		其他项目→暂列金额	录入
4.3	总承包服务费	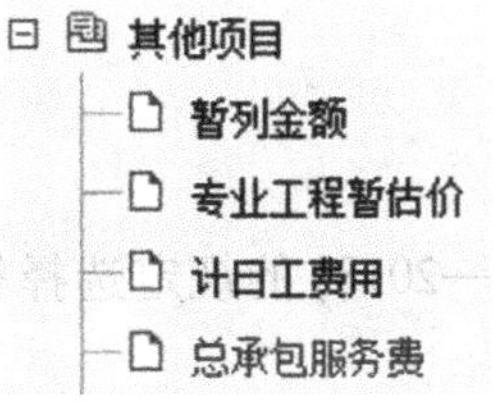	其他项目→总承包服务费	按照系数11.32%

5) 人材机调价

人材机调价主要是针对人工单价调整和计取设备单价、未计价材料单价,具体操作如表1.4.25所示。

表 1.4.25　人材机调价

步　骤	工　作	图　标	工具→命令	说　明
5.1	调整人工	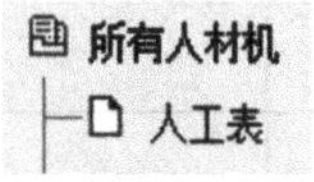	人材机汇总→人工表→市场价	
5.2	计入设备预算价	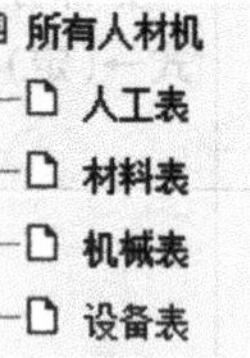	人材机汇总→设备表→出厂价→采保费率	
5.3	计入主材预算价	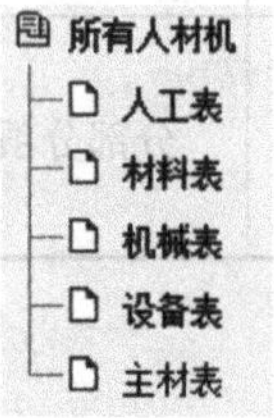	人材机汇总→主材表→出厂价→采保费率	
5.4	含税价调整 1		人材机汇总→调整市场价系数	
5.5	含税价调整 2		设置系数→市场价调整系数	现行增值税13%,折算系数0.885
5.6	二次搬运费	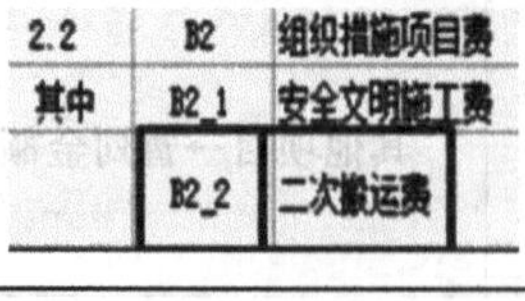	费用汇总→组织措施费→插入二次搬运费	推荐系数:15.5%

6) 导出报表

(1) 选择报表的依据

依据《重庆市建设工程费用定额》(CQFYDE—2018)的规定选择相应的表格,如图1.4.4所示。

重庆市建设工程费用定额

CQFYDE—2018

第五章　工程量清单计价表格

3. 招标控制价、投标报价、竣工结算编制应符合下列规定:

(1) 使用表格:

1) 招标控制价: 封-2、表-01、表-02、表-03、表-04、表-08、表-09、表-09-1 (3) 或表-09-2 (4)、表-10、表-11、表-11-1~表-11-5、表-12、表-19、表-20或表-21。

2) 投标报价: 封-3、表-01、表-02、表-03、表-04、表-08、表-09、表-09-1 (3) 或表-09-2 (4)、表-10、表-11、表-11-1~表-11-5、表-12、表-19、表-20或表-21。

图 1.4.4　选择报表的依据

(2) 选择报表的种类

招标文件中为投标人提供了一系列报表格式,因此常选择投标人角度的表格,如图 1.4.5 所示。

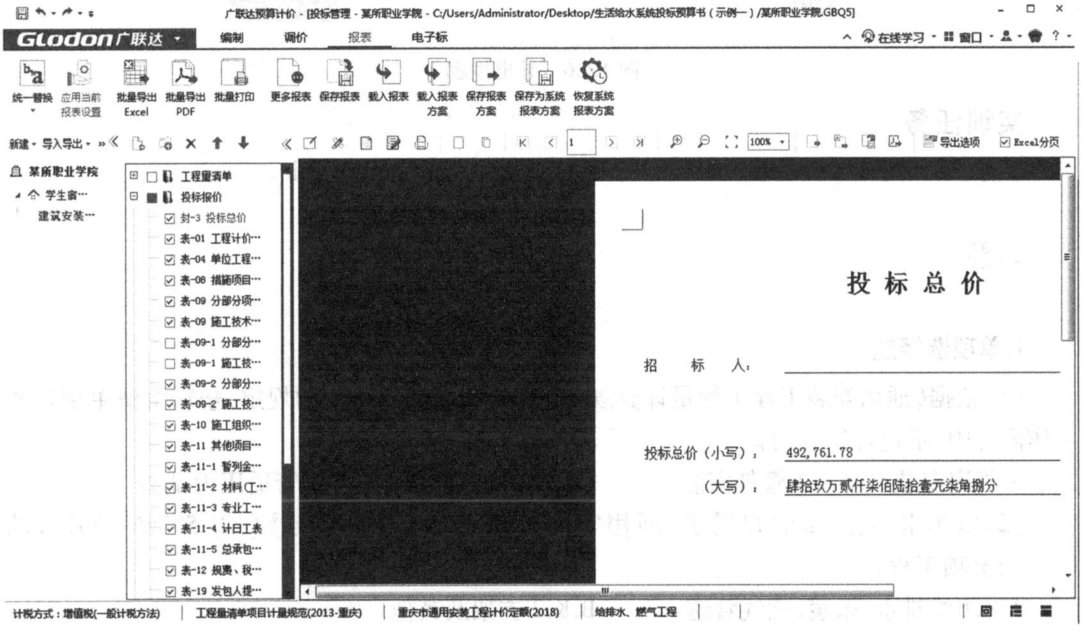

图 1.4.5　选择报表的种类

(3) 导出报表

导出报表至投标文件夹,如图 1.4.6 所示。

图 1.4.6 导出报表

实训任务

任务:独立完成某办公楼生活给水系统投标预算书的编制及导出。

习题

1.单项选择题

(1)依据《通用安装工程工程量计算规范》(GB 50856—2013)的规定,塑料管清单项目的工作内容中,不包含(　　)。

A.管道安装　　B.管件安装　　C.管道支架安装　　D.管道压力试验

(2)电热水器、开水炉归属于《通用安装工程工程量计算规范》(GB 50856—2013)的(　　)分项工程。

A.K.1 给排水、采暖、燃气管道　　B.K.2 支架及其他

C.K.4 卫生器具　　D.K.6 采暖、给排水设备

(3)套管归属于《通用安装工程工程量计算规范》(GB 50856—2013)的(　　)分项工程。

A.K.1 给排水、采暖、燃气管道　　B.K.2 支架及其他

C.K.3 管道附件　　D.K.4 卫生器具

(4)依据《通用安装工程工程量计算规范》(GB 50856—2013)的规定,法兰阀门清单安装工作内容中,不包含(　　)。

A.阀门安装　　B.阀门支架　　C.阀门试压　　D.阀门调试

(5)依据《通用安装工程工程量计算规范》(GB 50856—2013)的调整规定,生活给水系统

一般套管穿混凝土楼板的预留孔洞应归入(　　)清单项目。

A.K.1 给排水、采暖、燃气管道　　B.K.2 支架及其他

C.J.6 其他　　D.K.6 采暖、给排水设备

2.多项选择题

(1)依据《通用安装工程工程量计算规范》(GB 50856—2013)的规定,给、排水附(配)件清单项目适用于(　　)。

A.独立安装的水嘴　　B.独立安装的洗脸盆

C.地漏　　D.小便槽冲洗管

E.地面扫除口

(2)依据《通用安装工程工程量计算规范》(GB 50856—2013)的规定,塑料管清单项目的项目特征描述中,安装部位是指管道安装在(　　)。

A.地上　　B.地下

C.室内　　D.室外

E.墙面或顶棚中

(3)依据《通用安装工程工程量计算规范》(GB 50856—2013)的规定,清单项目的项目特征描述中,压力试验按设计要求描述试验方法,如(　　)。

A.严密性试验　　B.水压试验

C.闭水试验　　D.通球试验

E.真空试验

(4)依据《通用安装工程工程量计算规范》(GB 50856—2013)的规定,清单项目的项目特征描述中,吹、洗按设计要求描述吹扫、冲洗方法,如(　　)。

A.液压冲洗　　B.水冲洗

C.消毒冲洗　　D.泄漏性试验

E.空气吹扫

1.5　生活给水系统 BIM 建模实务

1.5.1　生活给水系统 BIM 建模前应知

1)以 CAD 为基础建立 BIM 模型

本教材为适应当前实际应用的环境,选择了以 CAD 为基础建立 BIM 模型的方式。随着我国技术发展的需要,特别是设计方普遍采用 BIM 系列软件进行模型设计后,工程造价专业也将相应地改变,通过建立 BIM 模型来实现计量工作环节的立项和计量。因此,以 CAD 为基础建立 BIM 模型是一个过渡阶段。

2)BIM(建筑信息模型)建模的常用软件

按照使用目的的不同,目前常用的 3 种 BIM 建模软件主要是:

①Revit 软件:着重于设计阶段建模与应用;

②广联达算量软件:着重于图形计量与应用;

③鲁班预算软件:着重于施工阶段建模与应用。

3)首推广联达算量软件用于安装工程造价计量的理由

从当前施工企业的软件应用来看,采用广联达 BIM 安装计量软件建立 BIM 模型,可使用“量价一体化”方式,直接与计价软件关联编制工程量清单,做到了:

①适应设计方现阶段 CAD 施工图现状;

②计量与计价有机衔接,极大地提高了造价工作的效率;

③学习资源丰富,便于理解与沟通。

4)建模操作前已知的“三张表”

建模前请下载以下三张参数表(见本书配套教学资源包)作为后续学习的基础:

①生活给水系统“BIM 建模楼层设置参数表”(详见电子文件表 1.5.1);

②生活给水系统“BIM 建模系统编号设置参数表”(详见电子文件表 1.5.2);

③生活给水系统“BIM 建模构件属性定义参数表”(详见电子文件表 1.5.3)。

1.5.2　生活给水系统广联达 BIM 建模

1)新建子分部工程文件夹

打开广联达 BIM 安装计量(GQI2018)软件,建立生活给水系统文件夹,确定相关专业,这是建模的第一步,具体操作如表 1.5.1 所示。

表 1.5.1　新建子分部工程文件夹

步骤	工　作	图　标	工具→命令	说　明
1.1	打开软件		广联达 BIM 安装计量 GQI2018	教材编写版本
1.2	新建工程		新建工程	
1.3	专业设置	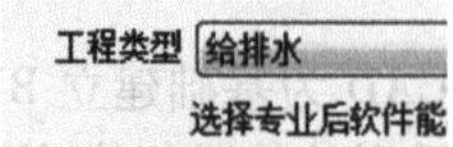	专业设置→给排水	
1.4	计算设置		清单→2013 清单库→重庆市 2018 定额	
1.5	工程信息		工程名称:学生宿舍生活给水系统	

续表

步骤	工　作	图　标	工具→命令	说　明
1.6	楼层设置		楼层设置→增加	相同楼层可设置标准层

2)选择定位点

①同一单项工程选择同一个定位点。学生宿舍 D 栋工程是以中部楼梯间外墙右下角顶点为定位点,如图 1.5.1 所示。

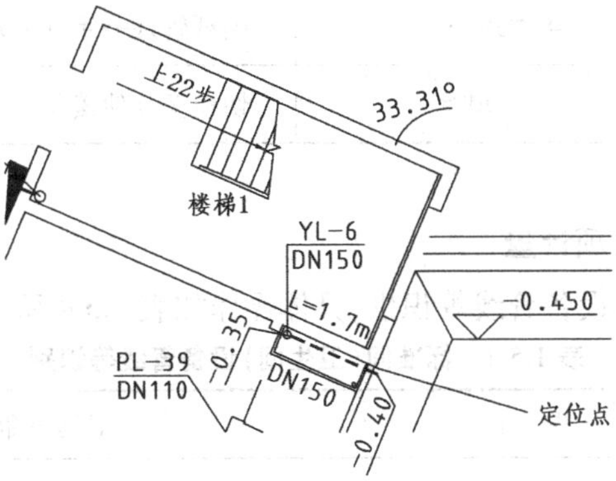

图 1.5.1　中部楼梯间外墙右下角顶点为定位点

②本工程第一次需要放置 CAD 图纸的楼层,详见表 1.5.2。

表 1.5.2　第一次需要放置 CAD 图纸的楼层

施工图参数				模型参数			备注
楼层表述	绝对标高(m)	相对标高(m)	层高(mm)	楼层表述	标高(mm)	层高(mm)	
道路(基础)	318.00	-5.0	5 000	0	-5 000	5 000	
1 层 给排水平面	323.00	0.00	3 300	1	0	3 300	首次置图
2~6 层 给排水平面	326.3	3.3	3 300	2,4	3 300	3 300	首次置图
2~6 层 给排水平面	336.2	13.2	3 300	5	13 200	3 300	
2~6 层 给排水平面	339.5	16.5	3 300	6	16 500	3 300	
屋顶层 给排水平面	342.8	19.8	3 300	7	19 800	3 300	
				8,324	23 100	3 300	标准间 317 首次置图

3)导入 CAD 施工图

当设计方将多专业或多楼栋绘制在同一施工图中时,系统将不同楼层进行分割处理,具体操作如表 1.5.3 所示。

表 1.5.3　图纸管理

步骤	工　作	图　标	工具→命令	说　明
2.1	图纸管理		图纸管理→添加	
2.2	定位		图纸管理→定位	对不同楼层图纸设置相同定位点
2.3	手动分割		图纸管理→手动分割	
2.4	切换楼层	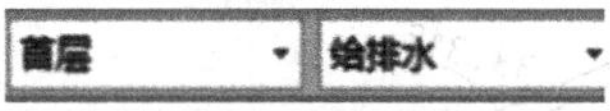	切换至其他楼层	

4)标准间(卫生间)立项计量

进行标准间(卫生间)设备管线等识别,具体操作如表 1.5.4 所示。

表 1.5.4　标准间(卫生间)设备管线等识别

步骤	工　作	图　标	工具→命令	说　明
3.1	卫生器具	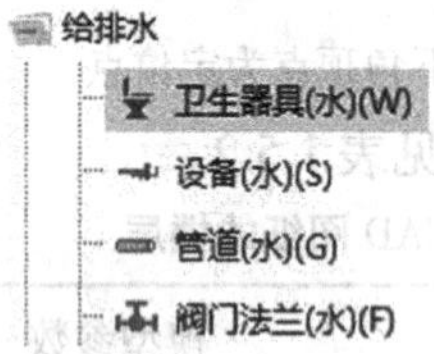	给排水→卫生器具	
3.2	设备提量		识别→设备提量	
3.3	管道	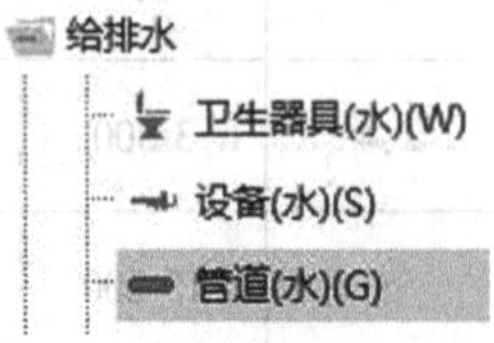	给排水→管道	可选择相应的识别方法
3.4	自动识别	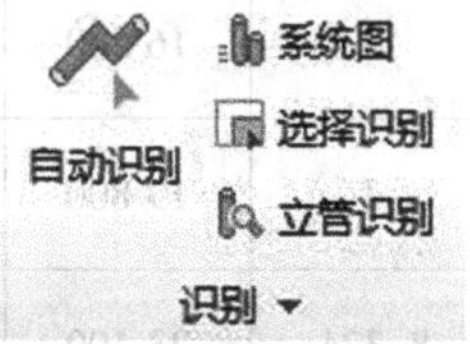	自动识别管道构件信息	可对识别管线进行反查

续表

步骤	工　作	图　标	工具→命令	说　明
3.5	标高修改		属性→属性值	对同一系统中不同标高的管道可单独选中来修改属性标高值
3.6	布置立管	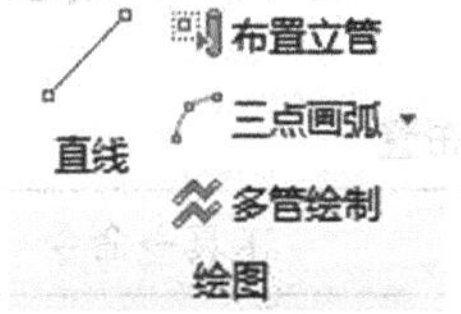	选择相应管道→布置立管	
3.7	布置阀门	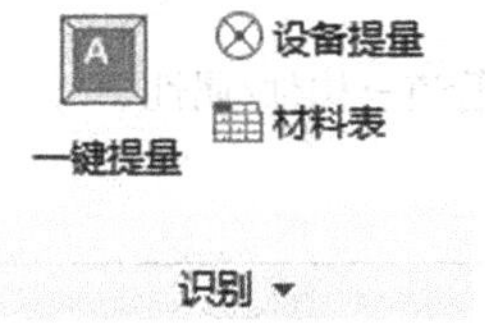	阀门法兰→设备提量	
3.8	布置水龙头	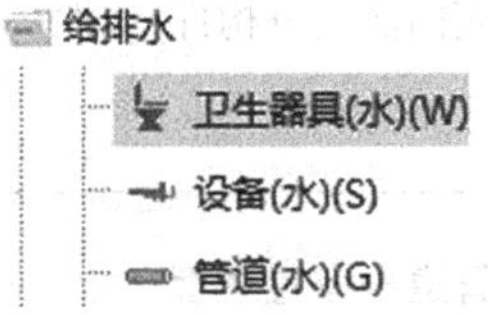	卫生器具→构件/属性	
3.9	布置水表	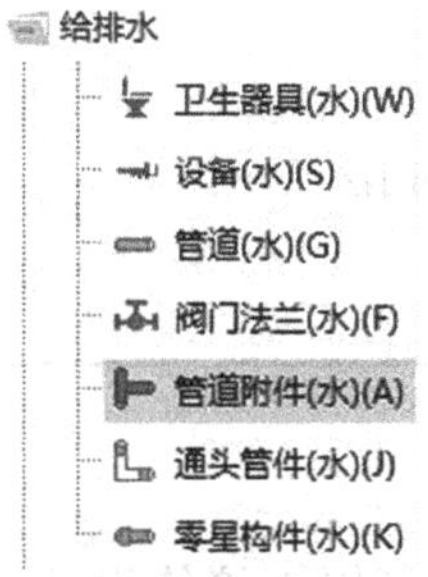	管道附件→构件/属性	
3.10	墙	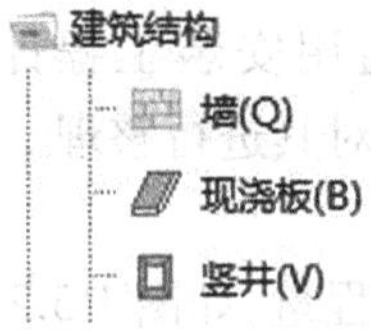	建筑结构→墙→自动识别	

续表

步骤	工　作	图　标	工具→命令	说　明
3.11	套管	生成套管 识别 ▾	零星构件→生成套管	

5)管线布置

(1)干管布置

对于干管布置,如果管道在各楼层管径不同,需要按标高分别进行设置,具体操作如表1.5.5所示。

表 1.5.5　干管布置

步骤	工　作	图　标	工具→命令	说　明
4.1	管道属性定义	构件/属性 构件库 提属性	管道→构件/属性	
4.2	阀门属性定义	构件/属性 构件库 提属性	阀门法兰→构件/属性	无图例者需确定阀门规格
4.3	立管	布置立管	管道→布置立管	
4.4	阀门	点	阀门法兰→点	立管上面布置阀门需设置布置标高

(2)表格输入

通过建模获得的工程量是不全面、不规范的,不可以直接使用,还必须按照《通用安装工程工程量计算规范》(GB 50856—2013)和《重庆市通用安装工程计价定额》(CQAZDE—2018)对工程预(结)算编制立项与工程量计算的要求,对其进行整理。

①增加大便器给水支管项目的细部工艺尺寸。

a.分析计价定额,可知大便器未包括给水支管的工程量,如图 1.5.2 所示。

D.6.1　蹲式大便器安装

工作内容：大便器、水箱及附件安装、与上下水管连接，试水。　　　计量单位：10组

脚踏阀蹲式大便器

仅含“冲洗管”

		定额编号			CK1410	CK1411	CK1412	CK1413	CK1414	CK1415	CK1416
		项目名称			蹲式大便器安装						
					瓷高水箱	瓷低水箱	埋入式感应开关	手压阀	脚踏阀	自闭式冲洗20	自闭式冲洗25
费用		综合单价（元）			1900.07	1791.45	1583.26	1545.25	1545.25	992.92	1049.36
	其中	人工费（元）			648.75	648.75	421.88	397.50	397.50	517.38	550.13
		材料费（元）			888.41	779.79	925.39	925.39	925.39	186.12	191.49
		施工机具使用费（元）			—	—	—	—	—	—	—
		企业管理费（元）			191.12	191.12	124.28	117.10	117.10	152.42	162.07
		利润（元）			153.62	153.62	99.90	94.13	94.13	122.51	130.27
		一般风险费（元）			18.17	18.17	11.81	11.13	11.13	14.49	15.40
	编码	名称	单位	单价（元）	消耗量						
人工	000300150	管工综合工	工日	125.00	5.190	5.190	3.375	3.180	3.180	4.139	4.401
材料	211500010	瓷蹲式大便器	个	—	(10.100)	(10.100)	(10.100)	(10.100)	(10.100)	(10.100)	(10.100)
	030780110	瓷蹲式大便器高水箱配件	套	—	(10.100)	—	—	—	—	—	—
	030780010	瓷蹲式大便器低水箱配件	套	—	—	(10.100)	—	—	—	—	—
	030760010	大便器脚踏阀	个	—	—	—	—	—	(10.100)	—	—
	301700000	埋入式感应控制器	个	—	—	—	(10.100)	—	—	—	—
	190101900	螺纹截止阀J11T—16 DN25	个	—	—	—	—	(10.100)	—	—	—
	030761810	角型阀（带铜活）DN15	个	—	(10.100)	(10.100)	—	—	—	—	—
	030761010	自闭式冲洗阀 DN25	个	—	—	—	—	—	—	—	(10.100)
	030760910	自闭式冲洗阀 DN20	个	—	—	—	—	—	—	(10.100)	—
	534700100	防污器 DN32	个	45.30	—	—	10.100	10.100	10.100	—	—
	180101830	螺纹管件 DN15	个	0.75	10.100	10.100	—	—	—	—	—
	180101850	螺纹管件 DN20	个	1.00	—	—	—	—	—	10.100	—
	180101870	螺纹管件 DN25	个	1.30	—	—	—	—	—	—	10.100
	171900020	金属软管	根	25.64	10.100	10.100	—	—	—	—	—
	173103600	冲洗管 DN32	根	11.11	10.100	10.100	10.100	10.100	10.100	—	—
	030730120	大便器存水弯 DN100	个	5.18	10.100	10.100	10.100	10.100	10.100	10.050	10.500
	215500020	大便器胶皮碗（配喉箍）	套	0.85	10.500	10.500	10.500	10.500	10.500	11.100	11.100
	181509510	接头 DN100	个	8.55	10.100	10.100	10.100	10.100	10.100	—	—
	041300700	烧结粉煤灰砖240×115×53	千块	300.97	0.160	0.160	0.160	0.160	0.160	—	—
	040900550	石灰膏	m^3	165.05	0.185	0.185	0.185	0.185	0.185	—	—
	040300020	砂子	m^3	97.63	0.090	0.090	0.090	0.090	0.090	—	—
	030113510	膨胀螺栓 M6~12×50~120	套	1.32	30.900	30.900	—	—	—	—	—
	021300740	聚四氟乙烯生料带20	m	0.29	16.000	16.000	16.000	16.000	16.000	—	—
	144101310	玻璃胶310克/支	支	23.08	5.000	5.000	5.000	5.000	5.000	—	—
	182511000	管卡（带膨胀螺栓）DN32	套	10.26	10.500	—	—	—	—	10.500	10.500
	031390810	冲击钻头 ϕ8~16	个	10.43	0.500	0.420	—	—	—	—	—
	341100400	电	kW·h	0.70	0.410	0.330	—	—	—	—	—
	180312850	镀锌钢管管件 室内 DN15	个	0.68	—	—	—	—	—	10.000	10.000
	341100100	水	m^3	4.42	0.120	0.120	0.120	0.120	0.120	—	—

图 1.5.2　计价定额

b.查阅标准图集，计算大便器给水支管分界点的高度，如图 1.5.3 所示。

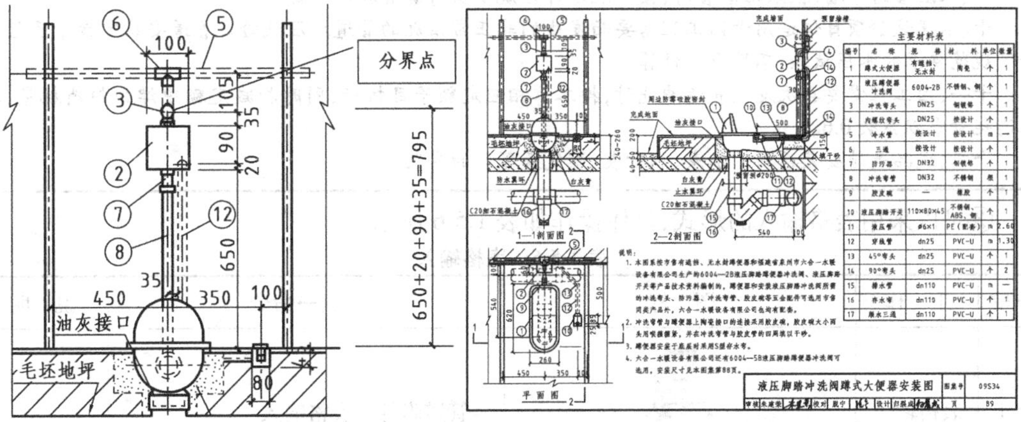

图 1.5.3　大便器给水支管的高度

c.通过尺寸链关系，计算大便器给水支管的工程量，如图 1.5.4 所示。

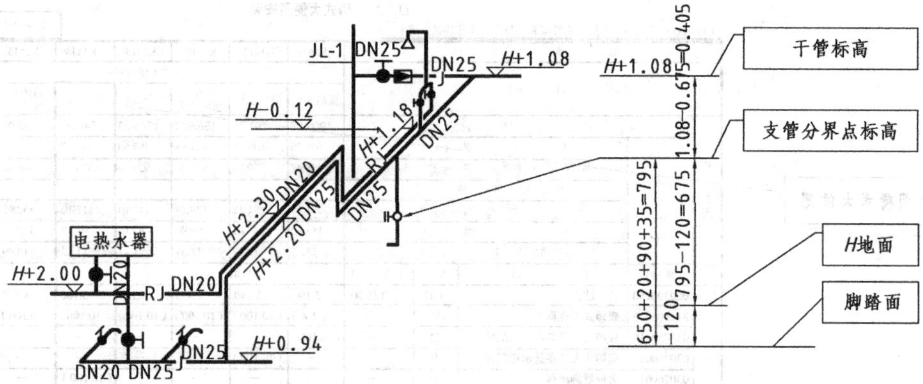

图 1.5.4　大便器给水支管的工程量

②增加一般套管对应预留孔洞项目的依据。

说　明

一、本章内容包括管道支架、设备支架和各种套管制作安装,阻火圈安装,计量表箱、管道压力试验、通球试验、管道冲洗等项目。

二、管道支架制作安装项目,适用于室内外管道的管架制作与安装。如单件质量大于 100 kg 时,应按本章设备支架制作安装相应定额子目执行。

三、管道支架采用木垫式、弹簧式管架时,均按本章管道支架安装定额子目执行,支架中的弹簧减震器、滚珠、木垫等成品件质量应计入安装工程量,其材料费数量按实计入。

四、成品管卡安装项目,适用于与各类管道配套的立、支管成品管卡的安装。

五、管道、设备支架的除锈、刷油,按第十一册《刷油、防腐蚀、绝热安装工程》相应定额子目执行。

六、刚性防水套管和柔性防水套管安装项目中,包括了配合预留孔洞及浇筑混凝土工作内容。一般套管制作安装项目,均未包括预留孔洞工作,发生时按第九册《消防安装工程》相应定额子目执行。

七、套管制作安装项目已包含堵洞工作内容。

八、套管内填料按油麻编制,如与设计不符时,可按工程要求调整换算填料。

九、保温管道穿墙、板采用套管时,按保温层外径规格执行套管相应子目。

十、水压试验项目仅适用于因工程需要而发生的非正常情况的管道水压试验。管道安装定额中已经包括了规范要求的水压试验,不得重复计算。

十一、因工程需要再次发生管道冲洗时,按本章相应定额子目执行,同时扣减定额中漂白粉消耗量,其他消耗量乘以系数 0.6。

十二、成品表箱安装适用于水表、热量表、燃气表等箱的安装。

③可以采用表格输入的形式,具体操作如表 1.5.6 所示。

表 1.5.6　表格输入

步骤	工　作	图　标	工具→命令	说　明
5.1	表格输入		管道附件→表格输入	
5.2	孔洞		添加混凝土预留孔洞	

6)汇总计算及导出报表

检查无误后即可进行汇总计算,导出报表,具体操作如表1.5.7所示。

表1.5.7　汇总计算及导出报表

步骤	工　作	图　标	工具→命令	说　明
6.1	汇总计算	Σ 汇总计算	汇总计算→全部楼层	
6.2	自动套用清单	自动套用清单	自动套用清单	
6.3	导出数据	导出数据	导出数据→给排水→工程量汇总表	

1.6　生活给水系统识图实践

识读给排水施工图时,必须按照一定的步骤:首先查看图纸目录;然后通读设计及施工说明、图例表以及主要设备材料表,以便明确设计要求;接着分别阅读给水、排水相应的图纸,在识图过程中将平面图与系统图相对照,便于了解管道走向;最后识读详图与标准图。

下面以学生宿舍D栋为例进行识读。

1.6.1　目录及设计说明识读

1)识读图纸目录等基本信息

从图纸目录(图1.6.1)中可以了解本工程建筑层数为6层,其中2~6层为建筑标准层,卫生间有详图。

图纸目录

序号	图　号	图纸名称	规格	张数	备　注
1	水施01	目录　图例　主要设备材料表	2	1	
2	水施02	给水排水设计说明	2	1	
3	水施03	1层给排水平面图	1	1	
4	水施04	2~6层给排水平面图	1	1	
5	水施05	屋顶层给排水平面图	1	1	
6	水施06	给排水原理图及卫生间详图	1	1	

图1.6.1　图纸目录

除了识读本专业施工图外,还需要结合建筑图纸来获得层高数据,如图1.6.2所示。

通过以上识读,可以获得生活给水系统"BIM建模楼层设置参数表"的信息,详见电子文件表1.5.1(见本书配套教学资源包)。

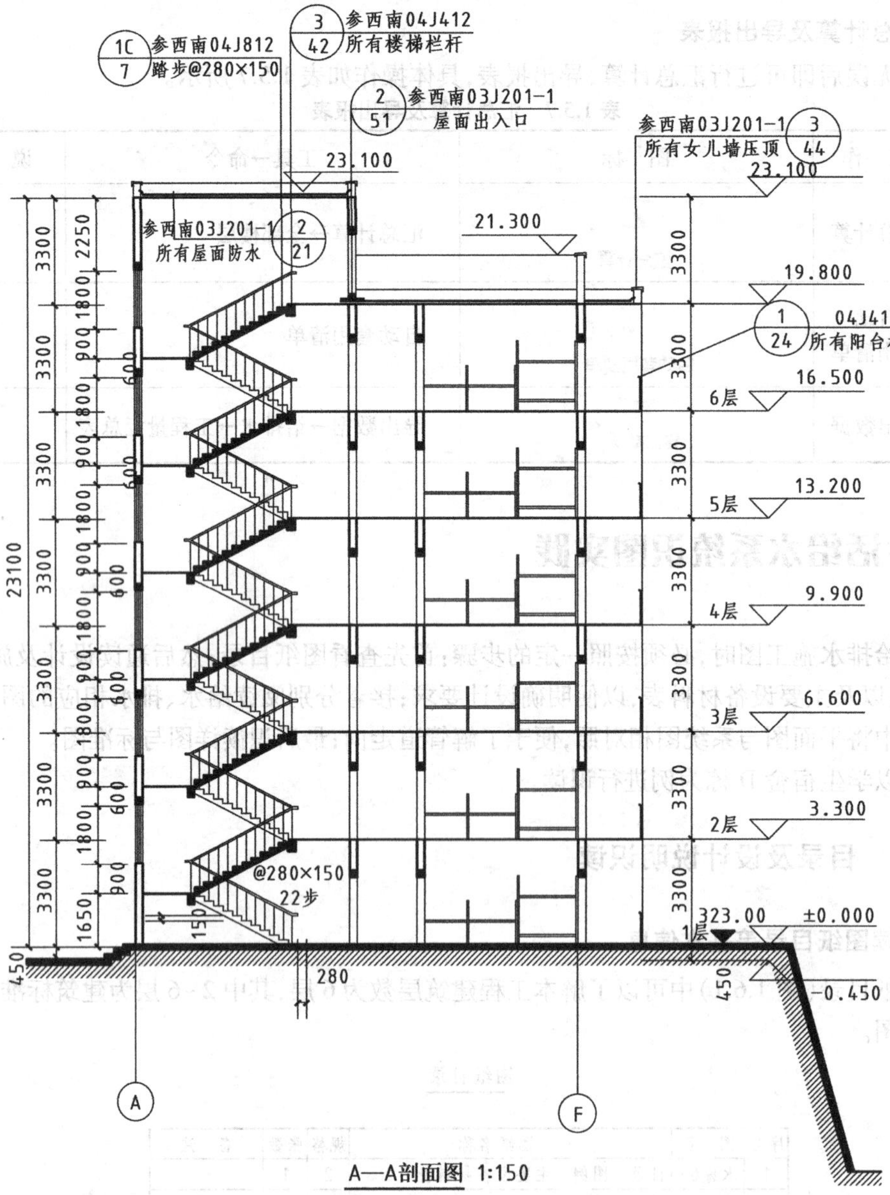

A—A剖面图 1:150

图 1.6.2 建筑立(剖)面图

2)识读设计说明及主要设备材料表等

从设计说明中可知:本工程给水管材室外及室内选用嵌入式衬塑钢管(通过查阅相关资料可知,该管连接方式为直径≤80 mm,螺纹连接;直径>80 mm,卡套式连接)。给水管直径≤DN50,采用铜质截止阀;>DN50,采用蝶阀。所有管道穿越墙体、楼面均应预埋钢套管或孔洞,套管尺寸比管道大两级,套管高出楼面 50~100 mm。埋地金属管道施工前应刷石油沥青两道;室内明装金属管在除锈后刷红丹漆两道,再刷银粉漆两道。

主要设备材料表中未明确设备材质及型号的,宜通过设计质疑明确。其中,与生活给水系统相关的主要项目如图 1.6.3 所示。

主要设备材料表

序号	名称	规格与型号	材质	单位	数量	备注
6	淋浴器			套	312	
7	普通水龙头	1.0 MPa	铜镀铬	个	624	
13	截止阀	DN100/DN80/DN50/DN40		个	按需	
14	蝶阀	DN100 DA71X-16		个	按需	
15	止回阀	DN100/DN70/DN50		个	按需	
17	给水管	DN100/DN80/DN70/DN50	衬塑钢管	m	按需	
		DN50/DN40/DN25/DN20	PP-R	m	按需	
22	容积式电热水器	CEWH-80PEZ3 V=80 L P=2.5 kW		台	312	安装高度距地2.3 m

图 1.6.3 生活给水系统主要设备材料

通过以上识读,可以获得生活给水系统"BIM 建模构件属性定义参数表"的信息,详见电子文件表 1.5.3(见本书配套教学资源包)。

1.6.2 生活给水管道识图

本工程需要识读两种类型管道:一是给水水平干管和竖向立管;二是宿舍内的水平干管及支管。识读给水管道宜从进入建筑物的阀门井起,沿着水流方向开始,即引入管→水平干管→竖向立管 →室内水平干管→(连接卫生器具的)支管。

1)引入管和水平干管

本工程设置有 4 处引入管,管径均为 DN100,埋地敷设,埋深为(±0.000)-0.8 m;水平干管采用衬塑钢管,管径从大变小,依次为 DN100、DN80、DN65、DN50,直至连接各立管底部。

2)竖向立管

本工程给水竖向立管一共有 53 根(设计图遗漏了 1 根),分别为各卫生间供水。从各立管底部采用 DN50 的衬塑钢管,引至距地面(±0.000)0.5 m 高的阀门。以阀门为分界点,采用 PP-R 塑料管,管径从大变小,依次为 De63、De50、De32,终点标高为第 6 层楼地面标高(16.5 m)+1.08 m。各立管穿越楼板则需要考虑设置穿楼板套管,立管和水平干管则需要考虑设置支架(图 1.6.4)。

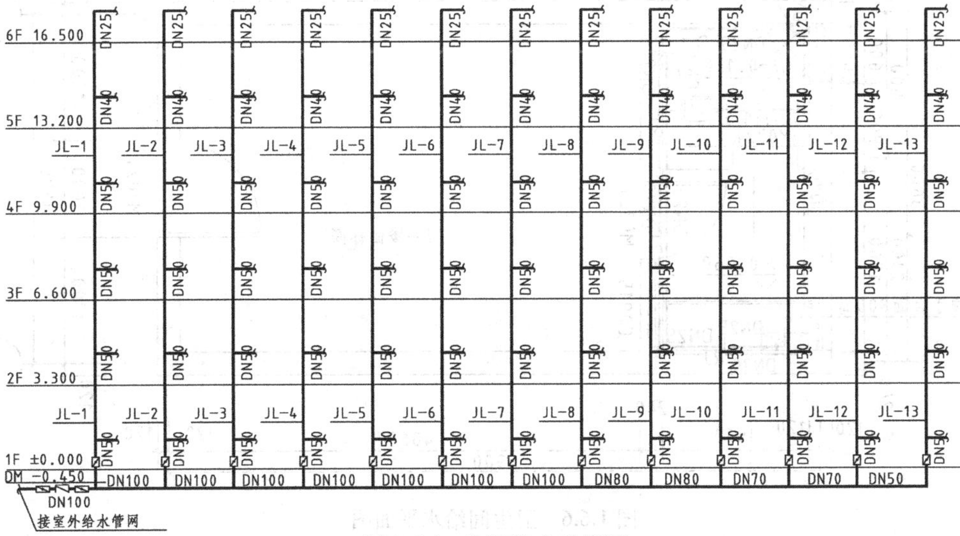

图 1.6.4 生活给水系统图

通过以上识读,可以获得生活给水系统"BIM 建模系统编号设置参数表"的信息,详见电子文件表 1.5.2(见本书配套教学资源包)。

3)室内水平干管和支管

本工程卫生间布置管道与器具均相同。卫生间生活给水管道分为冷水管和热水管两种类型。从生活给水系统图中可知,卫生间冷水的水平支管是从给水立管处开始,标高为 $H+1.08$ m,管径 DN25,水平干管上布置了一个截止阀和一个水表;顺着水流方向进行梳理,在门洞口处,给水支管标高变为层底标高 $H+2.2$ m,在洗手台处标高降为层底标高 $H+0.94$ m。该支路上设有分支管连接到水龙头处,管径为 DN20;又设有分支管 DN20 连接到电热水器,标高变为层底标高 $H+2.3$ m,管道上还设置了冷水的进水截止阀。

热水支管从电热水器引出至层底标高 $H+2.0$ m,管道上设置了截止阀;顺着水流方向,在门洞口处热水支管标高变为层底标高 $H+2.3$ m,之后标高降为层底标高 $H+1.18$ m,直至连接淋浴器,如图 1.6.5、图 1.6.6 所示。

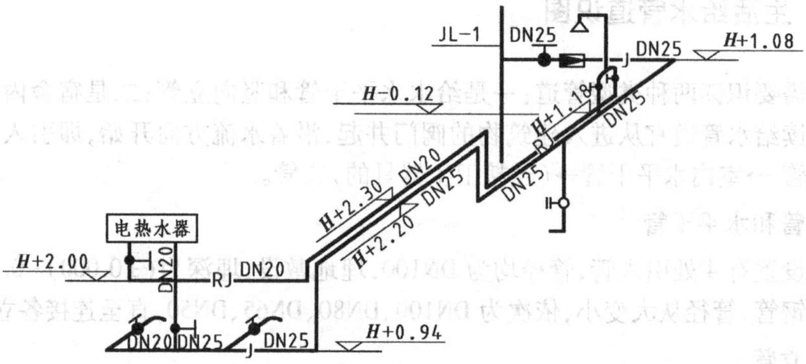

图 1.6.5　卫生间给水系统图

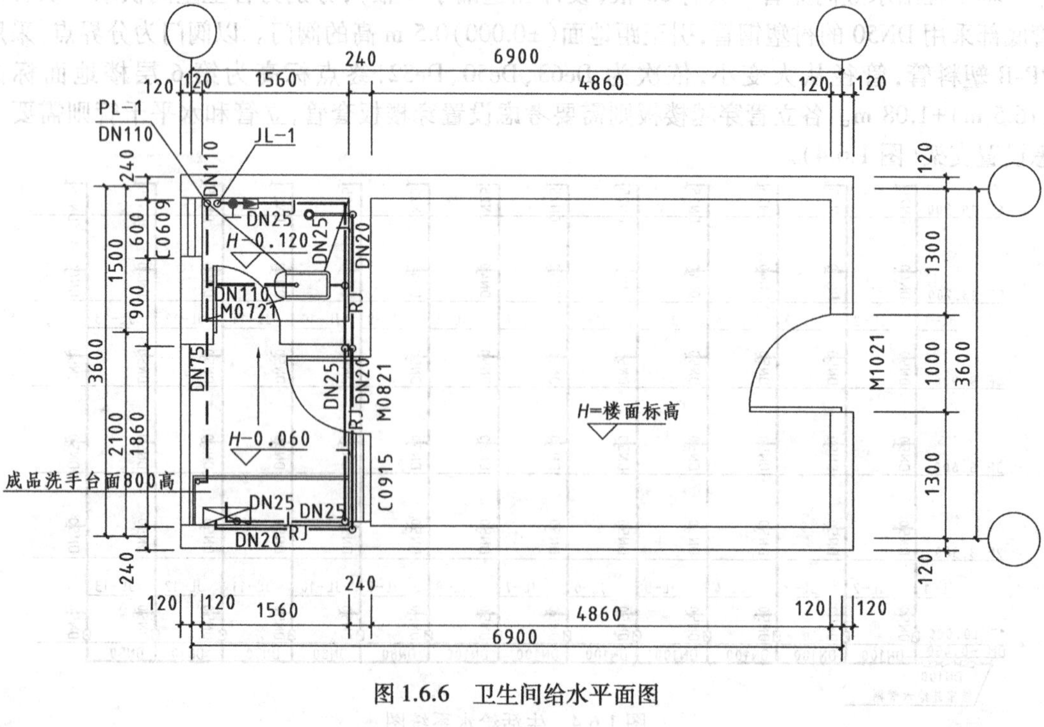

图 1.6.6　卫生间给水平面图

1.6.3　识读生活给水系统施工图的技巧

①读图纸目录:了解施工图的架构与出图特征。

②读设计施工总说明和设备材料表:掌握工程项目特征,设备和材料的种类、参数及图例符号。

③读系统图:理解子分部工程原理架构,掌握生活给水竖向管道及附件的详细数据。

④读平面图:理解部位信息,掌握水平管网的走向及其与建筑物之间的关系。

实训任务

任务:请独立完成某办公楼生活给水系统识图,并整理出 BIM 建模的三张参数表。

1.7　生活给水系统识图理论

下面结合相关规范图例,对生活给水系统识图理论进行系统学习。

1.7.1　生活给水系统图例

生活给水系统常采用的构件名称及相应图例如表 1.7.1 所示。

表 1.7.1　生活给水系统的构件名称及其图例

名　称	图　例	名　称	图　例
闸阀		液动闸阀	
角阀		气动闸阀	
三通阀		电动蝶阀	
四通阀	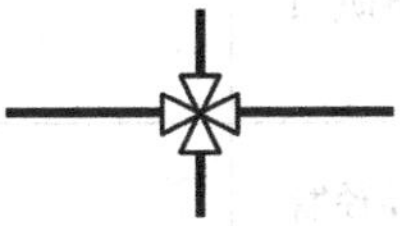	液动蝶阀	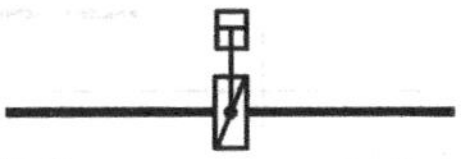
截止阀		气动蝶阀	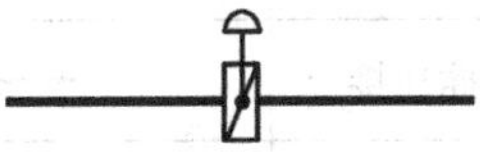
蝶阀	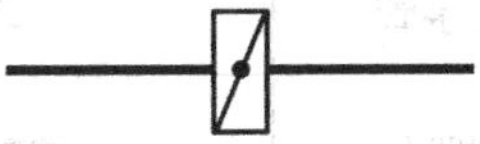	减压阀	

续表

名　称	图　例	名　称	图　例
电动闸阀		旋塞阀	
底阀		泄压阀	
球阀		弹簧安全阀	
隔膜阀		平衡锤安全阀	
气开隔膜阀		自动排气阀	
气闭隔膜阀			
电动隔膜阀		浮球阀	
温度调节阀		水力液位控制阀	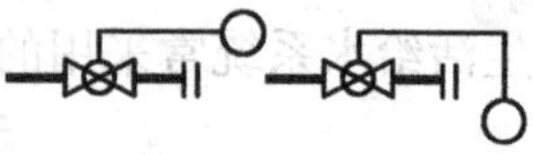
压力调节阀			
电磁阀		延时自闭冲洗阀	
止回阀	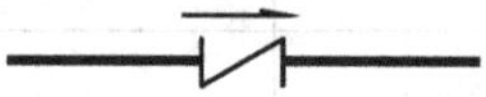		
消声止回阀		感应式冲洗阀	
持压阀		吸水喇叭口	
法兰连接		偏心异径管	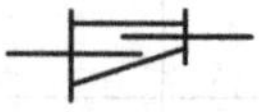
承插连接		同心异径管	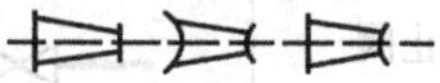
活接头	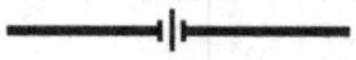	乙字管	
管堵		喇叭口	

续表

名　称	图　例	名　称	图　例
法兰堵盖		转动接头	
盲板		S形存水弯	
弯折管		P形存水弯	
管道丁字上接		90°弯头	
管道丁字下接		水嘴	
管道交叉		皮带水嘴	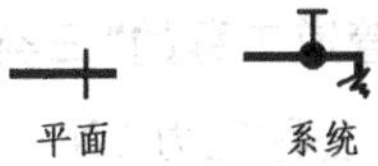

1.7.2　管道工程图概述

1)管道工程图的表达形式

管道工程图的表达形式如图1.7.1所示。

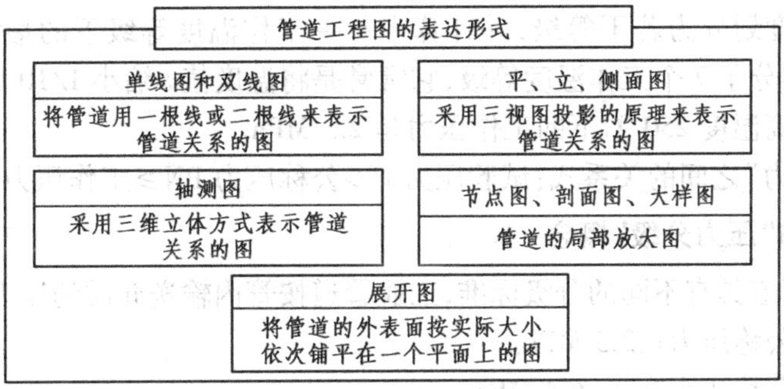

图1.7.1　管道工程图的表达形式

2)阀门型号与规格的表达

阀门型号与规格的表达方式如图1.7.2所示。

例如:Z944T—1,DN500表示闸阀,公称直径500 mm,电动机驱动,法兰连接,明杆平行式双闸板阀,密封材料为铜,公称压力1 MPa,阀体材料为灰铸铁(当灰铸铁阀门PN≤1.6 MPa时,不写材料代号)。

阀门实体标示:出厂前,将公称直径、公称压力及介质流动方向标示在阀体的正面。阀门的涂色:如阀体黑色表示其为灰铸铁或可锻铸铁;手轮上红色表示密封材料为铜。

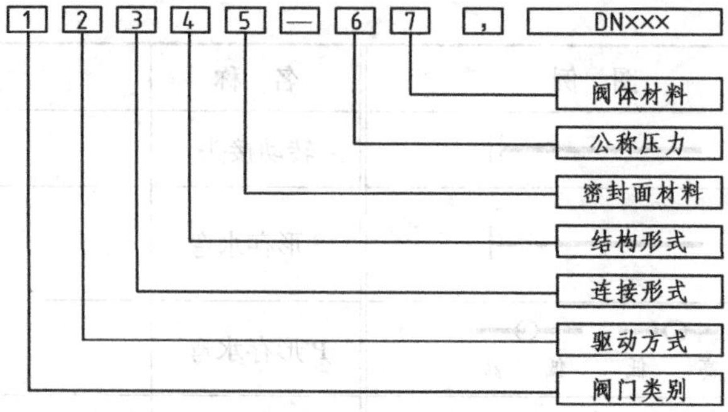

图 1.7.2 阀门型号与规格表达方式

注意:

阀门类可通过"五金手册"掌握通识性的知识点,但在不同行业中,还需要查询产品信息,才能真正掌握相应知识。同理,与阀门有较高关联性的"法兰盘"也是如此。

3)管道工程的"三类压力"概念

(1)公称压力 PN

公称压力 PN 是指对应基准温度下的耐压强度。管道随着介质温度的升高,其耐压强度是逐渐降低的。计量单位是 MPa(单位可以不标注),如 PN1 表示其公称压力为 1 MPa。

(2)试验压力 P_s

试验压力 P_s是指制品常温下的耐压强度。管道组成件安装后,通常要进行压力试验,以检查其强度和严密性。如 P_s 1.6 表示其试验压力是 1.6 MPa。

(3)工作压力 P_t

工作压力 P_t是指给定温度下的操作(工作)压力。在工程上,通常是按照制品的最高耐温界限,把工作温度划分为若干等级,并计算出每一工作温度等级下的最大允许工作压力。如碳素钢制品就划分了 7 个工作温度等级,它常常是将温度值 t 缩小 1/10 后进行标注,如 P_{25} 2.3 表示在介质最高温度 250 ℃下的工作压力是 2.3 MPa。

上述"三类压力"之间的关系式:试验压力 P_s>公称压力 PN≥工作压力 P_t。

4)管道工程的"压力分级"概念

不同介质的管道具有不同的分级标准,工业管道按管内输送介质的压力不同分为 4 级。

①低压管道:公称压力≤2.5 MPa。

②中压管道:公称压力为 4~6.4 MPa。

③高压管道:公称压力为 10~100 MPa。

④超高压管道:公称压力>100 MPa。

室内给水系统的管道压力通常均低于 2.5 MPa,属于低压管道。

5)管道的"温度分级"概念

输送各种介质的管道,按其工作温度的不同,统一分成 4 个等级。

①低温管道:是指工作温度为-40 ℃以下的管道;

②常温管道:是指工作温度为-40~120 ℃的管道;

③中温管道:是指工作温度为 121~450 ℃的管道;

④高温管道：是指工作温度为超过 450 ℃的管道。

1.7.3　给水系统节点大样

表1.7.2

给水系统节点大样见标准图集《建筑给水塑料管道安装通用详图》(11S405-4)，如表 1.7.2 所示。

表 1.7.2　给水系统节点大样(摘录)

名　称	页　码	摘　要
分水器吊顶内设置	30	热水分水器和冷水分水器均在吊顶内设置
分水器在地上设置	31	热水分水器和冷水分水器均在地上设置

1.7.4　生活给水系统的典型节点大样

1) 生活给水系统附件典型节点大样

表1.7.3

生活给水系统附件典型节点大样见标准图集《水表井及安装》(S145)、《卫生设备安装》(09S304)、《住宅厨卫给水排水管道安装》(14S307)，如表 1.7.3 所示。

表 1.7.3　生活给水系统附件典型节点大样(摘录)

名　称	页　码	摘　要
水表井安装(《水表井及安装》)	17-12	室外水表井(有旁通，有止回阀)
沐浴器安装(《卫生设备安装》)	130	双管成品淋浴器
电热水器安装(《住宅厨卫给水排水管道安装》)	22	A 型卫生间给排水管道安装方案一

2) 生活给水系统支架典型节点大样

表1.7.4

生活给水系统支架典型节点大样见标准图集《室内管道支架及吊架》(03S402)，如表 1.7.4 所示。

表 1.7.4　生活给水系统典型节点大样(摘录)

名　称	页　码	摘　要
吊架根部	12	A3、A4 型吊架根部(DN15—DN150)
吊杆和管卡	24	螺纹吊杆
吊架横杆	40	双杆吊架
不保温管卡	33	C5 不保温型管卡(DN15—DN500)
单管水平支架	49	单管水平支架(DN15—DN40)
单管托架	68	胀锚螺栓固定单管托架(DN15—DN150)

续表

名 称	页 码	摘 要
穿楼板钢管支架之一	86	穿楼板钢管支架(DN100—DN150)
穿楼板钢管支架之二	87	穿楼板钢管支架(DN200—DN300)
水平管支座	91	水平管支座(DN50—DN500)

3)生活给水系统套管典型节点大样

生活给水系统套管典型节点大样见标准图集《防水套管》(02S404),如表1.7.5所示。

表1.7.5

表1.7.5 生活给水系统套管典型节点大样(摘录)

名 称	页 码	摘 要
柔性防水套管	6	柔性防水套管(B型)
刚性防水套管	16	刚性防水套管(A型)
刚性防水翼环	22	刚性防水翼环(一)

1.8 生活给水系统手工计量

生活给水系统手工计量是一项传统工作,随着BIM建模技术的推广,手工计量在造价工作中所占的份额会大大减少,但不会消失。因此,学习者有必要了解手工计量的相关知识,掌握基本的操作技能。

1.8.1 工程造价手工计量方式概述

1)工程造价手工计量方式

(1)工程造价手工计量的概念

①手工计量是一种传统的计量方式,也是一种特定历史时期的工作模式;

②手工计量的主要工作体现为“识图与立项”和“测量与计算”两种行为;

③做好手工计量工作的前提是看懂施工图,熟悉施工工艺,掌握工作程序和方法,具有耐心细致的工作作风;

④手工计量可以弥补BIM建模对“施工图节点”表达不易或不宜的缺陷。

(2)工程造价手工计量方式的工作程序

手工计量是一项必须遵守程序的工作,具体程序如图1.8.1所示。

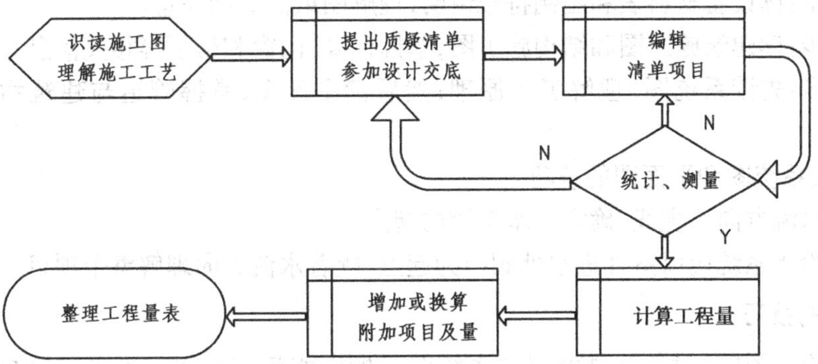

图 1.8.1　手工计量的工作程序

2) 安装工程造价工程量手工计算表

手工计量宜采用规范的计算表格,如表 1.8.1 所示。

表 1.8.1　安装工程造价工程量手工计算表(示例)

工程名称:学生宿舍 D 栋　　　　子分部工程名称:生活给水系统

项目序号	部位序号	编号/部位	项目名称/计算式	系数	单位	工程量	备注
1			淋浴器:成品冷热水铜管制品淋浴器		组	317.00	
	①	标准房间	1×317			317.00	
2			电热水器:容积式电热水器		台	317.00	
	①	标准房间	1×317			317.00	
3			水表:旋翼式水表		只	317.00	
	①	标准房间	1×317			317.00	
4			螺纹阀门:截止阀 J11T—1.6,DN25		个	317.00	
	①	标准房间	1×317			317.00	
5			螺纹阀门:截止阀 J11T—1.6,DN20		个	634.00	
	①	标准房间	(1+1)×317			634.00	
6			给排水附(配)件:陶瓷阀芯水龙头		个	317.00	
	①	标准房间	1×317			317.00	

1.8.2　安装工程手工计量的程序和技巧

1) 以科学的识图程序为前提

(1) 安装工程识图的主要程序

①第 1 步:读图纸目录和设计施工总说明,了解工程全景。

②第 2 步:读设备材料表和图例符号说明,理解图纸的基础信息。

③第 3 步:读建筑施工图和结构施工图,掌握标高、门窗和吊顶等相关信息。

④第 4 步:先读系统图,理解工作原理;然后读平面图,掌握管道与建筑物之间的空间关系。

(2)识读系统图和平面图的技巧

①宜以水流方向为主线,确定给水系统的起点;

②生活给水系统应以室外进水处阀门为起点,顺着水流方向理解整个项目。

2)立项的技巧

①对应施工图的"设备材料表"和"系统图",顺着水流方向逐一确定"计数型"的清单项目,按照"清单名称:定额类型+设备材料名称及型号或编号+规格(项目特征)"的方式,表达在计算书中。

②对应施工图的"系统图"和"设备材料表",顺着水流方向逐一确定"计量型"的清单项目,按照"清单名称:定额类型+设备材料名称及型号或编号+规格(项目特征)"的方式,表达在计算书中。

③依据工艺要求,确定与建筑物发生关系的附属清单项目(如支架和套管等),按照"清单名称:定额类型+设备材料名称及型号或编号+规格(项目特征)"的方式,表达在计算书中。

④依据工艺要求,确定与"计数型"清单项目"共生"的清单项目,按照"清单名称:定额类型+设备材料名称及型号或编号+规格(项目特征)"的方式,表达在计算书中。

⑤依据工艺要求,确定特定工艺(如刷油和预留孔洞等)的清单项目,按照"清单名称:定额类型+设备材料名称及型号或编号+规格(项目特征)"的方式,表达在计算书中。

3)计量的技巧

①依据已经确立的清单项目的顺序依次进行计量;

②区分不同楼层作为部位的第一层级关系;

③在同一个楼层中,区分不同的功能区域作为部位的第二层级关系,统计"计数型"数据,并同时备注"功能区名称";

④使用具有汇总统计功能的计量软件。

1.8.3 生活给水系统在 BIM 建模后的手工计量

1)针对不宜在 BIM 建模中表达的项目

采用 BIM 技术建模,从提高工作效率的角度出发,并不需要建立工程造价涉及的所有定额子目,因此需要采用手工计量的方式补充必要的项目。生活给水系统常见的需要采用手工计量的项目如下:

①剔堵槽、沟;

②机械钻孔;

③预留孔洞;

④堵洞;

⑤管道支架质量的换算；

⑥生活给水系统管道支架刷油；

⑦生活给水系统管道刷油或绝热工程。

2)学生宿舍 D 栋需要特别注意的问题

①1 层地下埋管高度设计参数不合理，暂不调整。

②设定：衬塑钢管与 PP-R 塑料管分界处为立管距 1 层地面 500 mm 处的截止阀。

1.9　生活给水系统招标工程量清单编制

本节以学生宿舍 D 栋已经形成的 BIM 模型工程量表为基础，按照《通用安装工程工程量计算规范》(GB 50856—2013)的规定，编制生活给水系统招标工程量清单。

1.9.1　建立预算文件体系

建立预算文件体系是招标工程量清单编制的基础工作，操作程序可参照 1.4.2 节中的相应内容，主要区别是新建项目时选择“新建招标项目”。

1.9.2　编制工程量清单

1)建立分部和子分部，添加清单项目

建立清单项目就是依据“生活给水系统工程量表”的数据，按照《通用安装工程工程量计算规范》(GB 50856—2013)的规定，进行相应的编制工作。操作可分成以下两个阶段：

(1)添加项目及工程量

添加项目及工程量的具体操作如表 1.9.1 所示。

表 1.9.1　添加项目及工程量

步骤	工　作	图　标	工具→命令	说　明
1.1	建立分部	类别	名称 	整个项目 部	给排水、采暖、燃气工程	下拉菜单→安装工程→给排水、采暖、燃气工程	
1.2	建立子分部	类别	名称 | 整个项目 部	给排水、采暖、燃气工程 部	生活给水 部	给排水、采暖、燃气工程 项	自动提示：请输入清单简称	单击鼠标右键增加子分部，输入“生活给水系统”	

续表

步骤	工　作	图　标	工具→命令	说　明
1.3	添加项目		查询→查询清单	
1.4	选择项目	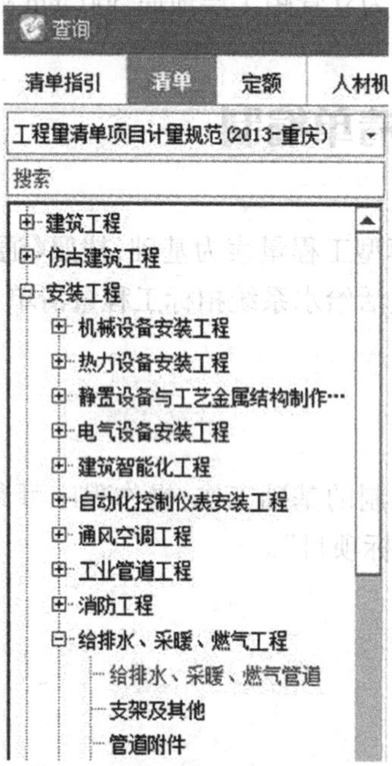	查询→清单→安装工程→给排水、采暖、燃气工程→给排水、采暖、燃气管道→项目	
1.5	修改名称		名称→选中/复制/粘贴(表格数据)	
1.6	修改工程量	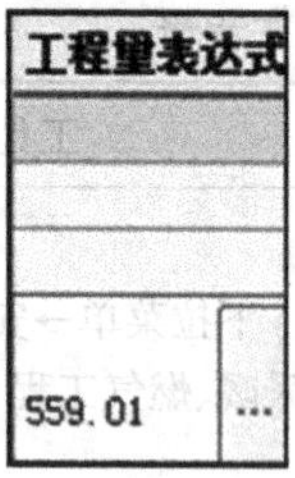	工程量表达式→选中/复制/粘贴(表格数据)	
1.7	逐项重复以上操作			

(2)编辑项目特征和工作内容

编辑项目特征是编制招标工程量清单中具有一定难度的工作。做好此工作,必须要掌握清单计价的理论,并且熟悉施工图设计要求和理解施工工艺。工作内容是依据项目特征进行选择的，具体操作如表1.9.2所示。

表1.9.2　编辑项目特征和工作内容

步骤	工　作	图　标	工具→命令	说　明
2.1	选择特征命令		名称→特征及内容	
2.2	编辑项目特征	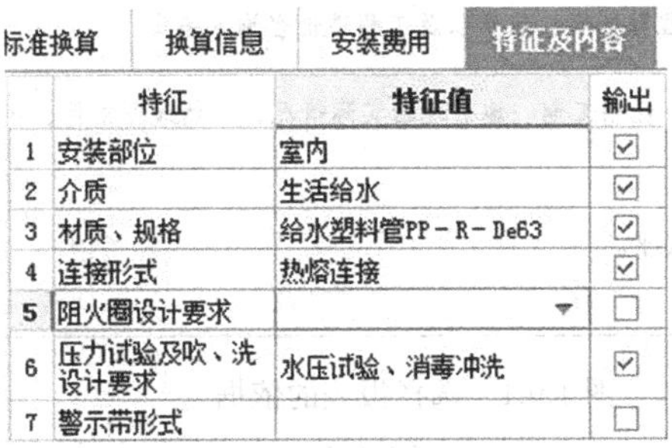	特征值→安装部位/介质/材质、规格等	
2.3	编辑工作内容	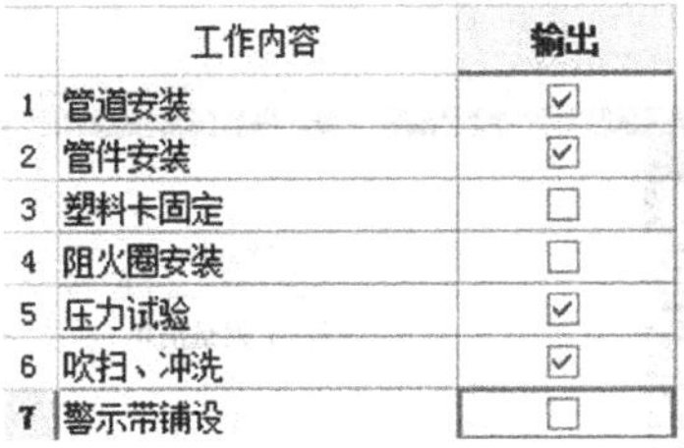	特征值→输出（选择）	
2.4	逐项重复以上操作			
2.5	清单排序		整理清单→清单排序	

2）导出报表

（1）选择报表的依据

依据《重庆市建设工程费用定额》（CQFYDE—2018）的规定，选择相应的表格，如图1.9.1所示。

（2）选择报表的种类

工程量清单用于招标人组织编制招标控制价和投标人依据此编制投标预算书，其使用的格式应符合《重庆市建设工程费用定额》（CQFYDE—2018）的规定，如图1.9.2所示。

重庆市建设工程费用定额

（二）使用计价表格规定

1.工程计价采用统一计价表格格式，招标人与投标人均不得变动表格格式。

2.工程量清单编制应符合下列规定：

（1）使用表格：封-1、表-01、表-08、表-09、表-10、表-11、表-11-1~表-11-5、表-12、表-19、表-20或表-21。

（2）填表要求：

1）封面应按规定的内容填写、签字、盖章，由造价人员编制的工程量清单应有负责审核的造价工程师签字、盖章。受委托编制的工程量清单，应有造价工程师签字、盖章以及工程造价咨询人盖章。

2）总说明应按下列内容填写：

①工程概况：建设规模、工程特征、计划工期、施工现场实际情况、自然地理条件、环境保护要求等。

②工程招标和专业发包范围。

③工程量清单编制依据。

④工程质量、材料、施工等的特殊要求。

⑤其他需要说明的问题。

图 1.9.1　选择报表的依据

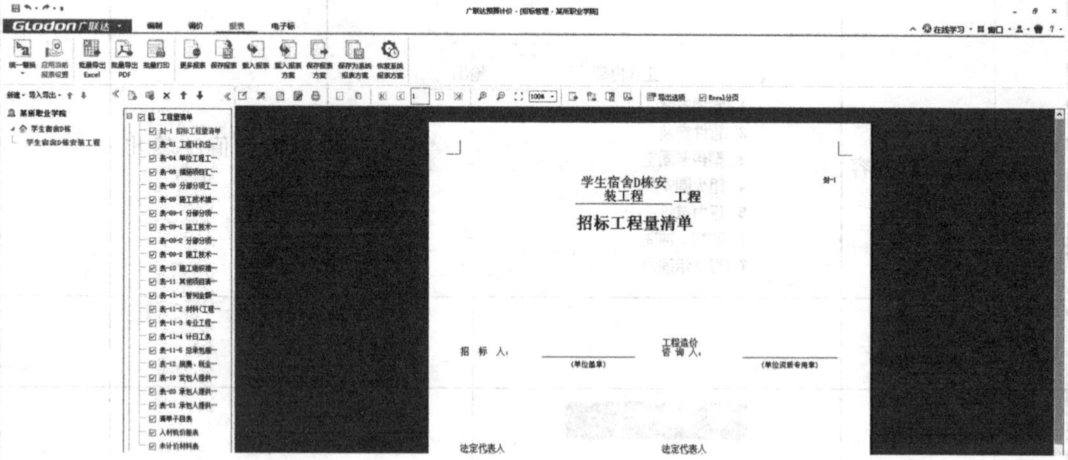

图 1.9.2　选择报表的种类

(3)报表的导出

报表导出到招标文件夹,如图 1.9.3 所示。

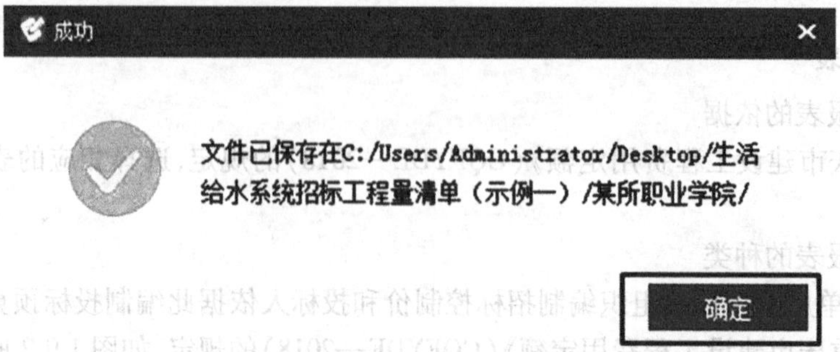
成功
文件已保存在C:/Users/Administrator/Desktop/生活给水系统招标工程量清单（示例一）/某所职业学院/
确定

图 1.9.3　报表的导出

实训任务

任务:独立完成某办公楼招标工程量清单的编制及导出。

1.10 生活给水系统 BIM 建模实训

BIM 建模实训是在已经完成前述内容的学习后,本着强化 BIM 建模技能而安排的一个环节。

1.10.1 BIM 建模实训的目的与任务

1) BIM 建模实训的目的

BIM 建模实训的目的是让学习者从“逆向学习”转变为“顺向工作”。

①本教材的学习方法是如图 1.10.1 所示的逆向学习法。

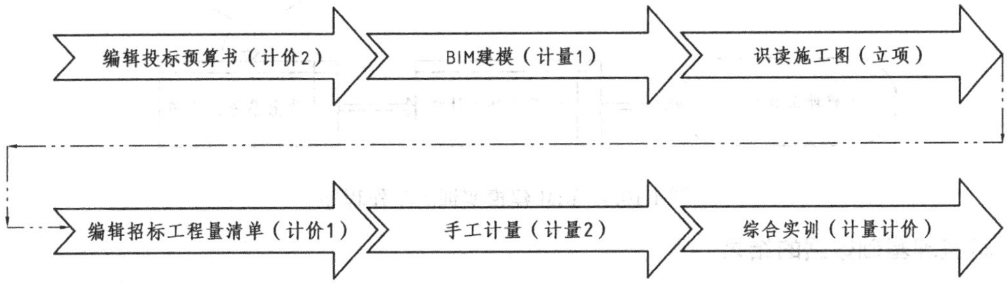

图 1.10.1 逆向学习法

②实际业务运作是如图 1.10.2 所示的顺向工作法。

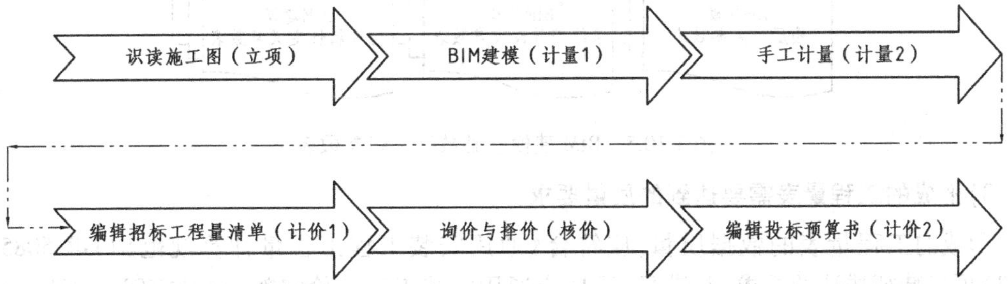

图 1.10.2 顺向工作法

2) BIM 建模实训的任务

将顺向工作法中难度较大的“立项与计量”环节作为实训任务,如图 1.10.3 所示。

图 1.10.3　实训任务

1.10.2　BIM 建模实训的要求

1) BIM 建模实训的工作程序

BIM 建模实训的工作程序如图 1.10.4 所示。

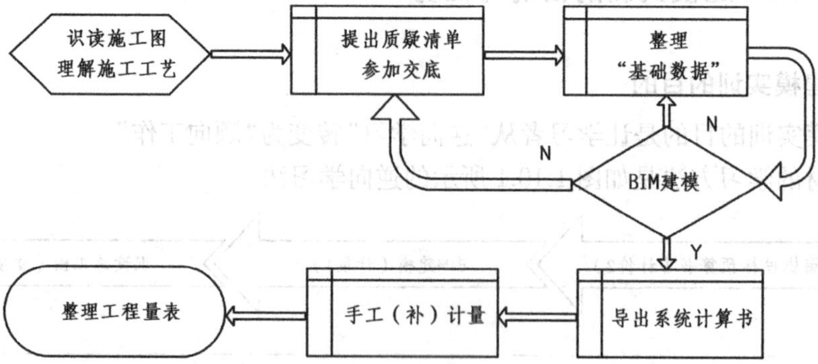

图 1.10.4　BIM 建模实训的工作程序

2) 整理基础数据的结果

整理基础数据就是需要形成三张参数表，如图 1.10.5 所示。

图 1.10.5　BIM 建模基础数据三张参数表

3) 形成的工程量表需要达到的质量要求

形成的工程量表的数据质量，应符合《通用安装工程工程量计算规范》(GB 50856—2013)项目特征描述的要求，并满足《重庆市通用安装工程计价定额》(CQAZDE—2018)计价定额子目的需要。

在时间允许的条件下，宜通过编辑“招标工程量表”进行验证。

1.10.3 生活给水系统 BIM 建模实训的关注点

1) 采用某办公楼施工图进行实训

为达到既能检验学习效果,又不过多占用学生在校时间的目的,实训已知条件如下:

①选择某办公楼施工图的室内生活给水系统进行实训;

②依据施工图布置的方式展开实训,不校正设计失误。

2) 需要特别关注的问题

①室外管网(已考虑在“消火栓系统”练习)不纳入本章的练习;

②统一采用①/Ⓐ轴线交点作为建模基点。

第2章　消火栓系统

2.1　本章导论

2.1.1　消火栓系统的含义

《建筑工程施工质量验收统一标准》(GB 50300—2013)“附录B　建筑工程的分部工程、分项工程划分”中，建筑消火栓系统给水及供暖分部工程包含室内消火栓系统、室外消火栓系统管网、灭火器3个子分部工程。

本章所指的消火栓系统，则是由室内消火栓系统子分部工程中的室内消火栓系统安装、防腐、管道冲洗、试验与调试各分项工程，和室外消火栓系统管网子分部工程中的室外消火栓系统安装、试验与调试各分项工程，以及灭火器工程所构成。消防喷淋系统安装分项工程在《建筑消防工程预(结)算》中进行介绍。

2.1.2　本章的学习内容与目标

本章将围绕消火栓系统的概念与构成、常用材料与设备、主要施工工艺及设备、消火栓系统对应项目的计价定额与工程量清单计价、施工图识读、BIM模型的建立及手工算量的技巧等一系列知识点，形成一个相对闭合的学习环节，从而全面解读消火栓系统工程预(结)算文件编制的全过程。通过学习本章内容，学习者应掌握消火栓系统工程预(结)算的相关知识，具备计价、识图、BIM建模和计算工程量的技能，拥有编制消火栓系统工程预(结)算的能力。

2.2 初识消火栓系统

2.2.1 消防灭火系统概述

1)灭火理论简介

(1)物质燃烧的类型及燃烧的条件

①物质燃烧的类型可分为(可燃气体)闪燃、(可燃物质)着火、(易燃物质)自燃。

②物质燃烧条件由可燃物、助燃物和着火源组成。

(2)灭火的原理与基本方法

①灭火原理主要是从燃烧条件的3个方面采取措施灭火,终止燃烧产生的连锁反应,减少火灾损失。

②灭火方法包括冷却法(降温)、窒息法(降氧)、隔离法(断裂)、化学抑制法(破坏链式反应)。

2)建筑消防系统工程的构成

建筑消防系统工程包括:

①火灾自动报警系统;

②消防应急照明系统;

③消防防排烟系统;

④消防电梯;

⑤建筑物消防设施系统、水灭火系统、气体灭火系统、泡沫(和干粉)灭火系统。

通常将水灭火系统、气体灭火系统、泡沫(和干粉)灭火系统归为消防灭火系统。

3)消防工程常用的设计规范和施工规范目录

①《消防词汇 第1部分:通用术语》(GB/T 5907.1—2014);

②《建筑设计防火规范》(GB 50016—2014,2018年版);

③《建筑物防雷设计规范》(GB 50057—2010);

④《火灾自动报警系统设计规范》(GB 50116—2013);

⑤《自动喷水灭火系统设计规范》(GB 50084—2017);

⑥《二氧化碳灭火系统设计规范》(GB 50193—93,2010年版);

⑦《卤代烷1301灭火系统设计规范》(GB 50163—92);

⑧《火灾自动报警系统施工及验收规范》(GB 50166—2007);

⑨《自动喷水灭火系统施工及验收规范》(GB 50261—2017);

⑩《气体灭火系统施工及验收规范》(GB 50263—2007);

⑪《消防技术文件用消防设备图形符号》(GB/T 4327—2008);

⑫《消防给水及消火栓系统技术规范》(GB 50974—2014)。

4)建筑消防系统在施工质量验收标准中的归属

建筑消防系统在《建筑工程施工质量验收统一标准》(GB 50300—2013)中的归属如表2.2.1所示。

表 2.2.1　建筑消防系统在施工质量验收规范中的归属

序号	分部工程	子分部工程	分项工程	页码	备　注
5	建筑给水排水及供暖	室内给水系统	给水管道及配件安装,给水设备安装,室内消火栓系统安装,消防喷淋系统安装,防腐,绝热,管道冲洗、消毒,试验与调试	13	消防喷淋系统中包括消防水炮
		室外给水管网	给水管道安装,室外消火栓系统安装,试验与调试		
6	通风与空调	防排烟系统	风管与配件制作,部件制作,风管系统安装,风机与空气处理设备安装,风管与设备防腐,系统调试,排烟风阀(口)、常闭正压风口、防火风管安装	13	
7	建筑电气	备用和不间断电源	成套配电柜、控制柜(屏、台)和动力、照明配电箱(盘)安装,柴油发电机组安装,不间断电源装置(UPS)及应急电源装置(EPS)安装,母线槽安装,导管敷设,电缆敷设,管内穿线和槽盒内敷线,电缆头制作,导线连接,线路绝缘测试,接地装置安装	16	照明配电箱(盘)中包含应急照明和双电源配电箱
8	智能建筑	火灾自动报警系统	梯架、托盘、槽盒和导管安装,线缆敷设,探测器类设备安装,控制器类设备安装,其他设备安装,软件安装,系统调试,试运行	16 17	消防系统包括气体灭火系统和泡沫灭火系统
		机房	供配电系统,防雷与接地系统,空气调节系统,给水排水系统,综合布线系统,监控与安全防范系统,消防系统,室内装饰装修,电磁屏蔽,系统调试,试运行		

5)手提式灭火器

手提式灭火器是最常见的灭火设施,其主要类型如表 2.2.2 所示。

表 2.2.2　手提式灭火器的主要类型

名　称	图　片	图　例
手提式干粉灭火器		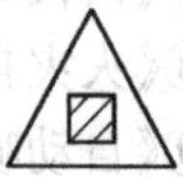

续表

名　称	图　片	图　例
手提式二氧化碳灭火器		
手提式水基灭火器	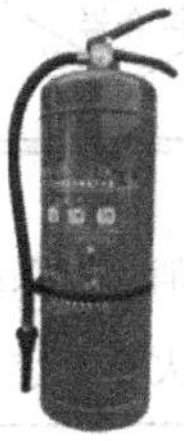	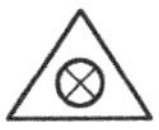

6)水灭火系统的组成

水灭火系统是一个复杂的系统,具体组成如图 2.2.1 所示。

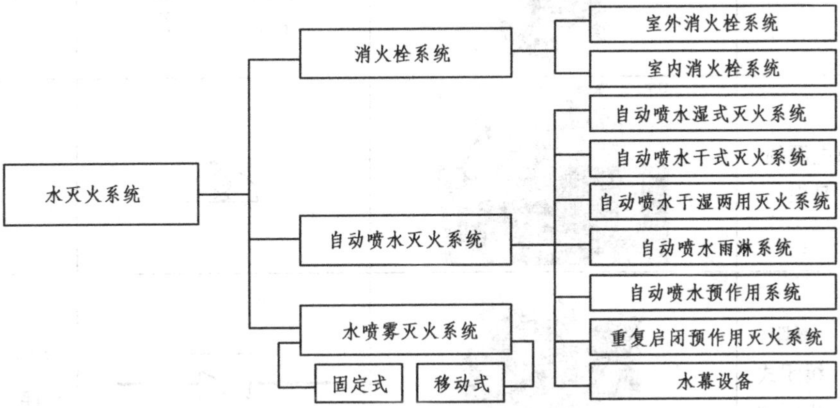

图 2.2.1　水灭火系统的组成

2.2.2　消火栓系统

1)消火栓系统原理流程图

消火栓系统是以市政给水管为起点,顺着水流方向进入室外消火栓管网、室内消火栓管网,直至室内消火栓。其中,当水压不足时,还需要利用水池蓄水、水泵加压来供水。消火栓系统原理流程图如图 2.2.2 所示。

2)消火栓系统常见设备和材料

构成消火栓系统的设备和材料是相对比较典型的,其常见设备和材料如表 2.2.3 所示。

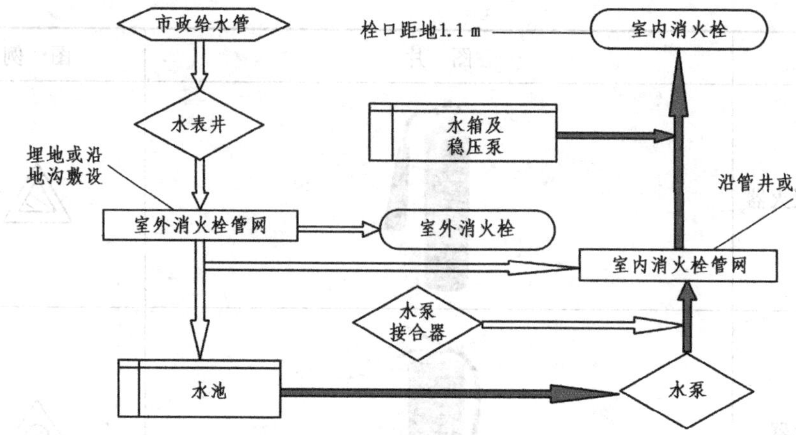

图 2.2.2　消火栓系统原理流程图

表 2.2.3　消火栓系统常见设备和材料

名　称		图　片	图　例	功能及参数
消防水泵			 平面 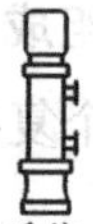 系统	
自带应急电源的消火栓泵组				
管道附件（阀门类）	微阻缓闭式止回阀		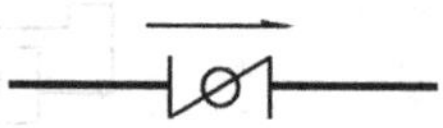	减振、降噪、防水锤
	安全阀			泄压保护
	闸阀			启闭、节流

续表

名　称		图　片	图　例	功能及参数
管道附件（阀门类）	过滤器		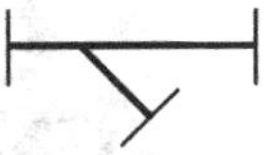	清污
	橡胶软接头		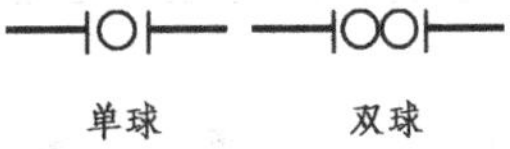	减振、隔振
	沟槽式蝶阀			启闭
	倒流防止器（防污隔断阀）			防逆流、隔阻
室内消火栓箱	（自救式）室内消火栓箱			单栓、带水喉（DN25小口径、19 mm胶带、口径不小于6 mm小水枪）、铝合金门
	带灭火器箱组合式消防柜			单栓、带水喉（DN25小口径、19 mm胶带、口径不小于6 mm小水枪）、铝合金门，4具灭火器
	（双阀双出口）室内消火栓			栓口距地1.1 m，栓口直径分DN50和DN65，水枪喷嘴口径分13，16，19 mm三种，水龙带长度有15，20，25 m三种

续表

名称		图片	图例	功能及参数
试验消火栓	(屋顶)试验消火栓		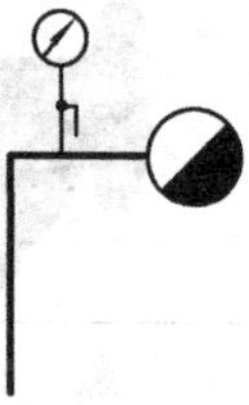	
减压孔板(管道或出口处)		 减压孔板	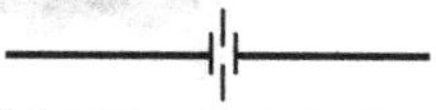	消火栓处动水压力大于0.5 MPa时应设置,常见于高层建筑
室外消火栓	(地上式)室外消火栓			安装位置的要求:应沿道路边缘设置且距路边不大于2 m,消火栓之间的距离不大于120 m,距建筑物不小于5 m且不大于25 m
	(地下式)室外消火栓			常见型号规格:SA100/65—1.6 SA150/80—1.6
水泵接合器	(地上式)水泵接合器			
	新型(地上式)水泵接合器	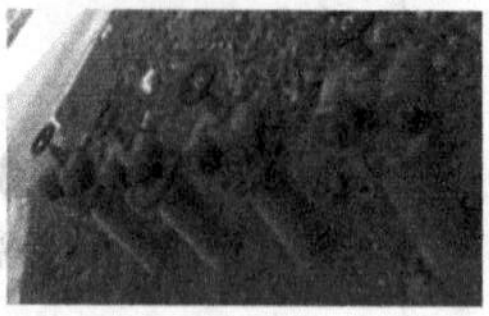		

续表

名　称		图　片	图　例	功能及参数
水泵接合器	（地下式）水泵接合器			
	（墙壁式）水泵接合器			
沟槽式连接管道	（管井）竖向立管		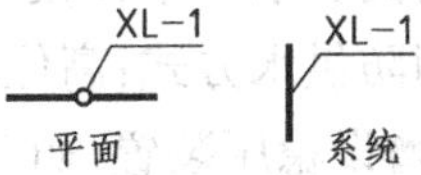	
	机械三通			热镀锌钢管螺纹连接 沟槽式机械三通连接
	室外消火栓管（沟槽式连接）		—XH—	室外管网必须考虑防腐处理
	室内消火栓管（沟槽式连接）		——	DN>80 mm 时的常见连接方式
	屋顶消防环管（沟槽式连接）		—XH—	设有2根及以上消防竖向立管时的常见连接方式

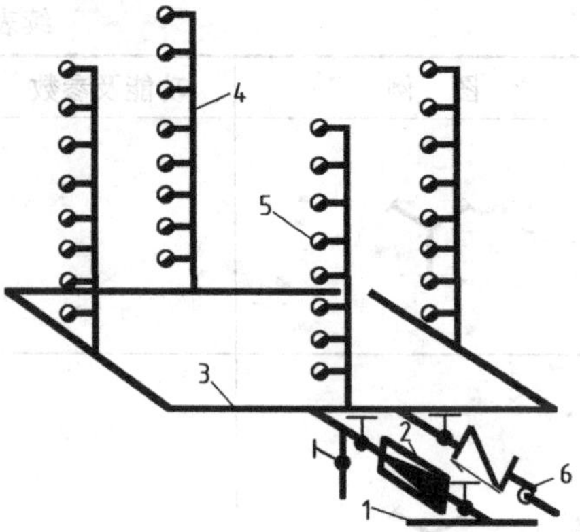

图 2.2.3　环状式室内消防给水管道
1—室外管网;2—水表;3—水平干管;
4—立管;5—消火栓;6—水泵

3)初识消火栓系统图

(1)环状式室内消防给水管道

环状式室内消防给水管道是指在室内消火栓系统的底部设置一个水平环网管,将向上引水的消火栓立管连接成一个系统,其构成关系如图 2.2.3 所示。

(2)高层建筑室内消火栓系统的供水方式

①高层不分区消防供水方式:适用于建筑高度在 50 m 以内或建筑内最低消火栓处静水压力不超过 0.8 MPa,如图 2.2.4 所示。

②并联分区消防供水方式:适用于建筑高度超过 50 m 或建筑内最低消火栓处静水压力大于 0.8 MPa,如图 2.2.5 所示。

③串联分区消防供水方式:上分区的消防水箱给水需要通过下分区的高位水箱中转,这样可减少上分区的消防水泵的扬程,如图 2.2.6 所示。

④设稳压泵的消防供水方式:高位水箱的设置高度不能满足最不利点消火栓或自动喷水系统的压力时,必须增设稳压装置,如图 2.2.7 所示。

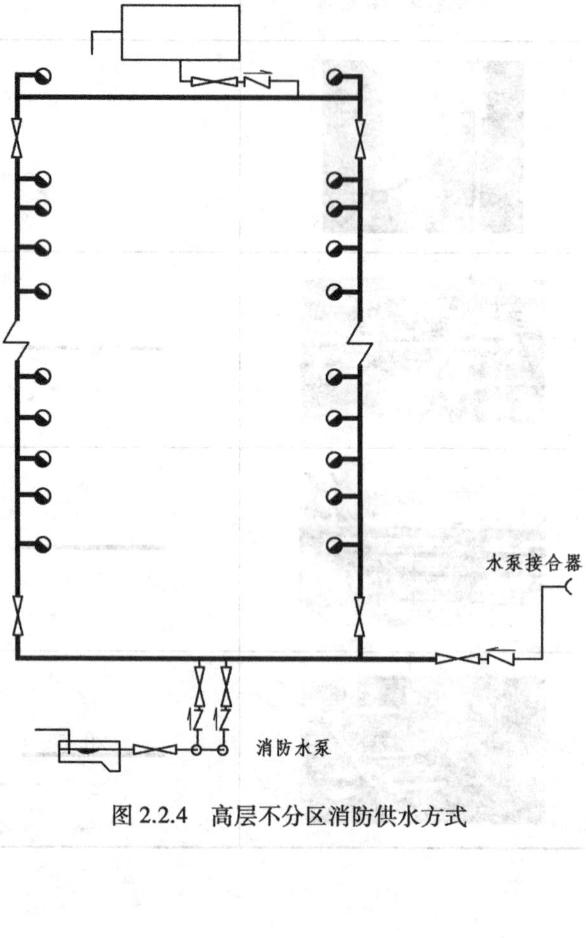

图 2.2.4　高层不分区消防供水方式

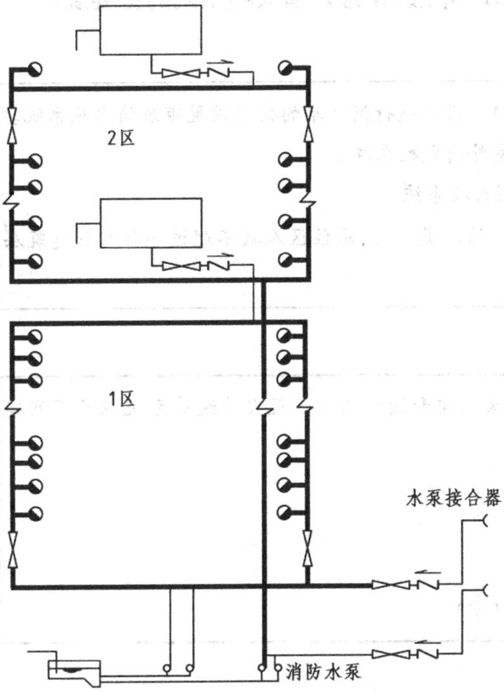

图 2.2.5　并联分区消防供水方式

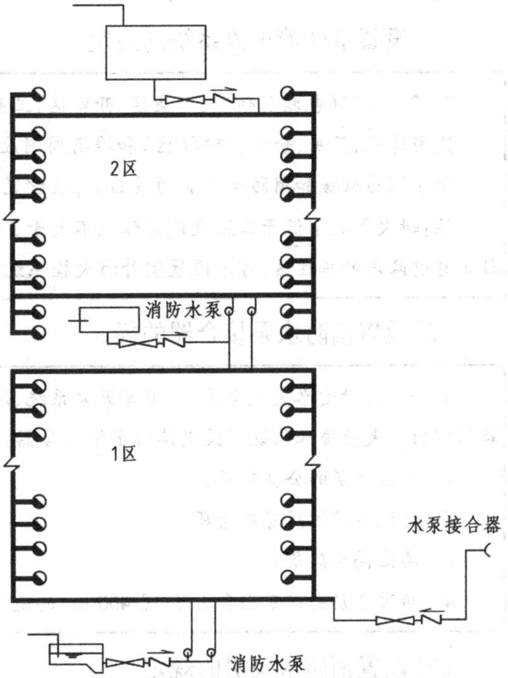

图 2.2.6　串联分区消防供水方式

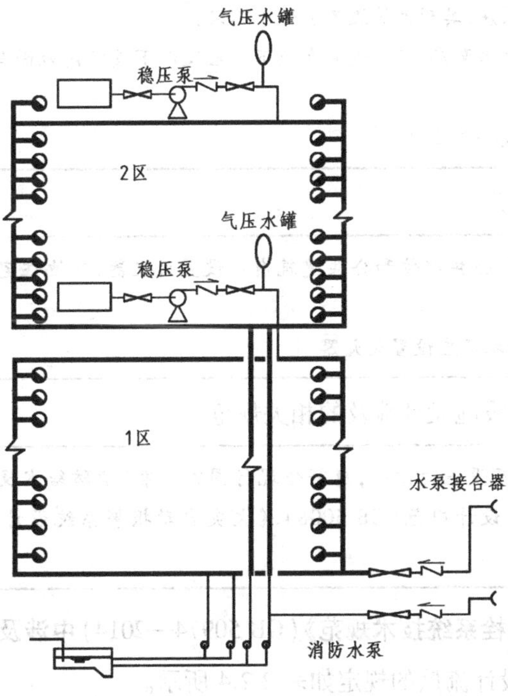

图 2.2.7　设稳压泵的消防供水方式

4)《建筑设计防火规范》(GB 50016—2014,2018 年版)中涉及消火栓系统的主要规定

(1)设置室外消火栓系统的规定

> 8.1.2 城镇(包括居住区、商业区、开发区、工业区等)应沿可通行消防车的街道设置市政消火栓系统。
> 民用建筑、厂房、仓库、储罐(区)和堆场周围应设置室外消火栓系统。
> 用于消防救援和消防车停靠的屋面上,应设置室外消火栓系统。
> 注:耐火等级不低于二级且建筑体积不大于 3 000 m^3 的戊类厂房,居住区人数不超过 500 人且建筑层数不超过两层的居住区,可不设置室外消火栓系统。

(2)设置消防水泵接合器的规定

> 8.1.3 自动喷水灭火系统、水喷雾灭火系统、泡沫灭火系统和固定消防炮灭火系统等系统以及下列建筑的室内消火栓给水系统应设置消防水泵接合器:
> 1 超过 5 层的公共建筑;
> 2 超过 4 层的厂房或仓库;
> 3 其他高层建筑;
> 4 超过 2 层或建筑面积大于 10 000 m^2 的地下建筑(室)。

(3)设置消防水泵房的规定

> 8.1.6 消防水泵房的设置应符合下列规定:
> 1 单独建造的消防水泵房,其耐火等级不应低于二级;
> 2 附设在建筑内的消防水泵房,不应设置在地下三层及以下或室内地面与室外出入口地坪高差大于 10 m 的地下楼层;
> 3 疏散门应直通室外或安全出口。

(4)设置灭火器的规定

> 8.1.10 高层住宅建筑的公共部位和公共建筑内应设置灭火器,其他住宅建筑的公共部位宜设置灭火器。
> 厂房、仓库、储罐(区)和堆场应设置灭火器。

(5)有关消防系统及设施设计涉及的相关规范

> 8.1.13 有关消防系统及设施的设计,应符合现行国家标准《消防给水及消防栓系统技术规范》GB 50974、《自动喷水灭火系统设计规范》GB 50084、《火灾自动报警系统设计规范》GB 50116 等标准的规定。

5)《消防给水及消防栓系统技术规范》(GB 50974—2014)中涉及消火栓系统的主要规定

建筑物室内消火栓设计流量的规定如表 2.2.4 所示。

表 2.2.4　建筑物室内消火栓设计流量

建筑物名称			高度 h(m)、层数、体积 V(m^3)、座位数(n)、火灾危险性		消火栓设计流量(L/s)	同时使用消防水枪数(支)	每根竖管最小流量(L/s)
工业建筑	厂房		$h \leqslant 24$	甲、乙、丁、戊	10	2	10
				丙	20	4	15
			$24 < h \leqslant 50$	乙、丁、戊	25	5	15
				丙	30	6	15
			$h > 50$	乙、丁、戊	30	6	15
				丙	40	8	15
	仓库		$h \leqslant 24$	甲、乙、丁、戊	10	2	10
				丙	20	4	15
			$h > 24$	丁、戊	30	6	15
				丙	40	8	15
民用建筑	单层及多层	科研楼、试验楼	$V \leqslant 10\ 000$		10	2	10
			$V > 10\ 000$		15	3	10
		车站、码头、机场的候车(船、机)楼和展览建筑(包括博物馆)等	$5\ 000 < V \leqslant 25\ 000$		10	2	10
			$25\ 000 < V \leqslant 50\ 000$		15	3	10
			$V > 50\ 000$		20	4	15
		剧场、电影院、会堂、礼堂、体育馆等	$800 < n \leqslant 1\ 200$		10	2	10
			$1\ 200 < n \leqslant 5\ 000$		15	3	10
			$5\ 000 < n \leqslant 10\ 000$		20	4	15

2.2.3　施工质量验收规范对消火栓系统的规定

表2.2.5

《建筑给水排水及采暖工程施工质量验收规范》(GB 50242—2002)中对消火栓系统的相关规定,如表 2.2.5 所示。

表 2.2.5　对消火栓系统的相关规定(摘要)

序　号	条　码	知识点	页　码
1	4.1.1	本章适用于工作压力不大于 1.0 MPa 的消火栓系统	16
2	4.1.3	管径小于或等于 100 mm 的镀锌钢管应采用螺纹连接;管径大于 100 mm 的镀锌钢管应采用法兰或卡套式专用管件连接	16
3	4.3.1	安装完成后应取屋顶层(或水箱间内)试验消火栓和首层取两处消火栓做试射试验	18
4	4.3.3	箱式消火栓栓口距地 1.1 m;阀门中心距箱侧面 140 mm,距箱后内表面 100 mm	19

2.2.4　初识消火栓施工图

下面以学生宿舍 D 栋消火栓施工图为例进行初步识读。

1)识读图例表

掌握消火栓图例符号是识读工程图的前提,如图 2.2.8 所示。

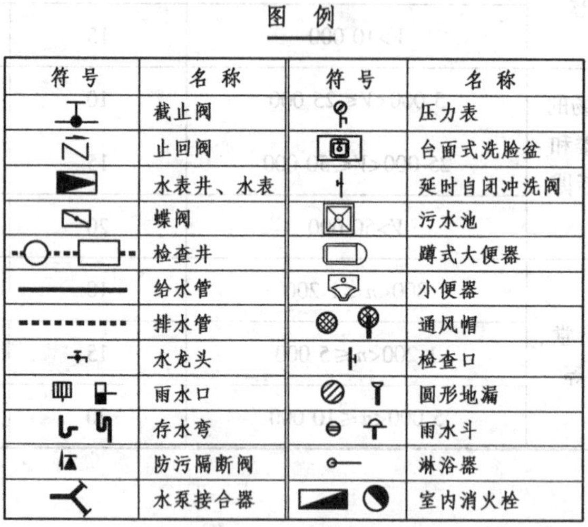
图　例
符　号
名　称
符　号
名　称
截止阀
压力表
止回阀
台面式洗脸盆
水表井、水表
延时自闭冲洗阀
蝶阀
污水池
检查井
蹲式大便器
给水管
小便器
排水管
通风帽
水龙头
检查口
雨水口
圆形地漏
存水弯
雨水斗
防污隔断阀
淋浴器
水泵接合器
室内消火栓

图 2.2.8　消火栓工程图例表

2)识读消火栓系统图

识读消火栓系统图的主要目的是理解消火栓系统的组成关系,获得管道竖直长度的数据。如图 2.2.9 所示是学生宿舍 D 栋消火栓系统图。

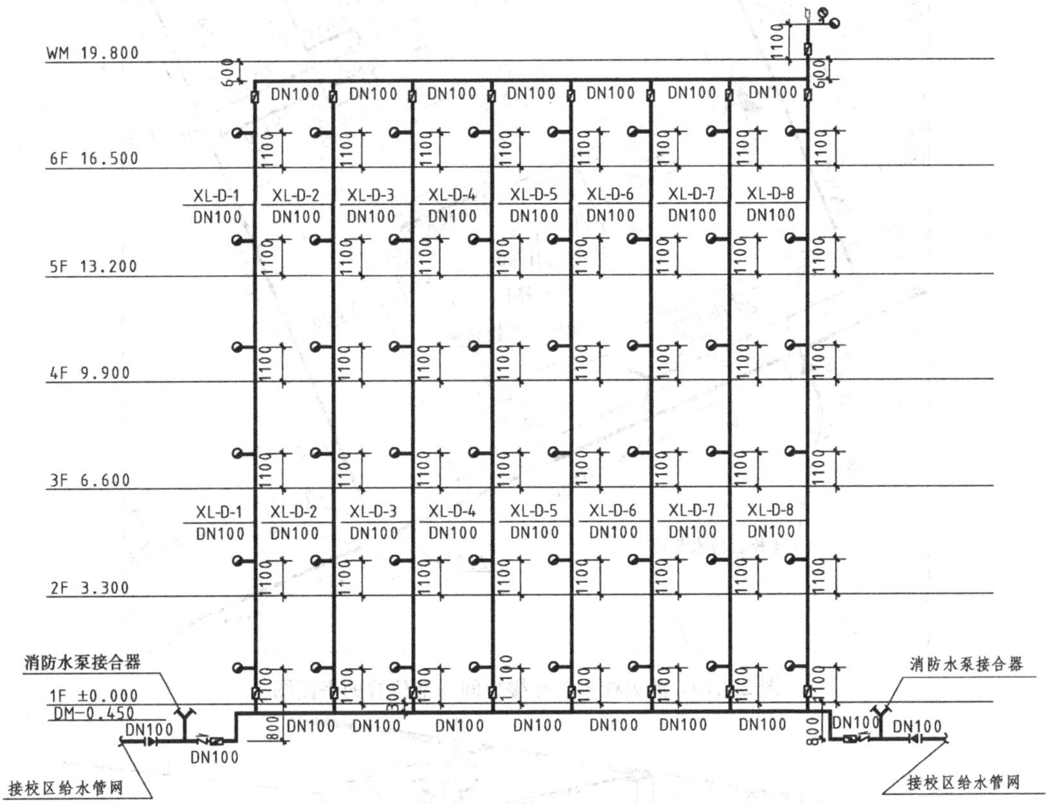

图 2.2.9　学生宿舍 D 栋消火栓系统图

3)识读平面图

识读平面图的主要目的是掌握消火栓系统的设备、设施与建筑物之间的关系,以及消火栓管道的位置与走向,获得管道平面长度的数据(图 2.2.10)。

4)消火栓系统在楼梯间局部位置的三维立体图

消火栓系统在楼梯间局部位置的三维立体图可以帮助大家更直观地理解空间关系,如图 2.2.11 所示。

5)识读施工图获取的信息

通过识读以上消火栓系统的相关图纸可知:本工程消火栓系统有两处进户管进入建筑物,基础层和顶层均设置了连接各樘立管的水平环网,立管贯通整栋建筑,其中楼梯间处消火栓立管设置在楼梯间内;水流入口处设置有防止水倒流的倒流防止器(组成)和地上式水泵接合器;消火栓立管的顶部和底部均设置了蝶阀,可确保对每一樘立管单独进行检修;各层楼走道内均设置有室内消火栓箱,屋面设置有试验消火栓以及配套的压力表与自动排气阀。

6)识读消火栓施工图的顺序

在掌握图例符号后,顺着水流方向依次识读系统图,再结合系统图识读平面图:倒流防止器(组成)→地上式水泵接合器→底部水平环网管→立管→顶层水平环网管→支管→室内消火栓箱→屋面试验消火栓→压力表和自动排气阀。

图 2.2.10　消火栓系统在楼梯间局部位置的平面图

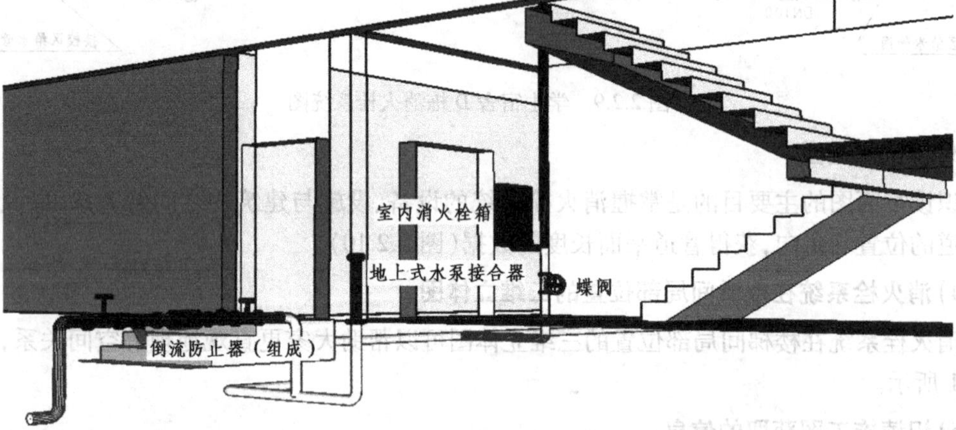

图 2.2.11　消火栓系统在楼梯间局部位置的三维立体图

习题

1.单项选择题

(1)发生火灾事故时,与物质的燃烧条件不相关的条件是(　　)。

A.可燃物　　B.助燃物　　C.现场人员　　D.着火源

(2)水灭火系统通常不包括(　　)。

A.消火栓灭火系统　　B.二氧化碳灭火系统

C.自动喷水灭火系统　　　　　　　　D.水喷雾灭火系统

(3)室外消火栓的安装位置规定，它应沿道路边缘设置且距路边不大于(　　)，消火栓之间的距离不大于120 m，距建筑物不小于5 m且不大于25 m。

A.1 m　　　B.1.5 m　　　C.2 m　　　D.5 m

(4)以下关于水泵接合器的描述，错误的是(　　)。

A.试验式水泵接合器　　　　　　　　B.地上式水泵接合器

C.地下式水泵接合器　　　　　　　　D.墙壁式水泵接合器

(5)《建筑设计防火规范》(GB 50016—2014，2018年版)涉及消火栓系统的主要规定中，消防水枪的充实水柱(　　)。

A.不大于15 m　　B.不小于15 m　　C.不大于10 m　　D.不小于10 m

2.多项选择题

(1)灭火方法有(　　)。

A.冷却法　　　　　　　　　　　　　B.窒息法

C.隔离法　　　　　　　　　　　　　D.尽量减少火灾损失

E.化学抑制

(2)手提式灭火器是最常见的灭火设施，其主要类型有(　　)。

A.消防水炮式手提灭火器　　　　　　B.干粉手提式灭火器

C.二氧化碳手提式灭火器　　　　　　D.水基手提式灭火器

E.应急式手提式灭火器

(3)《建筑给水排水及采暖工程施工质量验收规范》(GB 50242—2002)中规定，室内消火栓系统安装完成后，应取(　　)消火栓做试射试验，达到设计要求为合格。

A.顶层两处消火栓　　　　　　　　　B.屋顶层(或水箱间内)

C.最不利的两处消火栓　　　　　　　D.随机抽取两处消火栓

E.首层取两处

(4)《建筑给水排水及采暖工程施工质量验收规范》(GB 50242—2002)中规定，箱式消火栓的安装应满足(　　)。

A.栓口中心距地面为1.0 m　　　　　B.栓口中心距地面为1.1 m

C.阀门中心距箱侧面为140 mm　　　 D.阀门中心距箱后面为100 mm

E.阀门中心距箱后面为120 mm

2.3 消火栓系统计价定额

2.3.1 消火栓系统计价前应知

1)编制工程造价文件的三个维度

请参照“1.3.1　生活给水系统计价前应知”中的相应内容。

2)重庆市2018费用定额

请参照“1.3.1　生活给水系统计价前应知”中的相应内容。

3)出厂价、工地价、预算价的不同概念

请参照“1.3.1　生活给水系统计价前应知”中的相应内容。

4)消火栓系统造价分析指标

(1)传统指标体系

传统指标体系以单位面积为基数的分析思想：

造价指标=分部工程造价/建筑面积

(2)专业指标体系

专业指标体系以本专业的主要技术指标为基数的分析思想：

消火栓系统造价指标=消火栓子分部工程造价/保护总面积

(3)建立造价分析指标制度的作用

①近期作用：是宏观评价工程造价水平(质量)的依据。

②远期作用：积累经验。

2.3.2　消火栓系统计价定额常用项目

1)第九册《消防安装工程》

消火栓系统属于《重庆市通用安装工程计价定额》(CQAZDE—2018)第九册《消防安装工程》。《重庆市通用安装工程计价定额》分册的组成见图1.3.2。

第九册《消防安装工程》的组成如图2.3.1所示。

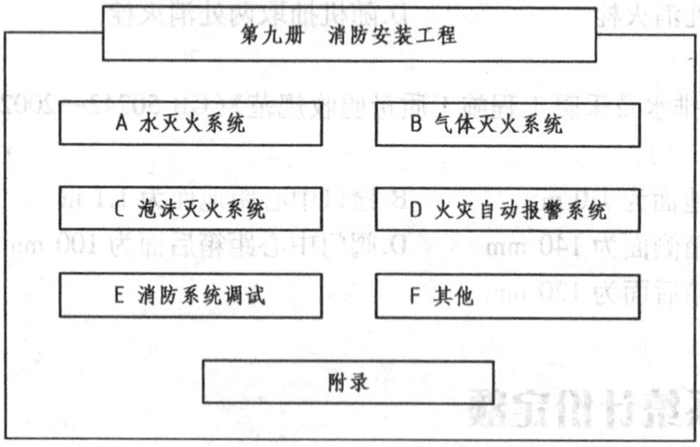

图2.3.1　第九册《消防安装工程》的组成

2)消火栓系统涉及的其他主要分册

消火栓系统涉及《重庆市通用安装工程计价定额》(CQAZDE—2018)的其他分册，如图2.3.2所示。

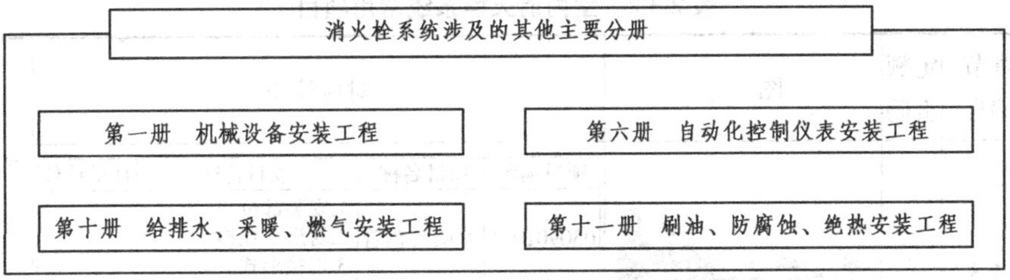

图 2.3.2　消火栓系统涉及的其他分册

3）消火栓系统常用项目

（1）室外消火栓系统常用项目

室外消火栓系统常用项目如表 2.3.1 所示。

表2.3.1

表 2.3.1　室外消火栓系统常用项目

<table>
<tr><th>定额项目</th><th>章节编号</th><th>定额页码</th><th>图　片</th><th>对应清单</th><th>说　明</th></tr>
<tr><td>室外地下式消火栓安装</td><td>A.11.1</td><td>27</td><td></td><td><table><tr><th>项目编码</th><th>项目名称</th><th>项目特征</th><th>计量单位</th></tr><tr><td>030901010</td><td>室内消火栓</td><td rowspan="2">1.安装方式
2.型号、规格
3.附件材质、规格</td><td rowspan="2">套</td></tr><tr><td>030901011</td><td>室外消火栓</td></tr></table></td><td></td></tr>
<tr><td>室外地上式消火栓安装</td><td>A.11.2</td><td>28</td><td></td><td><table><tr><th>项目编码</th><th>项目名称</th><th>项目特征</th><th>计量单位</th></tr><tr><td>030901010</td><td>室内消火栓</td><td rowspan="2">1.安装方式
2.型号、规格
3.附件材质、规格</td><td rowspan="2">套</td></tr><tr><td>030901011</td><td>室外消火栓</td></tr></table></td><td></td></tr>
<tr><td>水泵接合器安装</td><td>A.12.1</td><td>29</td><td></td><td><table><tr><th>项目编码</th><th>项目名称</th><th>项目特征</th><th>计量单位</th></tr><tr><td>030901012</td><td>消防水泵接合器</td><td>1.安装部位
2.型号、规格
3.附件材质、规格</td><td>套</td></tr><tr><td>030901013</td><td>灭火器</td><td>1.形式
2.规格、型号</td><td>具（组）</td></tr></table></td><td>区分地上式、地下式、墙壁式</td></tr>
</table>

（2）室内消火栓系统常用项目

室内消火栓系统常用项目如表 2.3.2 所示。

表2.3.2

表 2.3.2　室内消火栓系统常用项目

<table>
<tr><th>定额项目</th><th>章节编号</th><th>定额页码</th><th>图　片</th><th>对应清单</th><th>说　明</th></tr>
<tr><td>(沟槽连接)镀锌钢管安装</td><td>A.1.3.1</td><td>12
13</td><td></td><td><table><tr><th>项目编码</th><th>项目名称</th><th>项目特征</th><th>计量单位</th></tr><tr><td>030901001</td><td>水喷淋钢管</td><td rowspan="2">1.安装部位
2.材质、规格
3.连接形式
4.钢管镀锌设计要求
5.压力试验及冲洗设计要求
6.管道标识设计要求</td><td rowspan="2">m</td></tr><tr><td>030901002</td><td>消火栓钢管</td></tr></table></td><td rowspan="2">工程量说明:管件主材费包括卡箍及密封圈</td></tr>
<tr><td>(沟槽连接)管件安装</td><td>A.1.3.2</td><td>13
14</td><td></td><td><table><tr><th>项目编码</th><th>项目名称</th><th>项目特征</th><th>计量单位</th></tr><tr><td>030901001</td><td>水喷淋钢管</td><td rowspan="2">1.安装部位
2.材质、规格
3.连接形式
4.钢管镀锌设计要求
5.压力试验及冲洗设计要求
6.管道标识设计要求</td><td rowspan="2">m</td></tr><tr><td>030901002</td><td>消火栓钢管</td></tr></table></td></tr>
<tr><td>镀锌钢管(螺纹连接)</td><td>A.2.1</td><td>15</td><td>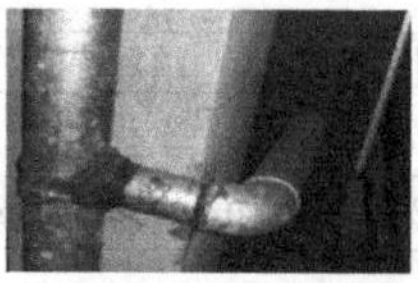</td><td><table><tr><th>项目编码</th><th>项目名称</th><th>项目特征</th><th>计量单位</th></tr><tr><td>030901001</td><td>水喷淋钢管</td><td rowspan="2">1.安装部位
2.材质、规格
3.连接形式
4.钢管镀锌设计要求
5.压力试验及冲洗设计要求
6.管道标识设计要求</td><td rowspan="2">m</td></tr><tr><td>030901002</td><td>消火栓钢管</td></tr></table></td><td></td></tr>
<tr><td>室内消火栓安装(明装)</td><td>A.10.1</td><td>25</td><td></td><td><table><tr><th>项目编码</th><th>项目名称</th><th>项目特征</th><th>计量单位</th></tr><tr><td>030901010</td><td>室内消火栓</td><td rowspan="2">1.安装方式
2.型号、规格
3.附件材质、规格</td><td rowspan="2">套</td></tr><tr><td>030901011</td><td>室外消火栓</td></tr></table></td><td>落地组合消火栓柜乘以人工系数1.05</td></tr>
<tr><td>室内消火栓安装(暗装)</td><td>A.10.2</td><td>26</td><td></td><td><table><tr><th>项目编码</th><th>项目名称</th><th>项目特征</th><th>计量单位</th></tr><tr><td>030901010</td><td>室内消火栓</td><td rowspan="2">1.安装方式
2.型号、规格
3.附件材质、规格</td><td rowspan="2">套</td></tr><tr><td>030901011</td><td>室外消火栓</td></tr></table></td><td></td></tr>
<tr><td>屋顶试验消火栓</td><td>A.10.2</td><td>26</td><td></td><td><table><tr><th>项目编码</th><th>项目名称</th><th>项目特征</th><th>计量单位</th></tr><tr><td>030901010</td><td>室内消火栓</td><td rowspan="2">1.安装方式
2.型号、规格
3.附件材质、规格</td><td rowspan="2">套</td></tr><tr><td>030901011</td><td>室外消火栓</td></tr></table></td><td>对应定额</td></tr>
</table>

续表

<table>
<tr><th>定额项目</th><th>章节编号</th><th>定额页码</th><th>图　片</th><th>对应清单</th><th>说　明</th></tr>
<tr><td>减压孔板安装</td><td>A.7.1</td><td>23</td><td>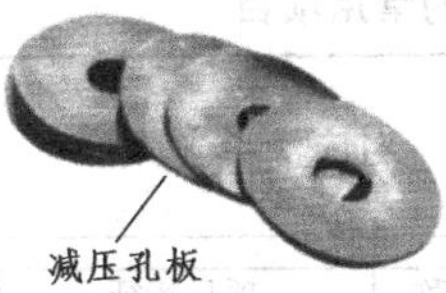</td><td><table><tr><th>项目编码</th><th>项目名称</th><th>项目特征</th><th>计量单位</th></tr><tr><td>030901006</td><td>水流指标器</td><td>1.规格、型号
2.连接形式</td><td rowspan="2">个</td></tr><tr><td>030901007</td><td>减压孔板</td><td>1.材质、规格
2.连接形式</td></tr></table></td><td>已包含两片法兰盘</td></tr>
<tr><td>灭火器安装</td><td>A.13.1</td><td>30</td><td></td><td><table><tr><th>项目编码</th><th>项目名称</th><th>项目特征</th><th>计量单位</th></tr><tr><td>030901012</td><td>消防水泵接合器</td><td>1.安装部位
2.型号、规格
3.附件材质、规格</td><td>套</td></tr><tr><td>030901013</td><td>灭火器</td><td>1.形式
2.规格、型号</td><td>具（组）</td></tr></table></td><td>不包括灭火器放置箱</td></tr>
<tr><td>灭火器放置箱安装</td><td>A.13.2</td><td>30</td><td></td><td><table><tr><th>项目编码</th><th>项目名称</th><th>项目特征</th><th>计量单位</th></tr><tr><td>030901012</td><td>消防水泵接合器</td><td>1.安装部位
2.型号、规格
3.附件材质、规格</td><td>套</td></tr><tr><td>030901013</td><td>灭火器</td><td>1.形式
2.规格、型号</td><td>具（组）</td></tr></table></td><td></td></tr>
<tr><td>电控式消防水炮安装</td><td>A.14.1</td><td>31</td><td></td><td><table><tr><th>项目编码</th><th>项目名称</th><th>项目特征</th><th>计量单位</th></tr><tr><td>030901014</td><td>消防水炮</td><td>1.水炮类型
2.压力等级
3.保护半径</td><td>台</td></tr></table></td><td></td></tr>
<tr><td>管道支架制作安装</td><td>F.1.1</td><td>85</td><td></td><td><table><tr><th>项目编码</th><th>项目名称</th><th>项目特征</th><th>计量单位</th></tr><tr><td>030906001</td><td>管道支架制作安装</td><td></td><td>kg</td></tr></table></td><td></td></tr>
<tr><td>预留孔洞（混凝土楼板和墙面）</td><td>F.5.1</td><td>88
89</td><td>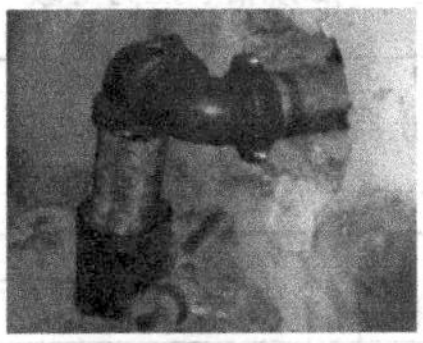</td><td><table><tr><th>项目编码</th><th>项目名称</th><th>项目特征</th><th>计量单位</th></tr><tr><td>030906005</td><td>预留孔洞</td><td></td><td>个</td></tr></table></td><td></td></tr>
<tr><td>堵洞</td><td>F.6.1</td><td>90</td><td>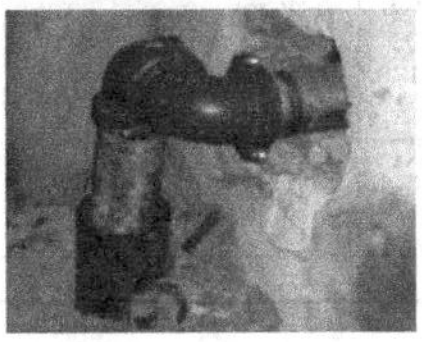</td><td><table><tr><th>项目编码</th><th>项目名称</th><th>项目特征</th><th>计量单位</th></tr><tr><td>030906006</td><td>堵洞</td><td></td><td>个</td></tr></table></td><td></td></tr>
</table>

表2.3.3

4)消火栓系统对应第十册的常用项目

消火栓系统对应第十册的常用项目如表 2.3.3 所示。

表 2.3.3 消火栓系统对应第十册的常用项目

<table>
<tr><th>定额项目</th><th>章节编号</th><th>定额页码</th><th>图 片</th><th>对应清单</th><th>说 明</th></tr>
<tr><td>室内钢管(沟槽连接)</td><td>A.2.3</td><td>31
32</td><td></td><td><table><tr><th>项目编码</th><th>项目名称</th><th>项目特征</th><th>计量单位</th></tr><tr><td>030901001</td><td>水喷淋钢管</td><td rowspan="2">1.安装部位
2.材质、规格
3.连接形式
4.钢管镀锌设计要求
5.压力试验及冲洗设计要求
6.管道标识设计要求</td><td rowspan="2">m</td></tr><tr><td>030901002</td><td>消火栓钢管</td></tr></table></td><td>消火栓系统室外埋地管道</td></tr>
<tr><td>自动排气阀</td><td>C.1.4</td><td>189</td><td></td><td><table><tr><th>项目编码</th><th>项目名称</th><th>项目特征</th><th>计量单位</th></tr><tr><td>031003001</td><td>螺纹阀门</td><td rowspan="3">1.类型
2.材质
3.规格、压力等级
4.连接形式
5.焊接方法</td><td rowspan="3">个</td></tr><tr><td>031003002</td><td>螺纹法兰阀门</td></tr><tr><td>031003003</td><td>焊接法兰阀门</td></tr></table></td><td></td></tr>
<tr><td>法兰阀门</td><td>C.3.1</td><td>195
196
197</td><td></td><td><table><tr><th>项目编码</th><th>项目名称</th><th>项目特征</th><th>计量单位</th></tr><tr><td>031003001</td><td>螺纹阀门</td><td rowspan="3">1.类型
2.材质
3.规格、压力等级
4.连接形式
5.焊接方法</td><td rowspan="3">个</td></tr><tr><td>031003002</td><td>螺纹法兰阀门</td></tr><tr><td>031003003</td><td>焊接法兰阀门</td></tr></table></td><td>法兰安装应另立项</td></tr>
<tr><td>沟槽法兰安装</td><td>C.11.7</td><td>244
245</td><td></td><td><table><tr><th>项目编码</th><th>项目名称</th><th>项目特征</th><th>计量单位</th></tr><tr><td>0310030010</td><td>软接头(软管)</td><td>1.材质
2.规格
3.连接形式</td><td>个(组)</td></tr><tr><td>031003011</td><td>法兰</td><td>1.材质
2.规格、压力等级
3.连接形式</td><td>副(片)</td></tr><tr><td>031003012</td><td>倒流防止器</td><td>1.材质
2.型号、规格
3.连接形式</td><td>套</td></tr></table></td><td>平焊法兰和沟槽法兰,定额是不同的项目</td></tr>
<tr><td>对夹式蝶阀</td><td>C.3.4</td><td>200
201
202</td><td></td><td><table><tr><th>项目编码</th><th>项目名称</th><th>项目特征</th><th>计量单位</th></tr><tr><td>031003001</td><td>螺纹阀门</td><td rowspan="3">1.类型
2.材质
3.规格、压力等级
4.连接形式
5.焊接方法</td><td rowspan="3">个</td></tr><tr><td>031003002</td><td>螺纹法兰阀门</td></tr><tr><td>031003003</td><td>焊接法兰阀门</td></tr></table></td><td></td></tr>
</table>

续表

<table>
<tr><th>定额项目</th><th>章节编号</th><th>定额页码</th><th>图　片</th><th>对应清单</th><th>说　明</th></tr>
<tr><td>沟槽阀门</td><td>C.2.1</td><td>191
192
193
194</td><td></td><td><table>
<tr><th>项目编码</th><th>项目名称</th><th>项目特征</th><th>计量单位</th></tr>
<tr><td>031003001</td><td>螺纹阀门</td><td rowspan="3">1.类型
2.材质
3.规格、压力等级
4.连接形式
5.焊接方法</td><td rowspan="3">个</td></tr>
<tr><td>031003002</td><td>螺纹法兰阀门</td></tr>
<tr><td>031003003</td><td>焊接法兰阀门</td></tr>
</table></td><td></td></tr>
<tr><td>法兰阀门(单个过滤器)</td><td>C.3.1</td><td>195
196
197</td><td></td><td><table>
<tr><th>项目编码</th><th>项目名称</th><th>项目特征</th><th>计量单位</th></tr>
<tr><td>031003008</td><td>除污器（过滤器）</td><td>1.材质
2.规格、压力等级
3.连接形式</td><td>组</td></tr>
</table></td><td>单个过滤器采用法兰阀门代替，依据说明定额人工费乘以系数1.2</td></tr>
<tr><td>法兰式软接头安装</td><td>C.10.1</td><td>233</td><td></td><td><table>
<tr><th>项目编码</th><th>项目名称</th><th>项目特征</th><th>计量单位</th></tr>
<tr><td>0310030010</td><td>软接头（软管）</td><td>1.材质
2.规格
3.连接形式</td><td>个（组）</td></tr>
</table></td><td></td></tr>
<tr><td>倒流防止器(法兰连接不带水表)</td><td>C.14.3</td><td>258
259</td><td></td><td><table>
<tr><th>项目编码</th><th>项目名称</th><th>项目特征</th><th>计量单位</th></tr>
<tr><td>031003012</td><td>倒流防止器</td><td>1.材质
2.型号、规格
3.连接形式</td><td>套</td></tr>
</table></td><td></td></tr>
<tr><td>倒流防止器组成安装(法兰连接带水表)</td><td>C.14.4</td><td>260
261</td><td></td><td><table>
<tr><th>项目编码</th><th>项目名称</th><th>项目特征</th><th>计量单位</th></tr>
<tr><td>031003012</td><td>倒流防止器</td><td>1.材质
2.型号、规格
3.连接形式</td><td>套</td></tr>
</table></td><td></td></tr>
<tr><td>一般套管制作安装(钢管)</td><td>B.3.1</td><td>164
165</td><td></td><td><table>
<tr><th>项目编码</th><th>项目名称</th><th>项目特征</th><th>计量单位</th></tr>
<tr><td>031002003</td><td>套管</td><td>1.名称、类型
2.材质
3.规格
4.填料材质</td><td>个</td></tr>
</table></td><td></td></tr>
</table>

续表

<table>
<tr><th>定额
项目</th><th>章节
编号</th><th>定额
页码</th><th>图　片</th><th>对应清单</th><th>说　明</th></tr>
<tr><td>刚性
防水
套管
制作</td><td>B.3.5</td><td>169
170</td><td></td><td><table><tr><th>项目编码</th><th>项目名称</th><th>项目特征</th><th>计量单位</th></tr><tr><td>031002003</td><td>套管</td><td>1.名称、类型
2.材质
3.规格
4.填料材质</td><td>个</td></tr></table></td><td></td></tr>
<tr><td>刚性
防水
套管
安装</td><td>B.3.6</td><td>171</td><td></td><td><table><tr><th>项目编码</th><th>项目名称</th><th>项目特征</th><th>计量单位</th></tr><tr><td>031002003</td><td>套管</td><td>1.名称、类型
2.材质
3.规格
4.填料材质</td><td>个</td></tr></table></td><td></td></tr>
</table>

5)消火栓系统对应第六册的常用项目

消火栓系统对应第六册的常用项目如表 2.3.4 所示。

表2.3.4

表 2.3.4　消火栓系统对应第六册的常用项目

<table>
<tr><th>定额
项目</th><th>章节
编号</th><th>定额
页码</th><th>图　片</th><th>对应清单</th><th>说　明</th></tr>
<tr><td>压力
仪表</td><td>A.2</td><td>16</td><td></td><td><table><tr><th>项目编码</th><th>项目名称</th><th>项目特征</th><th>计量单位</th></tr><tr><td>030601002</td><td>压力仪表</td><td>1.名称
2.型号
3.规格
4.压力表弯材质、规格
5.挠性管材质、规格
6.支架形式、材质
7.调试要求
8.脱脂要求</td><td>台</td></tr></table></td><td></td></tr>
<tr><td>取源
部件
制作
与安装</td><td>L.4</td><td>196</td><td></td><td><table><tr><th>项目编码</th><th>项目名称</th><th>项目特征</th><th>计量单位</th></tr><tr><td>030601002</td><td>压力仪表</td><td>1.名称
2.型号
3.规格
4.压力表弯材质、规格
5.挠性管材质、规格
6.支架形式、材质
7.调试要求
8.脱脂要求</td><td>台</td></tr></table></td><td>压力表弯制作、安装</td></tr>
<tr><td>仪表
阀门</td><td>L.1</td><td>187</td><td></td><td><table><tr><th>项目编码</th><th>项目名称</th><th>项目特征</th><th>计量单位</th></tr><tr><td>030611001</td><td>仪表阀门</td><td>1.名称
2.型号
3.规格
4.材质
5.连接方式
6.研磨要求
7.脱脂要求</td><td>个</td></tr></table></td><td></td></tr>
</table>

6) 消火栓系统对应第十一册的常用项目

消火栓系统对应第十一册的常用项目如表 2.3.5 所示。

表2.3.5

表 2.3.5　消火栓系统对应第十一册的常用项目

定额项目	章节编号	定额页码	图片	对应清单：项目编码	项目名称	项目特征	计量单位	说明
(手工除锈)一般钢结构	A.1.3	10		031201003	金属结构刷油	1.除锈级别 2.油漆品种 3.结构类型 4.涂刷遍数、漆膜厚度	1.m² 2.kg	管道支架刷油
(一般钢结构)防锈漆	B.3.1.2	40		031201003	金属结构刷油	1.除锈级别 2.油漆品种 3.结构类型 4.涂刷遍数、漆膜厚度	1.m² 2.kg	管道支架刷油
(一般钢结构)调和漆	B.3.1.6	42		031201003	金属结构刷油	1.除锈级别 2.油漆品种 3.结构类型 4.涂刷遍数、漆膜厚度	1.m² 2.kg	管道支架刷油
(手工除锈)管道	A.1.1	9		031201001 031201002	管道刷油 设备与矩形管道刷油	1.除锈级别 2.油漆品种 3.涂刷遍数、漆膜厚度 4.标志色方式、品种	1.m² 2.m	
(管道刷油)防锈漆	A.1.2	27		031201001 031201002	管道刷油 设备与矩形管道刷油	1.除锈级别 2.油漆品种 3.涂刷遍数、漆膜厚度 4.标志色方式、品种	1.m² 2.m	
(管道刷油)调和漆	A.1.6	29		031201001 031201002	管道刷油 设备与矩形管道刷油	1.除锈级别 2.油漆品种 3.涂刷遍数、漆膜厚度 4.标志色方式、品种	1.m² 2.m	

续表

<table>
<tr><th>定额项目</th><th>章节编号</th><th>定额页码</th><th>图　片</th><th>对应清单</th><th>说　明</th></tr>
<tr><td>(手工除锈)管道</td><td>A.1.1</td><td>9</td><td></td><td><table><tr><th>项目编码</th><th>项目名称</th><th>项目特征</th><th>计量单位</th></tr><tr><td>031202001</td><td>设备防腐蚀</td><td rowspan="2">1.除锈级别
2.涂刷(喷)品种
3.分层内容
4.涂刷(喷)遍数、漆膜厚度</td><td>m²</td></tr><tr><td>031202002</td><td>管道防腐蚀</td><td>1.m²
2.m</td></tr></table></td><td></td></tr>
<tr><td>管道沥青玻纤布防腐</td><td>C.2.2.2</td><td>115</td><td></td><td><table><tr><th>项目编码</th><th>项目名称</th><th>项目特征</th><th>计量单位</th></tr><tr><td>031202001</td><td>设备防腐蚀</td><td rowspan="2">1.除锈级别
2.涂刷(喷)品种
3.分层内容
4.涂刷(喷)遍数、漆膜厚度</td><td>m²</td></tr><tr><td>031202002</td><td>管道防腐蚀</td><td>1.m²
2.m</td></tr></table></td><td>埋地管道沥青玻纤布防腐蚀</td></tr>
</table>

2.3.3 消火栓系统计价定额册、章、计算规则的说明

1)册说明的主要内容

《重庆市通用安装工程计价定额》(CQAZDE—2018)第九册的册说明如下。

册说明

二、本册定额不包括下列内容:

1.阀门、消防水箱、套管,按第十册《给排水、采暖、燃气安装工程》相应定额子目执行。

2.各种消防泵、稳压泵安装,按第一册《机械设备安装工程》相应定额子目执行。

3.不锈钢管、铜管管道安装,按第八册《工业管道安装工程》相应定额子目执行。

4.刷油、防腐蚀、绝热工程,按第十一册《刷油、防腐蚀、绝热安装工程》相应定额子目执行。

5.电缆敷设、桥架安装、配管配线、接线盒、电动机检查接线、防雷接地装置安装,按第四册《电气设备安装工程》相应定额子目执行。

6.各种仪表的安装及带电讯号的阀门、水流指示器、压力开关、驱动装置及泄漏报警开关的接线、校线,按第六册《自动化控制仪表安装工程》相应定额子目执行。

7.本定额凡涉及管沟、基坑及井类的土方开挖、回填、运输、垫层、基础、砌筑、地沟盖板预制安装、路面开挖及修复、管道混凝土支墩的项目,按《重庆市房屋建筑与装饰工程计价定额》相应定额子目执行。

三、下列费用可按系数分别计取:

1.脚手架搭拆费按人工费的5.00%计算,其中人工工资占35%。

2.操作高度增加费:本册定额操作高度,均按5 m以下编制;安装高度超过5 m时,超过部分工程量按定额人工费乘以下表系数。

标高(m以内)	10	30
超高系数	1.1	1.2

3.超高增加费:指高度在6层或20 m以上的工业与民用建筑物上进行安装时增加的费用,按下表计算,其中人工工资占65%。

建筑物檐高(m以内)	40	60	80	100	120	140	160	180	200
建筑层数(层)	≤12	≤18	≤24	≤30	≤36	≤42	≤48	≤54	≤60
按人工费的(%)	1.83	4.56	8.21	12.78	18.25	23.73	29.20	34.68	40.15

4.在地下室内(含地下车库)、净高小于1.06 m楼层、断面小于4 m^2且大于2 m^2的隧道或洞内进行安装的工程,定额人工费乘以系数1.12。

5.在管井内、竖井内、断面小于或等于2 m^2隧道或洞内、封闭吊顶天棚内进行安装的工程,定额人工费乘以系数1.15。

6.安装与生产同时进行时,按照定额人工费的10%计算。

四、界限划分:

1.消防系统室内外管道以建筑物外墙皮1.5 m为界,入口处设阀门者以阀门为界。室外埋地管道安装,按第十册《给排水、采暖、燃气安装工程》中室外给水管道安装相应定额子目执行。

2.厂区范围内的装置、站、罐区的架空消防管道按本册定额相应定额子目执行。

3.与市政给水管道的界限:以与市政给水管道碰头点(井)为界。

2)"A水灭火系统"章说明和计算规则的主要内容

《重庆市通用安装工程计价定额》(CQAZDE—2018)第九册"A水灭火系统"说明和计算规则如下。

说　明

一、本章内容包括水喷淋管道、消火栓钢管、水喷淋(雾)喷头、报警装置、水流指示器、温感式水幕装置、减压孔板、末端试水装置、集热罩、室内外消火栓、消防水泵接合器、灭火器、消防水炮等安装。

二、本章适用于一般工业和民用建(构)筑物设置的水灭火系统的管道、各种组件、消火栓、消防水炮等安装。

三、管道安装相关规定:

1.钢管(法兰连接)定额中包括管件及法兰安装,但管件、法兰数量应按设计图纸用量另行计算,螺栓按设计用量加3%损耗计算。

2.若设计或规范要求钢管需要镀锌,其镀锌及场外运输费用另行计算。

3.消火栓管道采用钢管焊接时,定额中包括管件安装,管件依据设计图纸数量及施工方案或者参照本册附录"管道管件数量取定表"另计本身价值。

4.消火栓管道采用钢管(沟槽连接)时,按水喷淋钢管(沟槽连接)相应定额子目执行。

四、有关说明

1.报警装置安装项目,定额中已包括装配管、泄放试验管及水力警铃出水管安装,水力警铃进水管按图示尺寸执行管道安装相应子目;其他报警装置适用于雨淋、干湿两用及预作用报警装置。

2.水流指示器(马鞍型连接)项目,主材中包括胶圈、U型卡。

3.喷头、报警装置及水流指示器安装,定额均按管网系统试压、冲洗合格后安装考虑的,定额中已包括丝堵、临时短管的安装、拆除及摊销。

4.温感式水幕装置安装,定额中已包括给水三通至喷头、阀门间的管道、管件、阀门、喷头等全部安装内容,但管道的主材数量按设计管道中心长度另加损耗计算;喷头数量按设计数量另加损耗计算。

5.集热罩安装项目,主材中包括所配备的成品支架。

6.落地组合式消防柜安装,执行室内消火栓相应定额子目,人工费乘以系数1.05。

7.室外消火栓、消防水泵接合器安装,定额中包括法兰接管及弯管底座(消火栓三通)的安装,本身价值另行计算。

8.消防水炮及模拟末端装置项目,定额中仅包括本体安装,不包括型钢底座制作安装和混凝土基础砌筑;型钢底座制作安装按第十册《给排水、采暖、燃气安装工程》设备支架制作安装相应子目执行,混凝土基础按《重庆市房屋建筑与装饰工程计价定额》相应定额子目执行。

9.本章不包括消防系统调试配合费用。

五、本章不包括以下工作内容:

1.阀门、法兰安装,各种套管的制作安装,按第十册《给排水、采暖、燃气安装工程》相应定额子目执行。泵房间管道安装及管道系统强度试验、严密性试验,按第八册《工业管道安装工程》相应定额子目执行。

2.室外给水管道安装及水箱制作安装,按第十册《给排水、采暖、燃气安装工程》相应定额子目执行。

3.各种消防泵、稳压泵安装及设备二次灌浆,按第一册《机械设备安装工程》相应定额子目执行。

4.各种仪表的安装及带电讯号的阀门、水流指示器、压力开关的接线、校线,按第六册《自动化控制仪表安装工程》相应定额子目执行。

5.各种设备支架制作安装,按第三册《静置设备与工艺金属结构制作安装工程》相应定额子目执行。

6.管道、设备、支架、法兰焊口除锈刷油,按第十一册《刷油、防腐蚀、绝热安装工程》相应定额子目执行。

工程量计算规则

一、管道安装,按设计图示管道中心线长度计算。不扣除阀门、管件及各种组件所占长度。

二、管件连接,区分规格按设计图示数量以“个”计算。沟槽管件主材费包括卡箍及密封圈。

三、喷头、水流指示器、减压孔板、集热罩安装,区分安装部位、方式、规格,按设计图示数量以“个”计算。

四、报警装置、室内消火栓、室外消火栓、消防水泵接合器安装,按设计图示数量以“组”计算。成套产品包括的内容详见附表。

五、末端试水装置安装,区分规格按设计图示数量以“组”计算。

六、温感式水幕装置安装,按设计图示数量以“组”计算。

七、灭火器安装,区分安装方式按设计图示数量以“具、组”计算。

八、消防水炮安装,区分规格按设计图示数量以“台”计算。

3)“F 其他”章说明和计算规则的主要内容

《重庆市通用安装工程计价定额》(CQAZDE—2018)第九册“F 其他”章说明和计算规则如下。

说　明

一、本章内容包括消防管道支吊架制作安装、空气采样探测器安装、剔槽打洞。

二、管道支吊架制作安装定额中包括了支架、吊架及防晃支架。

三、机械钻孔项目是按混凝土墙体及混凝土楼板考虑的,厚度系综合取定。如实际墙体厚度超过300 mm,楼板厚度超过220 mm时,按相应定额子目乘以系数1.2。砖墙及砌体墙钻孔按机械钻孔相应定额子目乘以系数0.4。

工程量计算规则

一、管道支吊架按设计或规范要求质量以“kg”计算。

二、气体灭火系统管网系统试验，区分贮存装置数量，按设计图示数量以“套”计算。

三、空气采样探测器，按设计图示数量以“台”计算。

四、机械钻孔项目，区分混凝土楼板及混凝土墙体钻孔，区分钻孔直径，按实际数量以“个”计算。

五、剔堵槽沟项目，区分砖结构及混凝土结构，区分截面尺寸，按实际长度以“m”计算。

4）第十册“C 管道附件”章说明和计算规则的主要内容

《重庆市通用安装工程计价定额》（CQAZDE—2018）第十册“C 管道附件”章说明和计算规则如下。

说　明

一、本章内容包括各类阀门、法兰、低压器具、补偿器、计量表、软接头、倒流防止器、塑料排水管消声器、液面计、水位标尺等安装。

二、阀门安装均综合考虑了标准规范要求的强度及严密性试验工作内容。若采用气压试验时，除定额人工外，其他相关消耗量可进行调整。

三、安全阀安装后进行压力调整的，其人工乘以系数2.0。螺纹三通阀安装按螺纹阀门安装项目乘以系数1.3。

四、电磁阀、温控阀安装项目均包括了配合调试工作内容，不再重复计算。

五、对夹式蝶阀安装已含双头螺栓用量，在套用与其连接的法兰安装项目时，应将法兰安装项目中的螺栓用量扣除。浮球阀安装已包括了连杆及浮球的安装。

六、与螺纹阀门配套的连接件，如设计与定额中材质不同时，可按实调整。

七、法兰阀门、法兰式附件安装项目均不包括法兰安装，按本册相应定额子目执行。

八、每副法兰和法兰式附件安装项目中，均包括一个垫片和一副法兰螺栓的材料用量。各种法兰连接用垫片均按石棉橡胶板考虑，如工程要求采用其他材质可按实调整。

九、减压器、疏水器安装均按成组安装考虑，分别依据国家建筑标准设计图集01SS105和05R407编制。疏水器成组安装未包括止回阀安装，若安装止回阀，按本册相应定额子目执行。单独减压器、疏水器安装，按本册相应定额子目执行。

十、除污器成组安装依据国家建筑标准设计图集03R402编制，适用于立式、卧式和旋流式除污器成组安装。单个过滤器安装，按本册相应定额子目执行，人工乘以系数1.2。

十一、普通水表、IC卡水表安装不包括水表前的阀门安装。水表安装定额是按与钢管连接编制的，若与塑料管连接时其人工乘以系数0.6，材料、机械消耗量可按实调整。

十二、水表组成安装是依据国家建筑标准设计图集05S502编制的。法兰水表（带旁通管）成组安装中三通、弯头均按成品管件考虑。

十三、热量表成组安装是依据国家建筑标准设计图集10K509/10R504编制的，如实际组成与此不同，可按本册法兰、阀门等附件相应定额子目执行。

十四、倒流防止器成组安装是根据国家建筑标准设计图集12S108-1编制的，按连接方式不同分为带水表与不带水表安装。

十五、器具成组安装项目已包括标准设计图集中的旁通管安装，旁通连接管所占长度不再另计管道工程量。

十六、器具组成安装均分别依据现行相关标准图集编制，其中连接管、管件均按钢制管道、管件及附件考虑，如实际采用其他材质组成安装，则按本册相应定额子目执行。器具附件组成如实际与定额不同时，可按本册法兰、阀门等附件相应定额子目执行。

十七、补偿器项目包括方形补偿器制作安装和焊接式、法兰式成品补偿器安装，成品补偿器包括球形、填料式、波纹式补偿器。补偿器安装项目中包括就位前进行预拉(压)工作。

十八、法兰式软接头安装适用于法兰式橡胶及金属挠性接头安装。

十九、塑料排水管消声器安装按成品考虑。

二十、浮标液面计、水位标尺分别依据《采暖通风国家标准图集》N102-3和《全国通用给排水标准图集》S318编制，如设计与标准图集不符，主要材料可作调整，其他不变。

二十一、本章所有安装项目均不包括固定支架的制作安装，发生时应按本册"支架及其他"相应定额子目执行。

计算规则

一、各种阀门、补偿器、软接头、普通水表、IC卡水表、水锤消除器、塑料排水管消声器安装，区分不同连接方式、公称直径，按设计图示数量以"个"计算。

二、减压器、疏水器、水表、倒流防止器、热量表成组安装，区分不同组成结构、连接方式、公称直径，按设计图示数量以"组"计算。减压器安装，按高压侧的直径以"个"计算。

三、卡紧式软管区分不同管径，按设计图示数量以"根"计算。

四、法兰均区分不同公称直径，按设计图示数量以"副"计算。承插盘法兰短管区分不同连接方式、公称直径，按设计图示数量以"副"计算。

五、浮标液面计、浮标水位标尺区分不同的型号，按设计图示数量以"组"计算。

2.3.4 消火栓系统计价定额管件含量计算

由于消火栓镀锌钢管采用螺纹连接时，其管件工程量计算是按照"定额含量包干"规则确定的综合用量；而在实际业务中，一般可以获得的只是各种管件的具体单价，所以必须进行管件综合单价的计算。按照《重庆市通用安装工程计价定额》(CQAZDE—2018)附录关于"消火栓镀锌钢管接头零件(丝接)含量"的规定，现以规格为DN65的管道为例，其计算过程示例如表2.3.6所示。

表2.3.6 消火栓镀锌钢管接头零件(丝接)综合单价计算示例

管道规格:DN65					
序 号	管件名称	管件定额含量(个)	管件单价(元/个)	管件价值(元)	备 注
1	三通	0.164	69.30	11.37	
2	弯头	0.187	48.80	9.13	
3	管箍	0.125	25.06	3.13	
4	异径管箍	0.120	37.24	4.47	
5	合计	0.596		28.09	
6	综合单价(元)		47.13		

习题

1.单项选择题

(1)室外消火栓镀锌钢管(沟槽连接)归属于《重庆市通用安装工程计价定额》(CQAZDE—2018)的哪册哪章?(　　)

A.第十册“A 给排水、燃气、采暖管道”　　B.第九册“A 水灭火系统”

C.第九册“B 气体灭火系统”　　D.第九册“C 泡沫灭火系统”

(2)室内消火栓镀锌钢管(沟槽连接)归属于《重庆市通用安装工程计价定额》(CQAZDE—2018)的哪册哪章?(　　)

A.第十册“A 给排水、燃气、采暖管道”　　B.第九册“A 水灭火系统”

C.第九册“B 气体灭火系统”　　D.第九册“C 泡沫灭火系统”

(3)《重庆市通用安装工程计价定额》(CQAZDE—2018)第九册规定,在管井内、竖井内、断面小于或等于2 m^2隧道或洞内、封闭吊顶天棚内进行安装的工程,定额人工费乘以系数(　　)。

A.1.05　　B.1.12　　C.1.15　　D.1.2

(4)《重庆市通用安装工程计价定额》(CQAZDE—2018)第九册规定,在地下室内(含地下车库)、净高小于1.06 m的楼层、断面小于4 m^2或大于2 m^2的隧道或洞内进行安装的工程,定额人工费乘以系数(　　)。

A.1.05　　B.1.12　　C.1.15　　D.1.2

(5)《重庆市通用安装工程计价定额》(CQAZDE—2018)第九册规定,落地组合式消防柜安装,执行室内消火栓相应定额子目,人工乘以系数(　　)。

A.1.05　　B.1.12　　C.1.15　　D.1.2

2.多项选择题

(1)依据《重庆市通用安装工程计价定额》(CQAZDE—2018)的规定,倒流防止器(防污隔断阀)组成(法兰连接不带水表)计价定额项目包含(　　)。

A.倒流防止器　　B.法兰水表

C.(进出水)闸阀　　D.Y型过滤器

E.法兰挠性接头

(2)依据《重庆市通用安装工程计价定额》(CQAZDE—2018)的规定,选择沟槽法兰安装的对夹式蝶阀的计价定额,应包含(　　)。

A.法兰阀门　　B.碳钢平焊法兰

C.对夹蝶阀定额子目　　D.沟槽法兰安装定额子目

E.沟槽阀门定额子目

(3)依据《重庆市通用安装工程计价定额》(CQAZDE—2018)的规定,沟槽阀门计价定额项目中包含(　　)。

A.阀门冲洗　　B.水压试验

C.阀门安装　　D.切管、沟槽滚压

E.卡箍(含螺栓)

(4)依据《重庆市通用安装工程计价定额》(CQAZDE—2018)的规定,室内消火栓镀锌钢管(沟槽连接)计价定额项目中包含(　　)。

A.管件安装　　B.安装卡箍件

C.水冲洗　　D.管道支架制作安装

E.水压试验

(5)依据《重庆市通用安装工程计价定额》(CQAZDE—2018)的规定,选择室内消火栓安装计价定额子目时,应该考虑(　　)。

A.明装或暗装　　B.单栓或双栓

C.单栓(带卷盘)或双栓(带卷盘)　　D.屋顶试验消火栓

E.室内或室外

2.4　消火栓系统清单计价

2.4.1　消火栓系统清单计价理论

1)消火栓系统清单计价规范

本节消火栓系统清单计价项目,采用的是《通用安装工程工程量计算规范》(GB 50856—2013)附录J"消防工程"、附录K"给排水、采暖、燃气工程"、附录M"刷油、防腐蚀、绝热工程"以及附录F"自动化控制仪表安装工程"等相关项目。

2)消火栓系统的清单项目

(1)消火栓管道

《通用安装工程工程量计算规范》(GB 50856—2013)中,消火栓管道工程量清单项目的设置、项目特征描述的内容、计量单位及工程量计算规则,应按表2.4.1的规定执行,表中内容摘自该规范第121页。

表2.4.1　消火栓管道清单项目(编码:030901)

项目编码	项目名称	项目特征	计量单位	工程量计算规则	工作内容
030901001	水喷淋钢管	1.安装部位 2.材质、规格 3.连接形式 4.钢管镀锌设计要求 5.压力试验及冲洗设计要求 6.管道标识设计要求	m	按设计图示管道中心线以长度计算	1.管道及管件安装 2.钢管镀锌 3.压力试验 4.冲洗 5.管道标识
030901002	消火栓钢管				

(2)减压孔板

《通用安装工程工程量计算规范》(GB 50856—2013)中,减压孔板工程量清单项目的设置、项目特征描述的内容、计量单位及工程量计算规则,应按表2.4.2的规定执行,表中内容摘自该规范第121页。

表2.4.2　减压孔板清单项目(编码:030901)

<table>
<tr><th>项目编码</th><th>项目名称</th><th>项目特征</th><th>计量单位</th><th>工程量计算规则</th><th>工作内容</th></tr>
<tr><td>030901006</td><td>水流指标器</td><td>1.规格、型号
2.连接形式</td><td rowspan="2">个</td><td rowspan="2">按设计图示数量计算</td><td rowspan="2">1.安装
2.电气接线
3.调试</td></tr>
<tr><td>030901007</td><td>减压孔板</td><td>1.材质、规格
2.连接形式</td></tr>
<tr><td colspan="6">注:8.消防水泵接合器,包括法兰接管及弯头安装,接合器井内阀门、弯管底座、标牌等附件安装。
9.减压孔板若在法兰盘内安装,其法兰计入组价中。
10.消防水炮:分普通手动水炮、智能控制水炮。</td></tr>
</table>

(3)消火栓

《通用安装工程工程量计算规范》(GB 50856—2013)中,消火栓工程量清单项目的设置、项目特征描述的内容、计量单位及工程量计算规则,应按表2.4.3的规定执行,表中内容摘自该规范第121页。

表2.4.3　消火栓清单项目(编码:030901)

<table>
<tr><th>项目编码</th><th>项目名称</th><th>项目特征</th><th>计量单位</th><th>工程量计算规则</th><th>工作内容</th></tr>
<tr><td>030901010</td><td>室内
消火栓</td><td rowspan="2">1.安装方式
2.型号、规格
3.附件材质、规格</td><td rowspan="2">套</td><td rowspan="2"></td><td>1.箱体及消火栓安装
2.配件安装</td></tr>
<tr><td>030901011</td><td>室外
消火栓</td><td>1.安装
2.配件安装</td></tr>
<tr><td colspan="6">注:6.室内消火栓,包括消火栓箱、消火栓、水枪、水龙头、水龙带接扣、自救卷盘、挂架、消防按钮;落地消火栓箱包括箱内手提灭火器。
7.室外消火栓,安装方式分地上式、地下式:地上式消火栓安装包括地上式消火栓、法兰接管、弯管底座;地下式消火栓安装包括地下式消火栓、法兰接管、弯管底座或消火栓三通。</td></tr>
</table>

(4)消防水泵接合器和灭火器

《通用安装工程工程量计算规范》(GB 50856—2013)中,消防水泵接合器和灭火器工程量清单项目的设置、项目特征描述的内容、计量单位及工程量计算规则,应按表2.4.4的规定执行,表中内容摘自该规范第122页。

表 2.4.4　消防水泵接合器和灭火器清单项目(编码:030901)

项目编码	项目名称	项目特征	计量单位	工程量计算规则	工作内容
030901012	消防水泵接合器	1.安装部位 2.型号、规格 3.附件材质、规格	套	按设计图示数量计算	1.安装 2.附件安装
030901013	灭火器	1.形式 2.规格、型号	具(组)		设置
注:8.消防水泵接合器,包括法兰接管及弯头安装,接合器井内阀门、弯管底座、标牌等附件安装。 9.减压孔板若在法兰盘内安装,其法兰计入组价中。 10.消防水炮:分普通手动水炮、智能控制水炮。					

(5)支架及其他

《通用安装工程工程量计算规范》(GB 50856—2013)中,支架及其他工程量清单项目的设置、项目特征描述的内容、计量单位及工程量计算规则,应按表 2.4.5 的规定执行。

表 2.4.5　支架及其他清单项目(编码:030906)

序　号	编　码	清单项	单　位
1	030906001	管道支架制作安装	kg
2	030906002	空气采样探测器安装	m
3	030906003	剔堵槽、沟	个/台/m
4	030906004	机械钻孔	个
5	030906005	预留孔洞	个
6	030906006	堵洞	个

(6)消火栓系统相关清单项目的说明

《通用安装工程工程量计算规范》(GB 50856—2013)中,附录 J“消防工程”相关问题及说明如下。

J.6　相关问题及说明

J.6.1　管道界限的划分:

1　喷淋系统水灭火管道:室内外界限应以建筑物外墙皮 1.5 m 为界,入口处设阀门者应以阀门为界;设在高层建筑物内的消防泵间管道应以泵间外墙皮为界。

2　消火栓管道:给水管道室内外界限划分应以外墙皮 1.5 m 为界,入口处设阀门者应以阀门为界。

3　与市政给水管道的界限:以与市政给水管道碰头点(井)为界。

J.6.2　消防管道如需进行探伤,应按本规范附录 H“工业管道工程”相关项目编码列项。

J.6.3　消防管道上的阀门、管道及设备支架、套管制作安装,应按本规范附录 K“给排水、采暖、燃气工程”相关项目编码列项。

J.6.4 本章管道及设备除锈、刷油、保温除注明者外，均应按本规范附录M“刷油、防腐蚀、绝热工程”相关项目编码列项。
J.6.5 消防工程措施项目，应按本规范附录N“措施项目”相关项目编码列项。

(7)消火栓系统套管

《通用安装工程工程量计算规范》(GB 50856—2013)中，消火栓系统套管清单项目的设置、项目特征描述的内容、计量单位及工程量计算规则，应按表2.4.6的规定执行，表中内容摘自该规范第131页。

表2.4.6 消火栓系统套管清单项目(编码:031002)

项目编码	项目名称	项目特征	计量单位	工程量计算规则	工作内容
031002003	套管	1.名称、类型 2.材质 3.规格 4.填料材质	个	按设计图示数量计算	1.制作 2.安装 3.除锈、刷油
注:3.套管制作安装，适用于穿基础、墙、楼板等部位的防水套管、填料套管、无填料套管及防火套管等，应分别列项。					

套管布置规格的一般要求：

①穿基础、屋面、水池或水箱等需要密封处选择的防水套管与管道取相同规格。

②穿墙面、楼板等处采用一般套管，套管直径应比穿过的管道(DN125以下)大两个规格；直径≥DN150的管道，其套管直径应比穿过的管道大一个规格。

(8)管道附件

《通用安装工程工程量计算规范》(GB 50856—2013)中，管道附件工程量清单项目的设置、项目特征描述的内容、计量单位及工程量计算规则，应按表2.4.7的规定执行，表中内容摘自该规范第131和132页。

表2.4.7 管道附件清单项目(编码:031003)

项目编码	项目名称	项目特征	计量单位	工程量计算规则	工作内容
031003001	螺纹阀门	1.类型 2.材质 3.规格、压力等级 4.连接形式 5.焊接方式	个	按设计图示数量计算	1.安装 2.电气接线 3.调试
031003002	螺纹法兰阀门				
031003003	焊接法兰阀门				
031003004	带短管甲乙阀门	1.材质 2.规格、压力等级 3.连接形式 4.接口方式及材质			
031003005	塑料阀门	1.规格 2.连接形式			1.安装 2.调试

续表

项目编码	项目名称	项目特征	计量单位	工程量计算规则	工作内容
031003006	减压器	1.材质 2.规格、压力等级 3.连接形式 4.附件配置	组	按设计图示数量计算	组装
031003007	疏水器				
031003008	除污器（过滤器）	1.材质 2.规格、压力等级 3.连接形式			安装
031003009	补偿器	1.类型 2.材质 3.规格、压力等级 4.连接形式	个		
031003010	软接头（软管）	1.材质 2.规格 3.连接形式	个（组）		安装
031003011	法兰	1.材质 2.规格、压力等级 3.连接形式	副（片）		
031003012	倒流防止器	1.材质 2.型号、规格 3.连接形式	套		

注：1.法兰阀门安装包括法兰连接，不得另计。阀门安装如仅为一侧法兰连接时，应在项目特征中描述。
2.塑料阀门连接形式需注明热熔连接、粘接、热风焊接等方式。
3.减压器规格按高压侧管道规格描述。
4.减压器、疏水器、倒流防止器等项目包括组成与安装工作内容，项目特征应根据设计要求描述附件配置情况，或根据××图集或××施工图做法描述。

(9)压力仪表

《通用安装工程工程量计算规范》(GB 50856—2013)中，消火栓系统压力仪表工程量清单项目的设置、项目特征描述的内容、计量单位及工程量计算规则，应按表2.4.8的规定执行，表中内容摘自该规范第86页。

表2.4.8 压力仪表清单项目(编码:030601)

项目编码	项目名称	项目特征	计量单位	工程量计算规则	工作内容
030601001	温度仪表	1.名称 2.型号 3.规格 4.类型 5.套管材质、规格 6.挠性管材质、规格 7.支架形式、材质 8.调试要求	支	按设计图示数量计算	1.本体安装 2.套管安装 3.挠性管安装 4.取源部件配合安装 5.单体校验调整 6.支架制作、安装
030601002	压力仪表	1.名称 2.型号 3.规格 4.压力表弯材质、规格 5.挠性管材质、规格 6.支架形式、材质 7.调试要求 8.脱脂要求	台		1.本体安装 2.压力表弯制作、安装 3.挠性管安装 4.取源部件配合安装 5.单体校验调整 6.脱脂 7.支架制作、安装

(10)压力仪表阀门清单项目

《通用安装工程工程量计算规范》(GB 50856—2013)中,压力仪表阀门工程量清单项目的设置、项目特征描述的内容、计量单位及工程量计算规则,应按表2.4.9的规定执行,表中内容摘自该规范第95页。

表2.4.9 压力仪表阀门清单项目(编码:030611)

项目编码	项目名称	项目特征	计量单位	工程量计算规则	工作内容
030611001	仪表阀门	1.名称 2.型号 3.规格 4.材质 5.连接方式 6.研磨要求 7.脱脂要求	个	按设计图示数量计算	1.本体安装 2.研磨 3.脱脂

(11)刷油工程

《通用安装工程工程量计算规范》(GB 50856—2013)中,刷油工程工程量清单项目的设置、项目特征描述的内容、计量单位及工程量计算规则,应按表2.4.10的规定执行,表中内容摘自该规范第152页。

表 2.4.10　刷油工程清单项目(编码:031201)

项目编码	项目名称	项目特征	计量单位	工程量计算规则	工作内容
031201001	管道刷油	1.除锈级别 2.油漆品种 3.涂刷遍数、漆膜厚度 4.标志色方式、品种	1.m^2 2.m	1.以平方米计量,按设计图示表面积尺寸以面积计算 2.以米计量,按设计图示尺寸以长度计算	1.除锈 2.调配、涂刷
031201002	设备与矩形管道刷油				
031201003	金属结构刷油	1.除锈级别 2.油漆品种 3.结构类型 4.涂刷遍数、漆膜厚度	1.m^2 2.kg	1.以平方米计量,按设计图示表面积尺寸以面积计算 2.以千克计算,按金属结构的理论质量计算	
031201004	铸铁管、暖气片刷油	1.除锈级别 2.油漆品种 3.涂刷遍数、漆膜厚度	1.m^2 2.m	1.以平方米计量,按设计图示表面积尺寸以面积计算 2.以米计量,按设计图示尺寸以长度计算	

注:1.管道刷油以米计算,按图示中心线以延长米计算,不扣除附属构筑物、管件及阀门等所占长度。

2.涂刷部位:指涂刷表面的部位,如设备、管道等部位。

3.结构类型:指涂刷金属结构的类型,如一般钢结构、管廊钢结构、H 型钢钢结构等类型。

4.设备筒体、管道表面积:$S=\pi \cdot D \cdot L$,π——圆周率,D——直径,L——设备筒体高或管道延长米。

5.设备筒体、管道表面积包括管件、阀门、法兰、人孔、管口凹凸部分。

6.带封头的设备面积:$S=L \cdot \pi \cdot D+(D/2) \cdot \pi \cdot K \cdot N$,$K=1.05$,$N$——封头个数。

M.11　相关问题及说明

M.11.1　刷油、防腐蚀、绝热工程适用于新建、扩建项目中的设备、管道、金属结构等的刷油、防腐蚀、绝热工程。

M.11.2　一般钢结构(包括吊、支、托架,梯子,栏杆,平台)、管廊钢结构以千克(kg)为计量单位;大于400 mm 型钢及 H 型钢制结构以平方米(m^2)为计量单位,按展开面积计算。

M.11.3　由钢管组成的金属结构的刷油按管道刷油相关项目编码,由钢板组成的金属结构的刷油按 H 型钢刷油相关项目编码。

M.11.4　矩形设备衬里按最小边长塔、槽类设备衬里相关项目编码。

(12)防腐蚀工程

《通用安装工程工程量计算规范》(GB 50856—2013)中,防腐蚀工程工程量清单项目的设置、项目特征描述的内容、计量单位及工程量计算规则,应按表 2.4.11 的规定执行,表中内容摘自该规范第 153 页。

表 2.4.11　防腐蚀工程清单项目(编码:031202)

<table>
<tr><th>项目编码</th><th>项目名称</th><th>项目特征</th><th>计量单位</th><th>工程量计算规则</th><th>工作内容</th></tr>
<tr><td>031202002</td><td>管道
防腐蚀</td><td rowspan="3">1.除锈级别
2.涂刷(喷)品牌
3.分层内容
4.涂刷(喷)遍数、漆膜厚度</td><td>1.m²
2.m</td><td>1.以平方米计量,按设计图示表面积尺寸以面积计算
2.以米计量,按设计图示尺寸以长度计算</td><td rowspan="3">1.除锈
2.调配、涂刷(喷)</td></tr>
<tr><td>031202003</td><td>一般钢结构
防腐蚀</td><td rowspan="2">kg</td><td>按一般钢结构的理论质量计算</td></tr>
<tr><td>031202004</td><td>管廊钢结构
防腐蚀</td><td>按管廊钢结构的理论质量计算</td></tr>
<tr><td>031202008</td><td>埋地管道
防腐蚀</td><td rowspan="2">1.除锈级别
2.刷缠品种
3.分层内容
4.刷缠遍数</td><td rowspan="2">1.m²
2.m</td><td rowspan="2">1.以平方米计量,按设计图示表面积尺寸以面积计算
2.以米计量,按设计图示尺寸以长度计算</td><td>1.除锈
2.刷油
3.防腐蚀
4.缠保护层</td></tr>
<tr><td>0310202009</td><td>环氧煤沥
青防腐蚀</td><td>1.除锈
2.涂刷、缠玻璃布</td></tr>
<tr><td>031202010</td><td>涂料聚合
一次</td><td>1.聚合类型
2.聚合部位</td><td>m²</td><td>按设计图示表面积计算</td><td>聚合</td></tr>
<tr><td colspan="6">注:1.分层内容:指应注明每一层的内容,如底漆、中间漆、面漆及玻璃丝布等内容。
2.如设计要求热固化需注明。
3.设备筒体、管道表面积:$S=\pi \cdot D \cdot L$,π——圆周率,D——直径,L——设备筒体高或管道延长米。
4.阀门表面积:$S=\pi \cdot D \cdot 2.5D \cdot K \cdot N$,$K$——1.05,$N$——阀门个数。
5.弯头表面积:$S=\pi \cdot D \cdot 1.5D \cdot 2\pi \cdot N/B$,$N$——弯头个数,$B$ 值取定:90°弯头 $B=4$;45°弯头 $B=8$。
6.法兰表面积:$S=\pi \cdot D \cdot 1.5D \cdot K \cdot N$,$K$——1.05,$N$——法兰个数。
7.设备、管道法兰翻边面积:$S=\pi \cdot (D+A) \cdot A$,$A$——法兰翻边宽。
8.带封头的设备面积:$S=L \cdot \pi \cdot D+(D^2/2) \cdot \pi \cdot K \cdot N$,$K$——1.5,$N$——封头个数。
9.计算设备、管道内壁防腐蚀工程量,当壁厚大于 10 mm 时,按其内径计算;当壁厚小于 10 mm 时,按其外径计算。</td></tr>
</table>

2.4.2　建立预算文件体系

清单计价方式使用的主要文件类型是招标工程量清单和投标预算书(或招标控制价)。它们均是建立在“预算文件体系”上的。

1)建立预算文件体系

(1)预算文件体系的概念

预算文件体系是指预算文件按照基本建设项目划分的规则,从建设项目起至分项工程止的构成关系,如表 2.4.12 所示。

表 2.4.12　预算文件体系

项目划分	软件新建工程命名	图示
建设项目	某所职业学院	
单项工程	学生宿舍 D 栋	
单位工程	建筑安装工程	
分部工程	消防工程	
子分部工程	消火栓系统	
分项工程	消防箱、消火栓管网等	

(2)建立预算文件夹

建立预算文件夹的具体操作可参照 1.4.2 节中的相应内容。

2)广联达计价软件的使用方式

广联达计价软件有两种登录方式,具体操作可参照 1.4.2 节中的相应内容。

2.4.3　编制投标预算书

在已经建立的"预算文件体系"上,以学生宿舍 D 栋(单项工程)为例,采用已知"招标工程量清单"(见本书配套教学资源包),编制投标预算书(或招标控制价)。

1)投标预算书编制的假设条件

①本工程是一栋6层的学生宿舍,项目所在地是市区;

②承包合同约定人工按市场价100元/工日调整;

③物资供应方式均选择乙供,所有的型钢按3 000元/t[含税价,税率按13%计算,折算系数为1/(1+13%)≈0.885]暂估价计入,其他未计价材料暂不计价;

④暂列金额150 000元,总承包服务费率按11.32%选取;

⑤计税方式采用增值税一般计税法。

2)导入工程量数据

导入工程量数据是编制投标预算书的基础工作,具体操作见表1.4.22。

3)套用计价定额

套用计价定额是编制投标预算书的基本工作之一,具体操作如表2.4.13所示。

表2.4.13 套用计价定额

步骤	工 作	图 标	工具→命令	说 明
3.1	复制材料	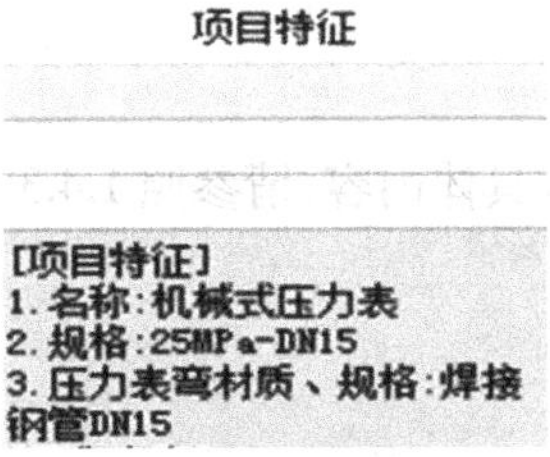	分部分项→Ctrl+C	
3.2	选择定额	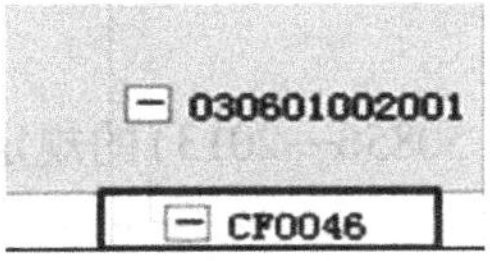	分部分项→双击工具栏符号“…”	
3.3	修改材料		未计价材料→Ctrl+V	修改后宜习惯性点击空格
3.4	逐步重复以上操作步骤			
3.5	逐项检查工程量表达式	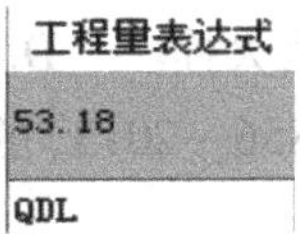	分部分项→工程量表达式→(定)QDL	此软件必须执行的程序
3.6	补充人材机			区分设备与未计价材料

续表

步骤	工　作	图　标	工具→命令	说　明
3.7	修改含量	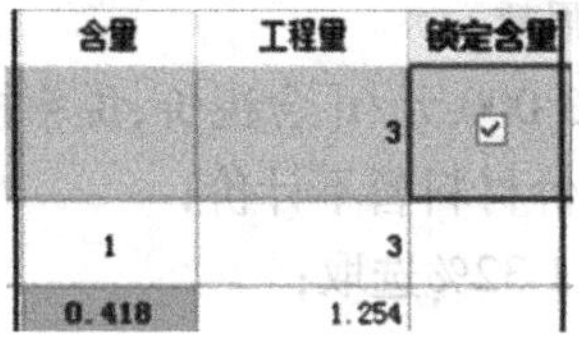	分部分项→含量→系数	涉及套管长度尺寸的调整

4)各项费用计取

各项费用计取既包括计价定额规定的综合系数,也包括费用定额规定的取费,具体操作见表1.4.24。

5)人材机调价

人材机调价主要是针对人工单价和计取设备单价、未计价材料单价进行调整,具体操作见表1.4.25。

6)导出报表

选择报表的依据、选择报表的种类、报表导出等具体内容,请参照1.4.3节“6)导出报表”。

习题

1.单项选择题

(1)依据《通用安装工程工程量计算规范》(GB 50856—2013)的规定,以下(　　)未包含在水灭火系统的清单项目中。

A.消火栓钢管　　B.消火栓管道支架　　C.室内消火栓　　D.减压孔板

(2)依据《通用安装工程工程量计算规范》(GB 50856—2013)的规定,以下(　　)内容未包含在灭火器清单工作内容中。

A.灭火器形式　　B.灭火器规格型号　　C.灭火器的设置　　D.连接消火栓的支管

(3)依据《通用安装工程工程量计算规范》(GB 50856—2013)的规定,屋顶试验消火栓应套用(　　)清单项目。

A.螺纹阀门　　B.室内消火栓　　C.室外消火栓　　D.消防水泵接合器

(4)依据《通用安装工程工程量计算规范》(GB 50856—2013)的规定,凿(压)槽、打洞分项工程对应于(　　)的相应清单项目。

A.附录J“消防工程”　　B.附录K“给排水、采暖、燃气工程”

C.附录D“电气设备安装工程”　　D.附录M“刷油、防腐蚀、绝热工程”

(5)依据《通用安装工程工程量计算规范》(GB 50856—2013)的规定,热浸镀锌的消火栓管道刷油清单项目特征不包含(　　)。

A.油漆品种　　B.除锈级别

C.涂刷遍数、漆膜厚度　　D.标志色方式、品种

2.多项选择题

(1)依据《通用安装工程工程量计算规范》(GB 50856—2013)的规定,灭火器清单的工作内容应明确(　　)。

A.落地消火栓箱中的灭火器　　B.放置式灭火器

C.挂墙式灭火器　　D.放置式灭火器放置箱

E.挂墙式灭火器放置箱

(2)依据《通用安装工程工程量计算规范》(GB 50856—2013)的规定,消火栓系统的以下项目(　　)应选择附录K"给排水、采暖、燃气工程"的相应项目。

A.管道支架的制作安装　　B.阀门安装

C.各种套管的制作安装　　D.沟槽式连接的室内消火栓管道

E.水箱制作安装

(3)依据《通用安装工程工程量计算规范》(GB 50856—2013)的规定,消防水泵接合器包括(　　)的相应项目。

A.法兰接管及弯头安装　　B.接合器井内阀门

C.接合器井内弯管底座　　D.接合器井内标牌

E.接合器井内管道

2.5　消火栓系统BIM建模实务

2.5.1　消火栓系统BIM建模前应知

1)以CAD为基础建立BIM模型

详见"1.5.1　生活给水系统BIM建模前应知"中的相应内容。

2)BIM(建筑信息模型)建模的常用软件

详见"1.5.1　生活给水系统BIM建模前应知"中的相应内容。

3)首推广联达算量软件用于安装工程计量的理由

详见"1.5.1　生活给水系统BIM建模前应知"中的相应内容。

4)建模操作前已知的"三张表"

建模操作前请下载以下三张参数表(见本书配套教学资源包)作为后续学习的基础:

①消火栓系统"BIM建模楼层设置参数表"(详见电子文件表2.5.1)。

②消火栓系统"BIM建模系统编号设置参数表"(详见电子文件表2.5.2)。

③消火栓系统"BIM建模构件属性定义参数表"(详见电子文件表2.5.3)。

2.5.2 消火栓系统广联达 BIM 建模

1)新建子分部工程文件夹

打开广联达 BIM 安装计量(GQI2018)软件,建立消火栓系统文件夹,确定相关专业,这是建模的第一步,具体操作见表 1.5.1,区别在专业选择上应为“消防”。

2)选择定位点

①同一单项工程选择同一个定位点。学生宿舍 D 栋是以中部楼梯间外墙右下角顶点为定位点,见图 1.5.1。

②本工程第一次需要放置 CAD 图纸的楼层,见表 2.5.1。

表 2.5.1 第一次需要放置 CAD 图纸的楼层

施工图参数				模型参数			备注
楼层表述	绝对标高(m)	相对标高(m)	层高(mm)	楼层表述	标高(mm)	层高(mm)	
道路(基础)	318.00	-5.0	5 000	0	-5 000	5 000	
1 层给排水平面	323.00	0.00	3 300	1	0	3 300	第一次放置 CAD
2~6 层给排水平面		3.3	3 300	2,5	3 300	3 300	第一次放置 CAD
2~6 层给排水平面	339.5	16.5	3 300	6	16 500	3 300	
屋顶层给排水平面		19.8		7	19 800	3 300	第一次放置 CAD

3)导入 CAD 施工图

当设计方将多专业或多楼栋绘制在一张施工图中时,必须将不同楼层进行分割处理,具体操作见表 1.5.3。

4)构件属性定义

对于管道构件,如果管道在各楼层管径不同,需按标高分别设置。对于图纸中阀门和管道附件无图例符号的(如防污隔断阀组、压力表组、排气阀组等),则必须设定规格。构件属性定义的具体操作如表 2.5.2 所示。

表 2.5.2 构件属性定义

步骤	工 作	图 标	工具→命令	说 明
3.1	室内消火栓箱属性定义	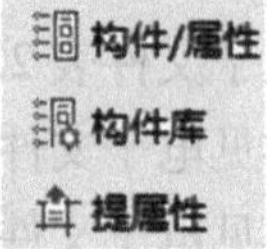	消火栓→构件/属性	

续表

步骤	工 作	图 标	工具→命令	说 明
3.2	水泵接合器属性定义	构件/属性 构件库 提属性	水泵接合器→构件/属性	无图例者需定阀门规格
3.3	管道属性定义	构件/属性 构件库 提属性	管道→构件/属性	构件设置：设备/消防报警
3.4	阀门属性定义	构件/属性 构件库 提属性	阀门法兰→构件/属性	
3.5	套管属性定义	构件/属性 构件库 提属性	套管→构件/属性	

5)管网的立项计量

(1)消火栓箱和管道立项计量

对于设备与管线布置，具体操作如表2.5.3所示。

表2.5.3 管网的立项识别计量

步骤	工 作	图 标	工具→命令	说 明
4.1	室内消火栓箱	消防 消火栓(消)(H) 喷头(消)(T) 消防设备(消)(S)	消防→消火栓	
4.2	图例识别	图例识别	图例→设置连接点→选择楼层	
4.3	屋顶试验消火栓	消防 消火栓(消)(H) 喷头(消)(T) 消防设备(消)(S)	消防→消火栓	
4.4	图例识别	图例识别	图例→设置连接点→选择楼层	

续表

步骤	工　作	图　标	工具→命令	说　明
4.5	消防水泵接合器（首层）	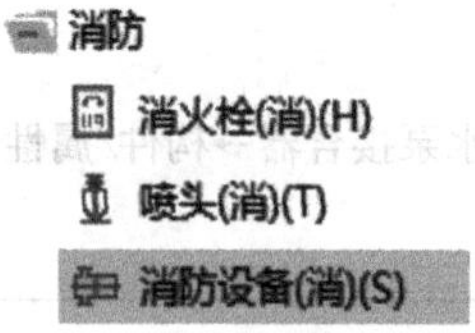	消防→消防设备→消防水泵接合器（首层）	
4.6	图例识别		图例→设置连接点→选择楼层	
4.7	布置水平管	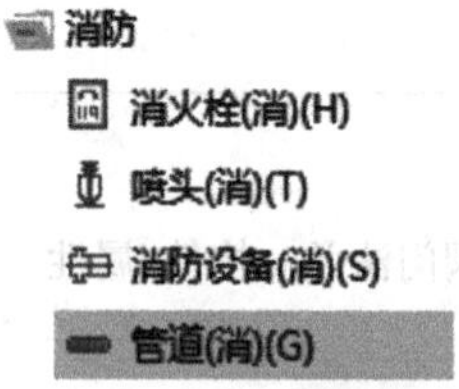	直线→管道	
4.8	标高修改	 属性 属性名称 | 属性值 1 名称 | XHSMH-1 2 系统类型 | 喷淋灭火系统 3 系统编号 | (XH1) 4 材质 | 镀锌钢管 5 管径规格(mm) | 25 6 起点标高(m) | 层顶标高 7 终点标高(m) | 层顶标高 8 管件材质 | (钢制) 9 连接方式 | (螺纹连接) 10 所在位置 |	属性→属性值	对相同系统不同标高的管道，可单独选中，修改属性标高值
4.9	布置立管		选择相应管道→布置立管	立管上面布置阀门需设置布置标高
4.10	布置支管	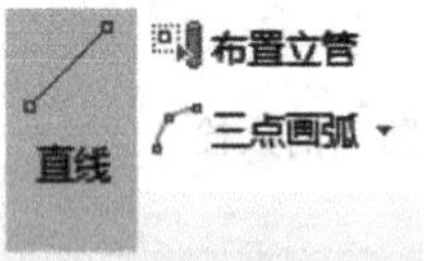	直线→管道	
4.11	布置阀门		阀门法兰→点	
4.12	布置闸阀		阀门法兰→点	
4.13	布置Y型过滤器		阀门法兰→点	

续表

步骤	工　作	图　标	工具→命令	说　明
4.14	橡胶软接头	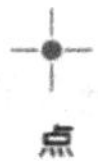 点	阀门法兰→点	
4.15	布置蝶阀	 点	阀门法兰→点	
4.16	墙	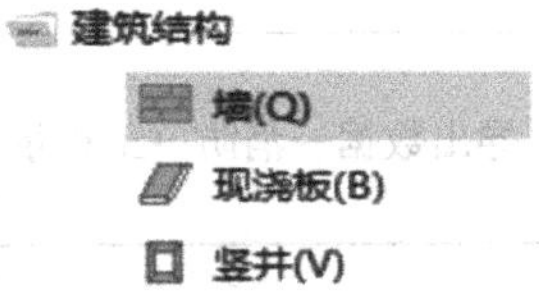 建筑结构 墙(Q) 现浇板(B) 竖井(V)	建筑结构→墙→自动识别	
4.17	套管	 生成套管 识别	零星构件→生成套管	

(2)表格输入

图纸中没有图例,不能直接用“绘图”进行计量的,可以采用表格输入的形式,具体操作如表 2.5.4 所示。

表 2.5.4　表格输入

步骤	工　作	图　标	工具→命令	说　明
5.1	表格输入	 表格输入 表格输入	管道附件→表格输入	
5.2	套管	 表格输入 添加 复制	添加套管	

2.5.4　汇总计算及导出报表

检查无误后即可进行汇总计算,导出报表,具体操作如表 2.5.5 所示。

表 2.5.5　汇总计算及导出报表

步骤	工　作	图　标	工具→命令	说　明
6.1	汇总计算		汇总计算→全部楼层	
6.2	自动套用清单		自动套用清单	
6.3	导出数据		导出数据→消防→工程量汇总表	

2.6　消火栓系统识图实践

识读消火栓系统施工图时，首先查看图纸目录，然后看设计及施工说明、图例表、主要设备材料表，明确设计要求，再把平面图和系统图对照起来识读，最后阅读详图和标准图集。

2.6.1　目录及设计说明识读

1)识读图纸目录

从图纸目录中可以了解本工程施工图的绘制情况。建筑布局中具有相同功能和结构的“2~6层”是建筑的标准层，如图2.6.1所示。在后面的读图中还需确定具体的楼层是否具有安装的标准层特征。除读本专业施工图外，还需要读建筑施工图获得层高等数据，详见图1.6.2。

图纸目录

序号	图号	图纸名称	规格	张数	备注
1	水施01	目录 图例 主要设备材料表	2	1	
2	水施02	给水排水设计说明	2	1	
3	水施03	1层给排水平面图	1	1	
4	水施04	2~6层给排水平面图	1	1	
5	水施05	屋顶层给排水平面图	1	1	
6	水施06	给排水原理图及卫生间详图	1	1	

> 因为6层设置了顶层环网，所以安装的标准层是“2~5层”

图 2.6.1　图纸目录

2)识读设计说明

从设计说明中可以了解本工程的建筑概况，消火栓系统的主要设计参数，消火栓系统室内管网和室外管网的关系，管道材质及连接方式，消火栓箱的配置要求，管道敷设(套管)、试验、油漆防腐的要求以及采用的相关国家标准和标准图集的情况，如图 2.6.2 所示。

2. 工程概况：本工程为学院学生宿舍D栋，建筑面积为9 887.43 m²，最大高度23 m，属多层民用建筑。【非高层建筑，没有地下室】

3. 尺寸单位：除注明者外，本施工图标高以米计，其他以毫米计。

4. 本工程±0.000相当于绝对高程，见建施。

5. 管道标高表示：所有给水管道均指管中心标高，排水管道室内部分为管中心标高，室外部分均指管底标高。【管中心线标高，管径空间不同】

四、消防系统

1. 在校区室外给水干管上设置室外消火栓（详见给排水总平面图）。【室外消火栓查S201第8页】

2. 在室内每个消防箱处设置两个4 kg ABC手提式干粉灭火器，详99S202甲型。【消火栓箱查S202第12页】

3. 消火栓系统的管材为热浸镀锌钢管，DN＞80者沟槽连接，其余丝接。【金属管（涉及油漆），DN80应该采用丝接】

4. 室内消防用水量为15 L/s，室外消防用水量为25 L/s。

5. 市政可资用水压为0.45 MPa，能满足本工程的消防用水要求。【不需要采用临时水泵加压】

七、阀门及配件

给水管小于等于DN50采用钢质截止阀，大于DN50采用蝶阀。

八、管道敷设及安装

4. 所有管道穿越墙体，楼面均应预埋钢套管或孔洞，套管尺寸比管道大二级，套管高出楼面50~100 mm。

九、管道防腐和保温

埋地金属管施工前刷石油沥青二道，室内明装金属管在除锈后，刷红丹二道，再刷银粉二道。热水管采用厚度δ10橡塑保温材料。【宜通过向设计单位质疑，明确（不除锈，不刷红丹）管道外刷红色调和漆二道】

十、采用的标准图

1. 卫生设备安装详99S304；

2. 检查井做法详02S515；

3. 给排水管道支架做法详03S402；【罗列的可用，但不限于此】

图 2.6.2　设计说明

3) 识读主要设备材料表

在主要设备材料表中，可以了解本工程选择的主要设施（也称为预算项目）及技术参数；点状设施（也称为计数型预算项目）的型号与规格等要求，特别是防污隔断阀是组合件，如图 2.6.3 所示。

4) 识读图例表

图例表中标注了本工程主要设施在图上的表达符号，宜与国家标准符号进行对比，有助于快速读图，如图 2.6.4 所示。

主要设备材料表

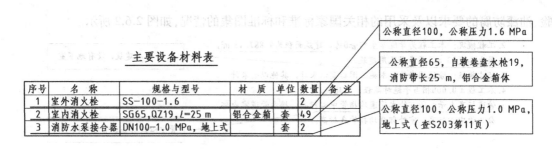

序号	名称	规格与型号	材质	单位	数量	备注
1	室外消火栓	SS-100-1.6			2	
2	室内消火栓	SG65,QZ19,L=25 m	铝合金箱	套	49	
3	消防水泵接合器	DN100-1.0 MPa，地上式		套	2	
8	防污隔断阀	HS41X-16A		组	2	含Y型过滤器，可曲绕接头
9	延时自闭冲洗阀	DN25 脚踏式		个	324	
10	雨水口			个	按需	
11	压力表			个	1	
13	截止阀	DN100/DN80/DN50/DN40		个	按需	
14	蝶阀	DN100 DA71X-16		个	按需	
15	止回阀	DN100/DN70/DN50		个	按需	
16	手提式灭火器	4ABC级磷酸铵盐		个	98	

公称直径100，公称压力1.6 MPa

公称直径65，自救卷盘水枪19，消防带长25 m，铝合金箱体

公称直径100，公称压力1.0 MPa，地上式（查S203第11页）

又称为倒流防止器，查S108第10页

弹簧压力表，查R901第3页

图 2.6.3　主要设备材料表

图　例

与消火栓系统相关

符号	名称	符号	名称
	截止阀		压力表
	止回阀		台面式洗脸盆
	水表井、水表		延时自闭冲洗阀
	蝶阀		污水池
	检查井		蹲式大便器
	给水管		小便器
	排水管		通风帽
	水龙头		检查口
	雨水口		圆形地漏
	存水弯		雨水斗
	防污隔断阀		淋浴器
	水泵接合器		室内消火栓

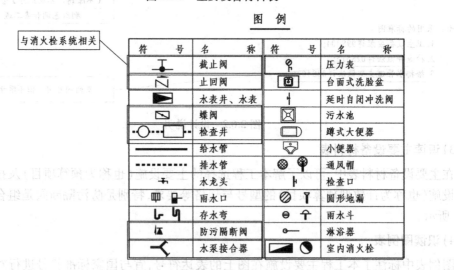

图 2.6.4　图例表

2.6.2　识读消火栓系统图

以学生宿舍 D 栋消火栓系统图为例，识读结果如下：

①系统图反映立管与阀门的位置关系；平面图反映管道与建筑位置之间的关系。

②室外消火栓管网与室内消火栓管网的分界：以防污隔断阀组和消防水泵结合器(组)为界，本工程共设有两处进水点。

③室内消火栓系统的组成：在管网的地下与顶层均设置了水平环网，将贯通立管加以串联，并且环网和立管的管径相同，从立管引出支管连接各消火栓(箱)；立管的两端均设置了关断(检修)阀门；屋顶处设有试验消火栓、压力表、自动排气阀以及表前截止阀。

④参考标准图集中节点大样：防污隔断阀组、消防水泵结合器(组)、室内和室外消火栓(箱)、弹簧压力表(组)以及管道支架和套管等均需要依据标准图集中的节点大样图才能准确识读。

2.6.3　消火栓系统涉及的标准图集节点

1) 室外消火栓系统使用的主要标准图

室外消火栓系统使用的主要标准图如图2.6.5至图2.6.7所示。

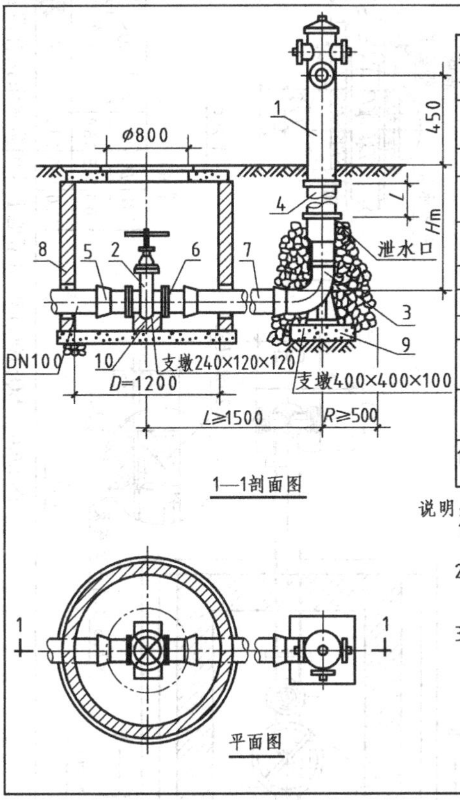

主要设备及材料表

编号	名称	规格 1.0 MPa	规格 1.6 MPa	材料	单位	数量	备注
1	地上式消火栓	SS100/65-1.0	SS100/65-1.6		套	1	
2	闸阀	Z45T-10 DN100	Z45X-16 DN100		个	1	
3	弯管底座	DN100×90°承盘	DN100×90°承盘	铸铁	个	1	与消火栓配套供应
4	法兰接管	长度 l=250,500,…,1750		铸铁	个	1	由设计人选定长度
5	短管甲	DN100		铸铁	个	1	
6	短管乙	DN100		铸铁	个	1	
7	铸铁管	DN100		铸铁	根	1	
8	圆形立式闸阀井	D=1200			套	1	详见图集01S502
9	混凝土支墩	400×400×100		C20	m^3	0.02	
10	砖壁支墩	240×120×120		砖MU7.5 砂浆M7.5	m^3	0.01	

说明：

1. 消火栓采用SS100/65-1.0型或SS100/65-1.6型地上式消火栓，该消火栓有两个DN65和一个DN100的出水口。
2. 凡埋入土中的法兰接口涂沥青冷底子油及热沥青各两道，并用沥青麻布或用0.2 mm厚塑料薄膜包严，其余管道和管件的防腐做法由设计人确定。
3. 根据管道埋深的不同，可选用不同长度的法兰接管，使管道覆土深度Hm可以从1050 mm逐档加高到2800 mm，每档为250 mm。

室外地上式消火栓安装图（SS100/65型）支管深装	图集号	01S201
审核　校对　设计	页	8

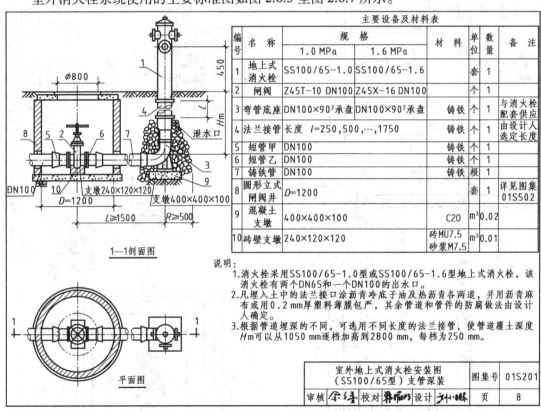

图2.6.5　室外地上式消火栓安装图

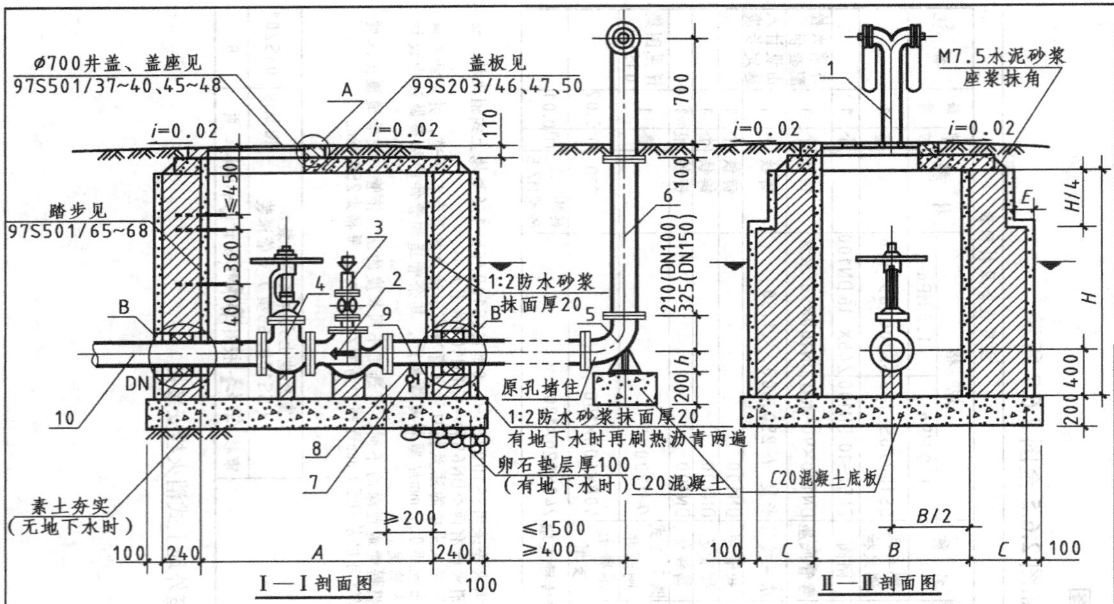

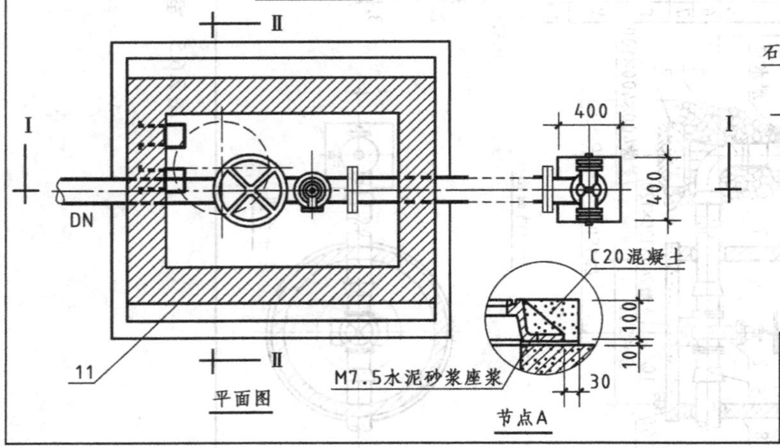

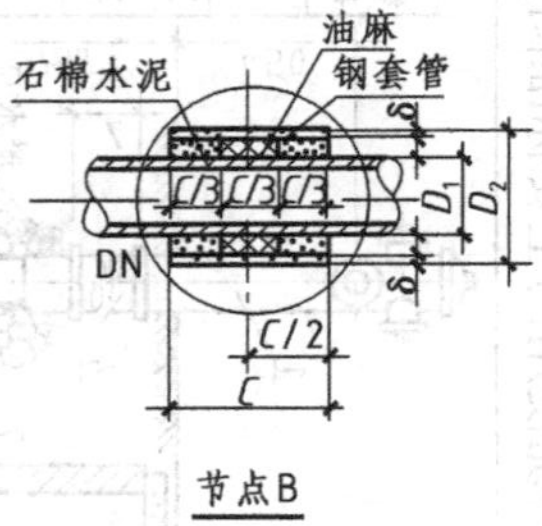

主要尺寸及工程量汇总表

管径	主要尺寸						工程量			
DN	A	B	H	C	E	h	砖砌体(m³)	混凝土(m³)	钢筋(kg)	每米高水泥砂浆抹面(m²)
100	1250	1250	1200	240	0	108	1.72	0.93	12.94	11.92
			1500	240	0	108	2.15	0.93	12.94	11.92
			1900	240	0	108	2.72	0.93	12.94	11.92
			2300	370	130	108	4.07	1.04	12.94	12.44
			2700	370	130	108	4.77	1.04	12.94	12.44
150	1500	1250	1500	240	0	140	2.32	1.06	14.00	12.92
			1900	240	0	140	2.95	1.06	14.00	12.92
			2300	370	130	140	4.45	1.17	14.00	13.44
			2700	370	130	140	5.23	1.17	14.00	13.44

材料表

件号	名称	规格	单位	数量	备注
1	消防接口本体	DN100或150	个	1	
2	止回阀	DN100或150	个	1	
3	安全阀	DN32	个	1	
4	闸阀	DN100或150	个	1	
5	90°弯头	DN100或150	个	1	
6	法兰接管	DN100或150	根	1	管长自定
7	截止阀	DN25	个	1	
8	镀锌钢管	DN25	m	0.2	
9	法兰直管	DN100或150	根	1	管长自定
10	法兰直管	DN100或150	根	1	管长自定
11	阀门井		座	1	

说明：

1. 砖砌体：有地下水时用MU10机制砖，M7.5水泥砂浆砌筑；无地下水时用MU7.5机制砖，M5水泥砂浆砌筑。
2. 支墩必须托住阀体，四周用M7.5水泥砂浆抹八字填实。
3. 铸铁管件内外壁涂沥青冷底子油两遍，外壁再涂热沥青两遍；钢制管件热浸镀锌或采用镀锌钢管卡箍式接头；消防接口本体外表为红色。
4. 有条件时也可将阀门组件安装在室内，取消接合器井，具体布置由设计考虑。
5. 节点B说明详见99S203/23说明5。
6. 本图尺寸均以mm计。
7. 生产厂：全国各地消防器材厂。

节点B尺寸表

DN	D_1	D_2	δ
100	118	168	5
150	169	219	6

SQS100/150—A型地上式消防水泵接合器安装图（单组布置、砖砌井室、顶面不过汽车）				图集号	99S203
审核	环捷	校对	[签名]	设计 陈建明	页 11

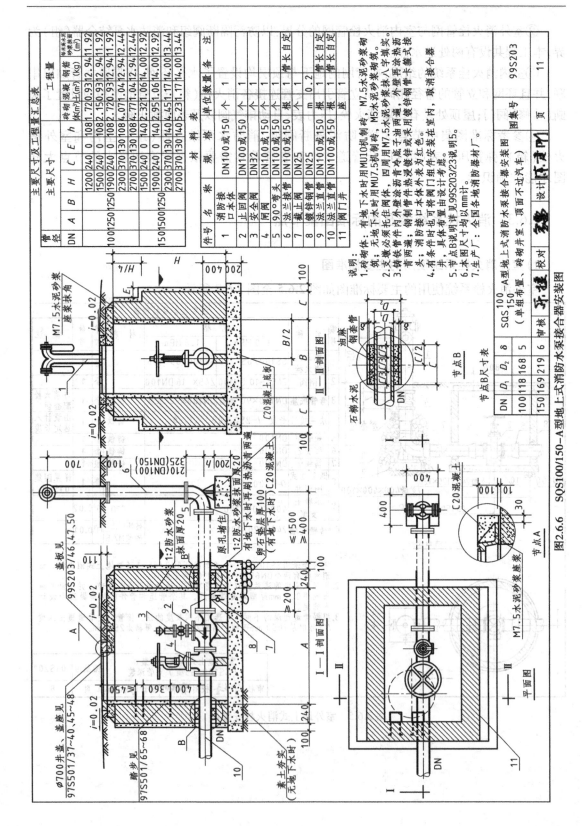

图2.6.6　SQS100/150-A型地上式消防水泵接合器安装图

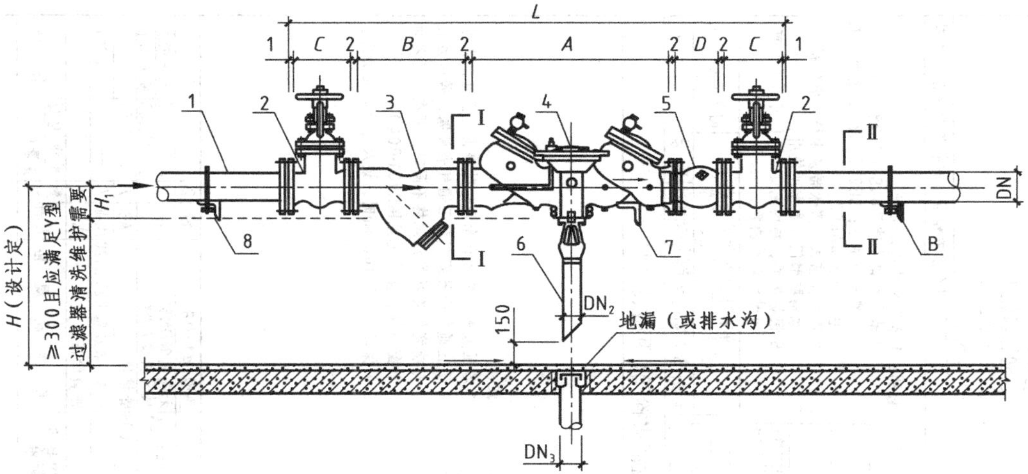

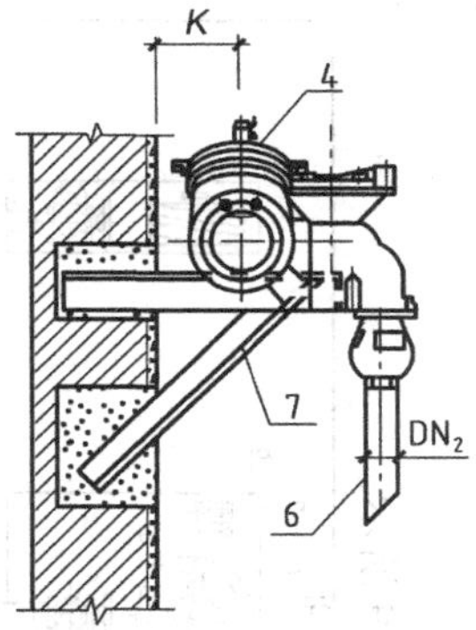

I—I 剖面图

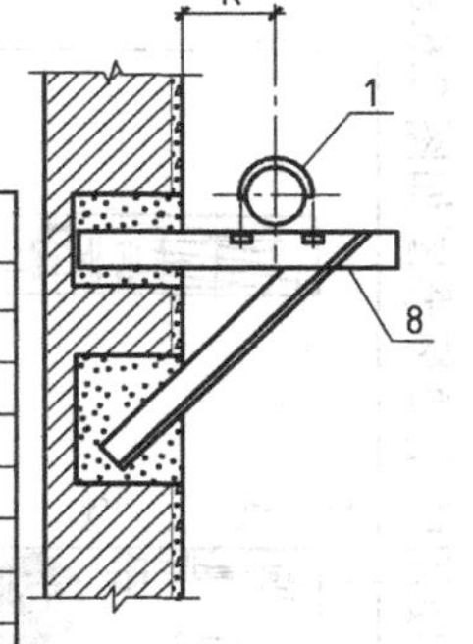

II—II 剖面图

说明：

1.本图适用于法兰连接倒流防止器阀组（不带水表）室内明装，也可用于室外靠建筑物外墙安装。

2.图中H由设计人员参照第11页安装尺寸表中数据确定。

3.倒流防止器本体带过滤装置时，阀组不再配置Y型过滤器。安装在消防给水管道上的倒流防止器阀组是否配置Y型过滤器，由设计人员根据现行消防规范的要求确定。

4.地漏（或带水沟）的设置位置、规格、尺寸由单项工程设计人员确定。

5.如倒流防止器阀组安装位置距墙面较远，用于固定阀组的支架可改用托架、支座或支墩。支架、托架及支座做法详见国标03S402。支墩可采用砖砌或采用C20混凝土浇筑。

6.当有结冻可能时，应对倒流防止器阀组及明设管段采取防冻保温或电伴热措施。保温做法可参照国标03S401由单项工程设计人员确定。

7.法兰连接不带水表倒流防止器阀组采用闸阀或蝶阀时的图例分别为：

8.倒流防止器阀组设置与安装应注意的其他事项详见总说明第6、第7条。

主要器材表

编号	名 称	型号规格	单位	数量	备 注
1	给水管	DN			管材材质由设计定
2	闸阀	DN Z41T-10 Z41H-16C	个	2	或采用蝶阀
3	Y型过滤器	DN PN=1.0 MPa 1.6 MPa	个	1	
4	倒流防止器	DN PN=1.0 MPa 1.6 MPa	个	1	
5	可曲挠橡胶管接头	DN PN=1.0 MPa 1.6 MPa	个	1	或采用管道伸缩器
6	排水管	DN_2			管材材质由设计定
7	倒流防止器支架		个	1	参照国标03S402/51
8	管道支架		个	2	参照国标03S402/51

法兰连接倒流防止器室内安装（不带水表）				图集号	05S108
审核	校对		设计	页	10

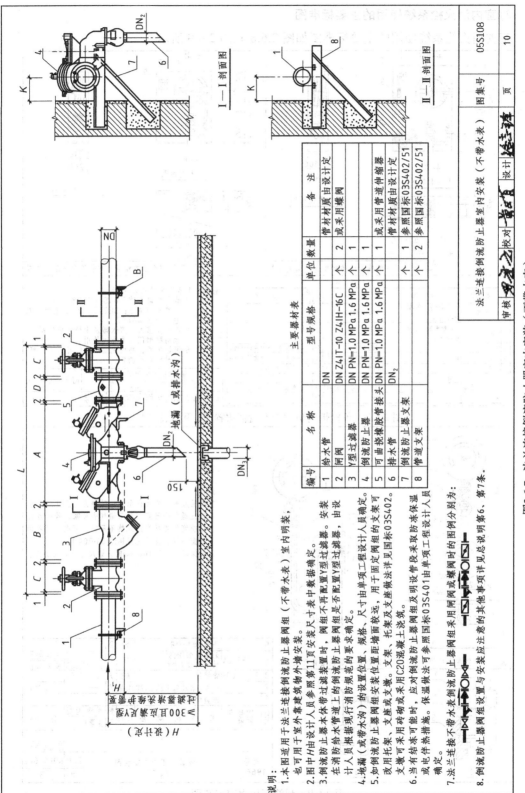

图2.6.7 法兰连接倒流防止器室内安装（不带水表）

2)室内消火栓系统使用的主要标准图

室内消火栓系统使用的主要标准图如图 2.6.8 和图 2.6.9 所示。

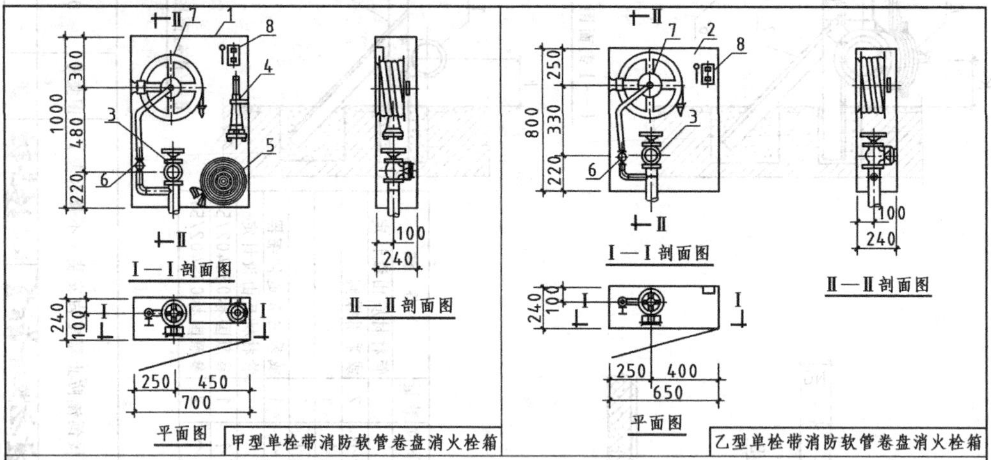

主要器材表

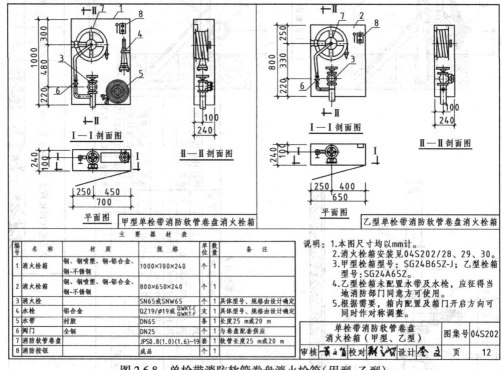

编号	名称	材质	规格	单位	数量	备注
1	消火栓箱	钢、钢喷塑、钢-铝合金、钢-不锈钢	1000×700×240	个	1	
2	消火栓箱	钢、钢喷塑、钢-铝合金、钢-不锈钢	800×650×240	个	1	
3	消火栓		SN65或SNW65	个	1	具体型号、规格由设计确定
4	水枪	铝合金	QZ19/φ19或 QWKT-E QWKT-F	支	1	具体型号、规格由设计确定
5	水带	衬胶	DN65	条	1	长度25 m或20 m
6	阀门	全铜	DN25	个	1	与卷盘配套供应
7	消防软管卷盘		JPS0.8(1.0)(1.6)-19	套	1	软管长度25 m或20 m
8	消防按钮		成品	个	1	

说明：1.本图尺寸均以mm计。
2.消火栓箱安装见04S202/28、29、30。
3.甲型栓箱型号：SG24B65Z-J；乙型栓箱型号：SG24A65Z。
4.乙型栓箱未配置水带及水枪，应征得当地消防部门同意方可使用。
5.根据需要，箱内配置及箱门开启方向可同时作对称调整。

单栓带消防软管卷盘消火栓箱（甲型、乙型）		图集号	04S202
审核	校对 设计	页	12

图 2.6.8 单栓带消防软管卷盘消火栓箱(甲型、乙型)

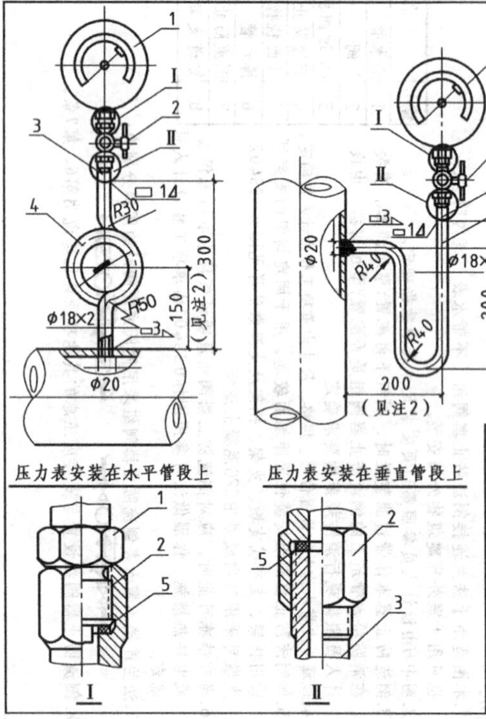

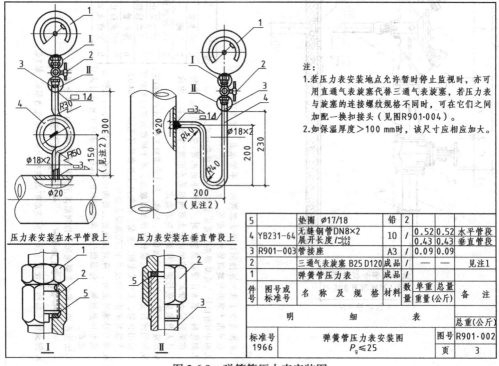

注：
1.若压力表安装地点允许暂时停止监视时，亦可用直通气表旋塞代替三通气表旋塞，若压力表与旋塞的连接螺纹规格不同时，可在它们之间加配一换扣接头（见图R901·004）。
2.如保温厚度＞100 mm时，该尺寸应相应加大。

件号	图号或标准号	名称及规格	材料	数量	单重	总量	备注
5		垫圈 φ17/18	铅	2			
4	YB231-64	无缝钢管DN8×2 展开长度 $l=\frac{660}{540}$	10	/	0.52	0.52	水平管段
					0.43	0.43	垂直管段
3	R901-003	管接座	A3	/	0.09	0.09	
2		三通气表旋塞 B25 D120	成品	/	—	—	见注1
1		弹簧管压力表	成品	/			
		明细表			重量(公斤)	总重(公斤)	

标准号 1966	弹簧管压力表安装图 $P_g \leq 25$	图号	R901·002
		页	3

图 2.6.9 弹簧管压力表安装图

实训任务

任务:识读某办公楼消火栓系统并整理出 BIM 建模“三张表”。

2.7　消火栓系统识图理论

下面结合国家标准图集,对消火栓系统识图理论进行系统学习。

2.7.1　室外消火栓系统节点大样

1)室外消火栓节点大样

表2.7.1

室外消火栓节点大样见标准图集《室外消火栓安装》(01S201),如表2.7.1所示。

表 2.7.1　室外消火栓系统节点大样(摘录)

名　称	页　码	摘　要
室外地上式消火栓之一	6	(SS100/65 型)支管浅装
室外地上式消火栓之二	7	(SS150/80 型)支管浅装
室外地上式消火栓之三	8	(SS100/65 型)支管深装
室外地上式消火栓之四	11	(SS150/80 型)干管安装(Ⅰ)
室外地下式消火栓之一	16	(SA100/65 型)支管浅装
室外地下式消火栓之二	18	(SA100 型)支管浅装
室外地下式消火栓之三	21	(SA100/65 型)支管深装
室外地下式消火栓之四	25	(SA100 型)干管安装

2)消防水泵接合器节点大样

表2.7.2

消防水泵接合器节点大样见标准图集《消防水泵接合器安装》(99S203),如表 2.7.2 所示。

表 2.7.2　消防水泵接合器节点大样(摘录)

名　称	页　码	摘　要
墙壁式消防水泵接合器之一	5	(SQB100/150—A 型)墙壁式消防水泵接合器
墙壁式消防水泵接合器之二	6	(SQB100/150—B 型)墙壁式消防水泵接合器
地上式消防水泵接合器之一	11	(SQS100/150—A 型)地上式消防水泵接合器
地上式消防水泵接合器之二	12	(SQS100/150—B 型)地上式消防水泵接合器
地下式消防水泵接合器之一	17	(SQS100/150—A 型)地下式消防水泵接合器
地下式消防水泵接合器之二	18	(SQS100/150—B 型)地下式消防水泵接合器

续表

名　称	页　码	摘　要
地上式消防水泵接合器	23	(SQS100/150—A 型)地上式消防水泵接合器(两组并列)
地下式消防水泵接合器	25	(SQS100/150—A～F 型)地上式消防水泵接合器(两组并列)

表2.7.3

3)倒流防止器(防污隔断阀)节点大样

倒流防止器节点大样见标准图集《倒流防止器(防污隔断阀)安装》(05S108),如表 2.7.3 所示。

表 2.7.3　倒流防止器节点大样(摘录)

名　称	页　码	摘　要
螺纹连接倒流防止器之一(带水表)	5	螺纹连接倒流防止器室内安装(带水表)
螺纹连接倒流防止器之二(带水表)	7	螺纹连接倒流防止器室内安装(不带水表)
法兰连接倒流防止器之一(带水表)	9	法兰连接倒流防止器室内安装(带水表)
法兰连接倒流防止器之二(不带水表)	10	法兰连接倒流防止器室内安装(不带水表)
法兰连接倒流防止器室内安装尺寸	11	法兰连接倒流防止器室内安装尺寸表
法兰连接倒流防止器之三(带水表)	12	法兰连接倒流防止器室外安装(带水表)
法兰连接倒流防止器之四(不带水表)	13	法兰连接倒流防止器室外安装(不带水表)
法兰连接倒流防止器室外安装尺寸	14	法兰连接倒流防止器室外安装尺寸表

2.7.2　室内消火栓系统典型节点大样

表2.7.4

1)室内消火栓箱节点大样

室内消火栓箱节点大样见标准图集《室内消火栓安装》(04S202),如表2.7.4 所示。

表 2.7.4　室内消火栓箱节点大样(摘录)

名　称	页　码	摘　要
单栓室内消火栓箱之一	4	单栓室内消火栓箱(甲型、乙型)
单栓室内消火栓箱之二	5	单栓室内消火栓箱(丙型、丁型)
单栓室内消火栓箱之三	6	单栓室内消火栓箱(戊型、己型)
双栓室内消火栓箱之一	8	双栓室内消火栓箱(甲型、乙型)
双栓室内消火栓箱之二	9	双栓室内消火栓箱(丙型、丁型)
薄型单栓、双栓室内消火栓箱	11	薄型单栓、双栓室内消火栓箱

续表

名　称	页　码	摘　要
单栓带卷盘消火栓箱	12	单栓带消防软管卷盘消火栓箱(甲型、乙型)
双栓带卷盘消火栓箱	13	双栓带消防软管卷盘消火栓箱(甲型、乙型)
薄型单栓、双栓带卷盘消火栓箱	15	薄型单栓、双栓带消防软管卷盘消火栓箱
屋顶试验消火栓箱	16	消防软管卷盘箱、屋顶试验消火栓箱
带灭火器箱组合式消防柜之一	20	带灭火器箱组合式消防柜(甲型、乙型)
带灭火器箱组合式消防柜之二	21	带灭火器箱组合式消防柜(丙型、丁型)
薄型单栓、双栓带灭火器箱组合式消防柜	24	薄型单栓、双栓带灭火器箱组合式消防柜
落地型带灭火器箱组合式消防柜	27	落地型带灭火器箱组合式消防柜

2)弹簧压力表节点大样

表2.7.5

弹簧压力表节点大样见标准图集《弹簧压力表安装图》(R901),如表 2.7.5 所示。

表 2.7.5　弹簧压力表节点大样(摘录)

名　称	页　码	摘　要
弹簧压力表安装之一	2	弹簧管压力表安装($P_g \leqslant 6$)
弹簧压力表安装之二	3	弹簧管压力表安装($P_g \leqslant 25$)

3)管道支架典型节点大样

参照 1.7.4 节“2)生活给水系统支架典型节点大样”中的条文说明和相应二维码。

4)套管典型节点大样

参照 1.7.4 节“3)生活给水系统套管典型节点大样”中的条文说明和相应二维码。

2.8　消火栓系统手工计量

消火栓系统手工计量是一项传统工作,随着 BIM 建模技术的推广,手工计量在造价工作中所占的份额会大大减少,但不会消失。因此,学习者有必要了解手工计量的相关知识,掌握基本的操作技能。

2.8.1　工程造价手工计量方式概述

1)工程造价手工计量方式

详见 1.8.1 节中的相应内容。

2)安装工程造价工程量手工计算表

手工计量宜采用规范的计算表格,如表 2.8.1 所示。

表 2.8.1 安装工程造价工程量手工计算表(示例)

工程名称:学生宿舍 D 栋　　　　子分部工程名称:消火栓系统

项目序号	部位序号	编号/部位	项目名称/计算式	系数	单位	工程量	备注
1			消防水泵接合器:地上式,DN100,1.0 MPa		套	2	
	①	1层	1(左下部)+1(右上部)		套	2	
2			倒流防止器:倒流防止器(法兰连接不带水表)HS41X-16A-DN100		套	2	
	①	1层	1(左下部)+1(右上部)		套	2	
3			焊接法兰阀门:对夹式蝶阀 DA71X-1.6-DN100		个	4	
	①	1层	2(左下部)+2(右上部)		个	4	
4			室内消火栓:铝合金甲型单栓带消防卷盘消火栓箱 SG65,QZ19,L=25 m		套	48	
	②	1~6层	8(每层个数)×6(层数)		套	48	
5			室内消火栓:屋顶试验消火栓 SN65		套	1	
	③	屋顶层	1(屋顶层)		套	1	
6			灭火器:放置式手提式干粉灭火器		具	98	
	②	1~6层	2(每箱内含数)×8(每层箱数)×6(层数)		具	96	
	③	屋顶层	2(每箱内含量数)		具	2	
7			螺纹阀门:内螺纹连接自动排气阀-DN25	个	1		
	③	屋顶层	1(屋顶层)	个	1		

2.8.2 安装工程手工计量的程序和技巧

1)以科学的识图程序为前提

(1)安装工程识图的主要程序

详见 1.8.2 节中的相应内容。

(2)识读系统图和平面图的技巧

①宜以水流方向为主线,确定消火栓给水系统的起点;

②消火栓系统应以进水处消防水泵接合器、倒流防止器(组)等为起点,顺着水流方向理

解整个项目。

2)立项的技巧

详见1.8.2节中的相应内容。

3)计量的技巧

详见1.8.2节中的相应内容。

2.8.3 消火栓系统在BIM建模后的手工计量

1)针对不宜在BIM建模中表达的项目

采用BIM技术建模,从提高工作效率的角度出发,并不需要建立工程造价涉及的所有定额子目,因此需要采用手工计量的方式补充必要的项目。消火栓系统常见的需要采用手工计量的项目如下:

①剔堵槽、沟;

②机械钻孔;

③预留孔洞;

④堵洞;

⑤管道支架质量的换算;

⑥消火栓系统管道支架刷油;

⑦消火栓系统防腐蚀工程。

2)学生宿舍D栋需要特别注意的问题

①1层过道地下埋管高度设计参数不合理,暂不调整;

②6层从楼梯间引向走道的消火栓水平管道,由于在走道内贴梁敷设,导致增加“弯头”等工艺措施,因此,梁的具体高度调整需要参考结构施工图,从而确定梁的尺寸。

2.9 消火栓系统招标工程量清单编制

本节以学生宿舍D栋已经形成的BIM模型工程量表为基础,按照《通用安装工程工程量计算规范》(GB 50856—2013)的规定,编制消火栓系统招标工程量清单。

2.9.1 建立预算文件体系

建立预算文件体系是招标工程量清单编制的基础工作,操作程序可参照2.4.2节中的相应内容,主要区别是新建项目时选择“新建招标项目”。

2.9.2 编制工程量清单

1)建立分部和子分部,添加清单项目

建立清单项目就是依据“消火栓系统工程量表”的数据,按照《通用安装工程工程量计算规范》(GB 50856—2013)的规定,进行相应的编制工作。操作可分成以下两个阶段:

(1)添加项目及工程量

添加项目及工程量的具体操作如表2.9.1所示。

表2.9.1 添加项目及工程量

步骤	工 作	图 标	工具→命令	说 明
1.1	建立分部		下拉菜单→安装工程→消防工程	
1.2	建立子分部	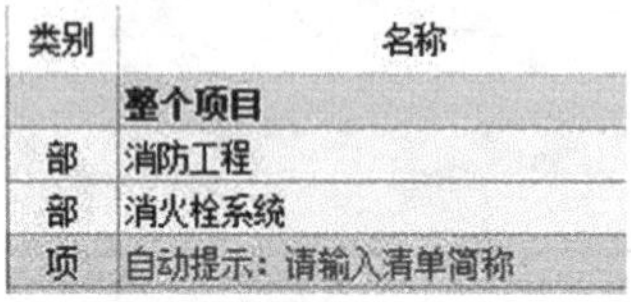	单击鼠标右键增加子分部,输入“消火栓系统”	
1.3	添加项目		查询→查询清单	
1.4	选择项目	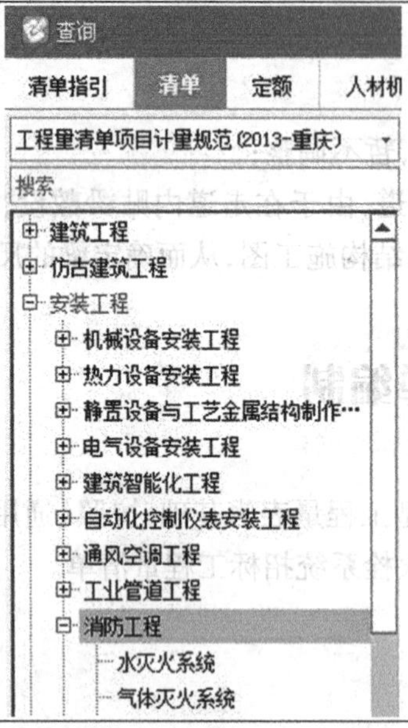	查询→清单→安装工程→消防工程→水灭火系统→项目	
1.5	修改名称	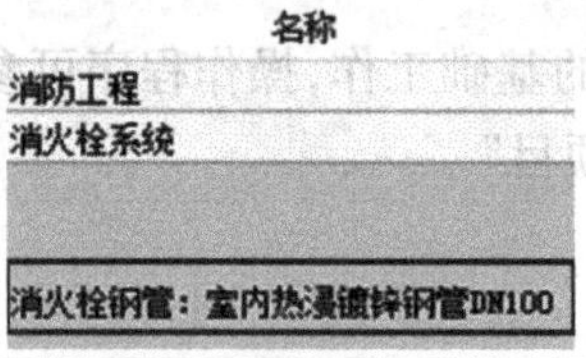	名称→选中/复制/粘贴(表格数据)	

续表

步骤	工　作	图　标	工具→命令	说　明
1.6	修改工程量	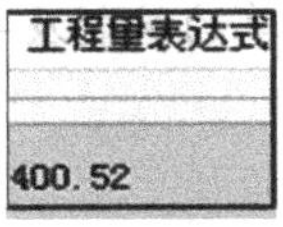	工程量表达式→选中/复制/粘贴（表格数据）	
1.7	逐项重复以上操作			

(2)编辑项目特征和工作内容

编辑项目特征是编制招标工程量清单中具有一定难度的工作。做好此工作，必须要掌握清单计价的理论，并且熟悉施工图设计要求和理解施工工艺。工作内容是依据项目特征进行选择的，具体操作如表2.9.2所示。

表2.9.2　编辑项目特征和工作内容

步骤	工　作	图　标	工具→命令	说　明
2.1	选择特征命令		名称→特征及内容	
2.2	编辑项目特征		特征值→安装部位/材质、规格等	
2.3	编辑工作内容	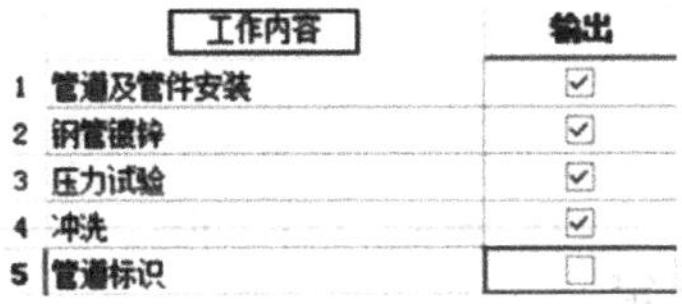	特征值→输出（选择）	
2.4	逐项重复以上操作			
2.5	清单排序	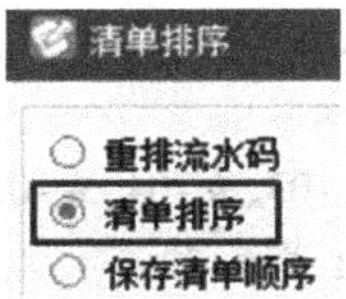	整理清单→清单排序	

2)导出报表

选择报表的依据、选择报表的种类、报表的导出等具体内容，请参照1.9.2节中的相应内容。

实训任务

任务:独立完成某办公楼消火栓系统招标工程量清单的编制及导出。

2.10 工程量清单计价表格辨析

2.10.1 工程量清单计价表格体系

1)清单计价规范对表格使用的规定

《建设工程工程量清单计价规范》(GB 50500—2013)对表格的使用规定如下:

(1)工程量清单编制的规定

16.0.1 工程计价表宜采用统一格式。各省、自治区、直辖市建设行政主管部门和行业建设主管部门可根据本地区、本行业的实际情况,在本规范附录B至附录L计价表格的基础上补充完善。

16.0.2 工程计价表格的设置应满足工程计价的需要,方便使用。

16.0.3 工程量清单的编制应符合下列规定:

1 工程量清单编制使用表格包括:封-1、扉-1、表-01、表-08、表-11、表-12(不含表-12-6~表-12-8)、表-13、表-20、表-21或表-22。

2 扉页应按规定的内容填写、签字、盖章,由造价员编制的工程量清单应有负责审核的造价工程师签字、盖章。受委托编制的工程量清单,应有造价工程师签字、盖章以及工程造价咨询人盖章。

3 总说明应按下列内容填写:

1)工程概况:建设规模、工程特征、计划工期、施工现场实际情况、自然地理条件、环境保护要求等。

2)工程招标和专业工程发包范围。

3)工程量清单编制依据。

4)工程质量、材料、施工等的特殊要求。

5)其他需要说明的问题。

(2)招标控制价、投标报价、竣工结算的规定

16.0.4 招标控制价、投标报价、竣工结算的编制应符合下列规定:

1 使用表格:

1)招标控制价使用的表格包括:封-2、扉-2、表-01、表-02、表-03、表-04、表-08、表-09、表-11、表-12(不含表-12-6~表-12-8)、表-13、表-20、表-21或表-22。

2)投标报价使用的表格包括:封-3、扉-3、表-01、表-02、表-03、表-04、表-08、表-09、表-11、表-12(不含表-12-6~表-12-8)、表-13、表-16、招标文件提供的表-20、表-21或表-22。

3)竣工结算使用的表格包括:封-4、扉-4、表-01、表-05、表-06、表-07、表-08、表-09、表-10、表-11、表-12、表-13、表-14、表-15、表-16、表-17、表-18、表-19、表-20、表-21或表-22。

2 扉页应按规定的内容填写、签字、盖章，除承包人自行编制的投标报价和竣工结算外，受委托编制的招标控制价、投标报价、竣工结算，由造价员编制的应有负责审核的造价工程师签字、盖章以及工程造价咨询人盖章。

3 总说明应按下列内容填写：

1)工程概况：建设规模、工程特征、计划工期、合同工期、实际工期、施工现场及变化情况、施工组织设计的特点、自然地理条件、环境保护要求等。

2)编制依据等。

(3)工程造价鉴定的规定

16.0.5 工程造价鉴定应符合下列规定：

1 工程造价鉴定使用表格包括：封-5、扉-5、表-01、表-05～表-20、表-21或表-22。

2 扉页应按规定内容填写、签字、盖章，应有承担鉴定和负责审核的注册造价工程师签字、盖执业专用章。

3 说明应按本规范第14.3.5条第1款至第6款的规定填写。

16.0.6 投标人应按招标文件的要求，附工程量清单综合单价分析表。

(4)表格使用的主要环节

表格在以下基本建设过程的5个环节使用，如图2.10.1所示。

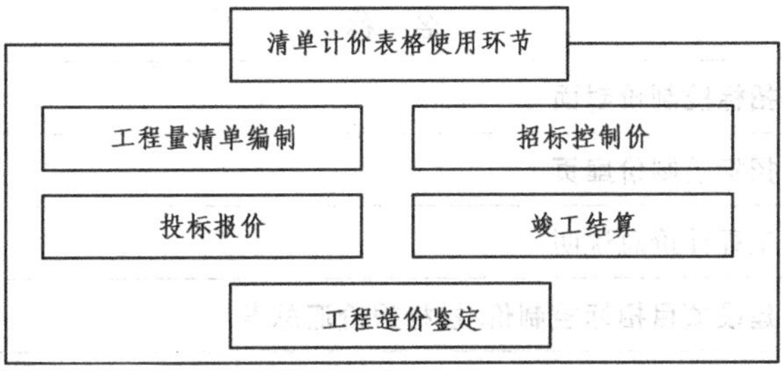

图2.10.1 表格使用的主要环节

清单表格

2)工程量清单编制使用的表格

工程量清单编制使用的表格合计共14张，如表2.10.1所示。

表2.10.1 工程量清单编制使用的表格

序号	编 号	名 称	备 注
1	附录B.1	招标工程量清单封面	
2	附录C.1	招标工程量清单扉页	
3	附录D	工程计价总说明	
4	附录F.1	分部分项工程和单价措施项目清单与计价表	
5	附录F.4	总价措施项目清单与计价表	
6	附录G.1	其他项目清单与计价汇总表	
7	附录G.2	暂列金额明细表	

续表

序号	编　号	名　称	备　注
8	附录 G.3	材料(工程设备)暂估单价及调整表	
9	附录 G.4	专业工程暂估价及结算价表	
10	附录 G.5	计日工表	
11	附录 G.5	总承包服务费计价表	
12	附录 H	规费、税金项目计价表	
13	附录 L.1	发包人提供材料和工程设备一览表	
14	附录 L.2	承包人提供主要材料和工程设备一览表(适用于造价信息差额调整法)	或附录 L.3

3)招标控制价使用的表格

招标控制价使用的表格合计共 18 张,与工程量清单编制使用的表格比较有 6 张不同,如表 2.10.2 所示。

表 2.10.2　招标控制价使用的表格

序号	编　号	名　称	备　注
1	**附录 B.2**	**招标控制价封面**	
2	**附录 C.2**	**招标控制价扉页**	
3	附录 D	工程计价总说明	
4	**附录 E.1**	**建设项目招标控制价/投标报价汇总表**	
5	**附录 E.2**	**单项工程招标控制价/投标报价汇总表**	
6	**附录 E.3**	**单位工程招标控制价/投标报价汇总表**	
7	附录 F.1	分部分项工程和单价措施项目清单与计价表	
8	**附录 F.2**	**综合单价分析表**	
9	附录 F.4	总价措施项目清单与计价表	
10	附录 G.1	其他项目清单与计价汇总表	
11	附录 G.2	暂列金额明细表	
12	附录 G.3	材料(工程设备)暂估单价及调整表	
13	附录 G.4	专业工程暂估价及结算价表	
14	附录 G.5	计日工表	
15	附录 G.6	总承包服务费计价表	

续表

序号	编 号	名 称	备 注
16	附录 H	规费、税金项目计价表	
17	附录 L.1	发包人提供材料和工程设备一览表	
18	附录 L.2	承包人提供主要材料和工程设备一览表(适用于造价信息差额调整法)	或附录 L.3

4)投标报价使用的表格

投标报价使用的表格合计共19张,与招标控制价使用的表格比较只有3张不同,如表2.10.3所示。

表2.10.3 投标报价使用的表格

序号	编 号	名 称	备 注
1	**附录 B.3**	**投标总价封面**	
2	**附录 C.3**	**投标总价扉页**	
3	附录 D	工程计价总说明	
4	附录 E.1	建设项目招标控制价/投标报价汇总表	
5	附录 E.2	单项工程招标控制价/投标报价汇总表	
6	附录 E.3	单位工程招标控制价/投标报价汇总表	
7	附录 F.1	分部分项工程和单价措施项目清单与计价表	
8	附录 F.2	综合单价分析表	
9	附录 F.4	总价措施项目清单与计价表	
10	附录 G.1	其他项目清单与计价汇总表	
11	附录 G.2	暂列金额明细表	
12	附录 G.3	材料(工程设备)暂估单价及调整表	
13	附录 G.4	专业工程暂估价及结算价表	
14	附录 G.5	计日工表	
15	附录 G.6	总承包服务费计价表	
16	附录 H	规费、税金项目计价表	
17	**附录 K.2**	**单价项目进度款支付分解表**	
18	附录 L.1	发包人提供材料和工程设备一览表	
19	附录 L.2	承包人提供主要材料和工程设备一览表(适用于造价信息差额调整法)	或附录 L.3

5)竣工结算使用的表格

竣工结算使用的表格合计共28张,与投标报价使用的表格比较共有14张不同,如表2.10.4所示。

表2.10.4　竣工结算使用的表格

序　号	编　号	名　称	备　注
1	**附录 B.4**	**竣工结算书封面**	
2	**附录 C.4**	**竣工结算书扉页**	
3	附录 D	工程计价总说明	
4	**附录 E.4**	**建设项目竣工结算汇总表**	
5	**附录 E.5**	**单项工程竣工结算汇总表**	
6	**附录 E.6**	**单位工程竣工结算汇总表**	
7	附录 F.1	分部分项工程和单价措施项目清单与计价表	
8	附录 F.2	综合单价分析表	
9	**附录 F.3**	**综合单价调整表**	
10	附录 F.4	总价措施项目清单与计价表	
11	附录 G.1	其他项目清单与计价汇总表	
12	附录 G.2	暂列金额明细表	
13	附录 G.3	材料(工程设备)暂估单价及调整表	
14	附录 G.4	专业工程暂估价及结算价表	
15	附录 G.5	计日工表	
16	附录 G.6	总承包服务费计价表	
17	**附录 G.7**	**索赔与现场签证计价汇总表**	
18	**附录 G.8**	**费用索赔申请(核准)表**	
19	**附录 G.9**	**现场签证表**	
20	附录 H	规费、税金项目计价表	
21	**附录 J**	**工程计量申请(核准)表**	
22	**附录 K.1**	**预付款支付申请(核准)表**	
23	附录 K.2	单价项目进度款支付分解表	
24	**附录 K.3**	**进度款支付申请(核准)表**	
25	**附录 K.4**	**竣工结算款支付申请(核准)表**	
26	**附录 K.5**	**最终结算支付申请(核准)表**	

续表

序　号	编　号	名　称	备　注
27	附录 L.1	发包人提供材料和工程设备一览表	
28	附录 L.2	承包人提供主要材料和工程设备一览表(适用于造价信息差额调整法)	或附录 L.3

6)工程造价鉴定使用的表格

工程造价鉴定使用的表格合计共 28 张,与竣工结算使用的表格比较共有 2 张不同,如表 2.10.5 所示。

表 2.10.5　工程造价鉴定使用的表格

序　号	编　号	名　称	备　注
1	**附录 B.5**	**工程造价鉴定意见书封面**	
2	**附录 C.5**	**工程造价鉴定意见书扉页**	
3	附录 D	工程计价总说明	
4	附录 E.4	建设项目竣工结算汇总表	
5	附录 E.5	单项工程竣工结算汇总表	
6	附录 E.6	单位工程竣工结算汇总表	
7	附录 F.1	分部分项工程和单价措施项目清单与计价表	
8	附录 F.2	综合单价分析表	
9	附录 F.3	综合单价调整表	
10	附录 F.4	总价措施项目清单与计价表	
11	附录 G.1	其他项目清单与计价汇总表	
12	附录 G.2	暂列金额明细表	
13	附录 G.3	材料(工程设备)暂估单价及调整表	
14	附录 G.4	专业工程暂估价及结算价表	
15	附录 G.5	计日工表	
16	附录 G.6	总承包服务费计价表	
17	附录 G.7	索赔与现场签证计价汇总表	
18	附录 G.8	费用索赔申请(核准)表	
19	附录 G.9	现场签证表	
20	附录 H	规费、税金项目计价表	
21	附录 J	工程计量申请(核准)表	
22	附录 K.1	预付款支付申请(核准)表	

续表

序　号	编　号	名　称	备　注
23	附录 K.2	单价项目进度款支付分解表	
24	附录 K.3	进度款支付申请(核准)表	
25	附录 K.4	竣工结算款支付申请(核准)表	
26	附录 K.5	最终结算支付申请(核准)表	
27	附录 L.1	发包人提供材料和工程设备一览表	
28	附录 L.2	承包人提供主要材料和工程设备一览表(适用于造价信息差额调整法)	或附录 L.3

7)清单计价主要表格

清单计价主要表格如图 2.10.2 所示。

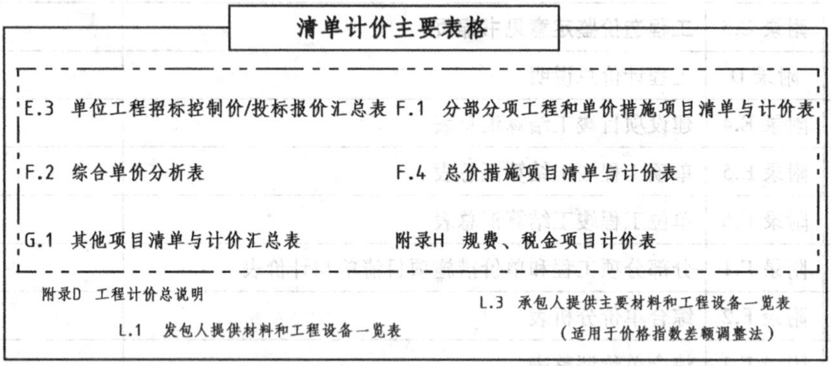

图 2.10.2　清单计价主要表格

8)重庆市 2018 费用定额的规定

在《重庆市建设工程费用定额》(CQFYDE—2018)中,对工程量清单计价使用的表格作出了与国家标准极其相似的规定。

(1)工程量清单编制的规定

2.工程量清单编制应符合下列规定:

(1)使用表格:封-1、表-01、表-08、表-09、表-10、表 11、表-11-1~表-11-5、表-12、表-19、表-20 或表-21。

(2)填表要求:

1)封面应按规定的内容填写、签字、盖章,由造价人员编制的工程量清单应有负责审核的造价工程师签字、盖章。受委托编制的工程量清单,应有造价工程师签字、盖章以及工程造价咨询人盖章。

2)总说明应按下列内容填写:

①工程概况:建设规模、工程特征、计划工期、施工现场实际情况、自然地理条件、环境保护要求等。

②工程招标和专业发包范围。

③工程量清单编制依据。

④工程质量、材料、施工等的特殊要求。

⑤其他需要说明的问题。

(2)招标控制价、投标报价、竣工结算编制的规定

3.招标控制价、投标报价、竣工结算编制应符合下列规定:

(1)使用表格:

1)招标控制价:封-2、表-01、表-02、表-03、表-04、表-08、表-09、表-09-1(3)或表-09-2(4)、表-10、表-11、表-11-1~表-11-5、表-12、表-19、表-20或表-21。

2)投标报价:封-3、表-01、表-02、表-03、表-04、表-08、表-09、表-09-1(3)或表-09-2(4)、表-10、表-11、表-11-1~表-11-5、表-12、表-19、表-20或表-21。

3)竣工结算:封-4、表-01、表-05、表-06、表-07、表-08、表-09、表-09-1(3)或表-09-2(4)、表-10、表-11、表-11-2~表-11-8、表-12~表-19、表-20或表-21。

(2)填表要求:

1)封面应按规定的内容填写、签字、盖章,除承包人自行编制的投标报价和竣工结算外,受委托编制的招标控制价、投标报价、竣工结算若为造价人员编制的,应有负责审核的造价工程师签字、盖章以及工程造价咨询人盖章。

2)总说明应按下列内容填写:

①工程概况:建设规模、工程特征、计划工期、合同工期、实际工期、施工现场及变化情况、施工组织设计的特点、自然地理条件、环境保护要求等。

②编制依据、计税方法等。

(3)工程造价鉴定编制的规定

4.工程造价鉴定应符合下列规定:

(1)使用表格:封-5、表-01、表-05、表-06、表-07、表-08、表-09、表-09-1(3)或表-09-2(4)、表-10、表-11、表-11-2~表-11-8、表-12~表-19、表-20或表-21。

(2)填表要求:

1)封面应按规定内容填写、签字、盖章,应有承担鉴定和负责审核的注册造价工程师签字、盖执业专用章。

2)说明应按《重庆市建设工程工程量清单计价规则》CQJJGZ—2013规定填写。

5.投标人应按招标文件的要求,附工程量清单综合单价分析表。

(1)按一般计税方法计算的,分析表使用表格:表-09-1或表-09-2;

(2)按简易计税方法计算的,分析表使用表格:表-09-3或表-09-4。

2.10.2　分部分项工程项目清单计价表辨析

1)分部分项工程项目清单计价表的格式

分部分项工程项目清单计价表主要由清单计价表头、清单项目栏、每页小计栏、表末合计栏组成,如图2.10.3所示。

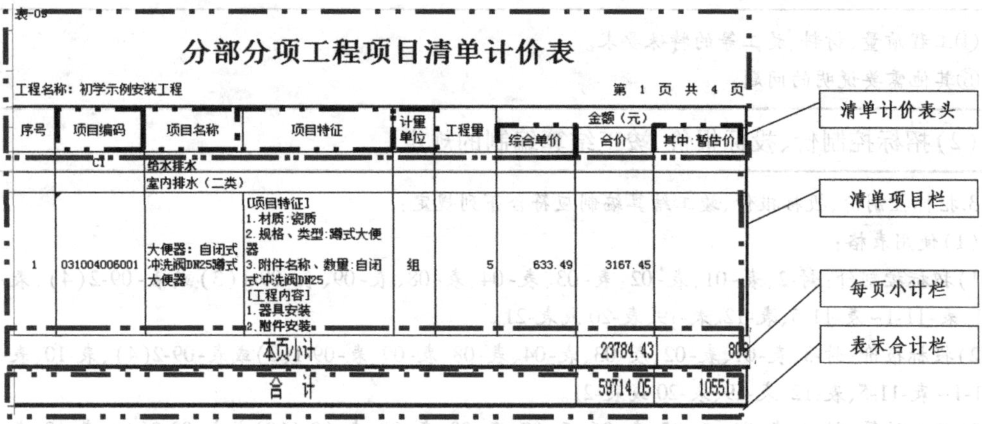
表-09

分部分项工程项目清单计价表

工程名称：初学示例安装工程　　第 1 页 共 4 页

序号	项目编码	项目名称	项目特征	计量单位	工程量	金额（元）		
						综合单价	合价	其中：暂估价
	C1	给水排水						
		室内排水（二类）						
1	031004006001	大便器：自闭式冲洗阀DN25蹲式大便器	[项目特征] 1.材质:瓷质 2.规格、类型:蹲式大便器 3.附件名称、数量:自闭式冲洗阀DN25 [工程内容] 1.器具安装 2.附件安装	组	5	633.49	3167.45	
本页小计							23784.43	808
合 计							59714.05	10551.

图 2.10.3　分部分项工程项目清单计价表的组成

2) 分部分项工程项目清单计价表的主要内容

分部分项工程项目清单计价表的项目编码、项目名称、项目特征、计量单位必须符合计价规范的规定，其表现形式如图 2.10.4 所示。

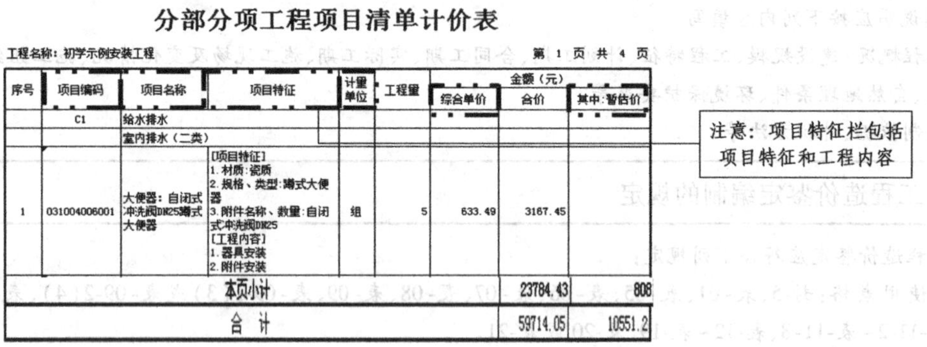
表-09

分部分项工程项目清单计价表

工程名称：初学示例安装工程　　第 1 页 共 4 页

序号	项目编码	项目名称	项目特征	计量单位	工程量	金额（元）		
						综合单价	合价	其中：暂估价
	C1	给水排水						
		室内排水（二类）						
1	031004006001	大便器：自闭式冲洗阀DN25蹲式大便器	[项目特征] 1.材质:瓷质 2.规格、类型:蹲式大便器 3.附件名称、数量:自闭式冲洗阀DN25 [工程内容] 1.器具安装 2.附件安装	组	5	633.49	3167.45	
本页小计							23784.43	808
合 计							59714.05	10551.2

图 2.10.4　分部分项工程项目清单计价表的主要内容

3) 分部分项工程项目清单计价表的计算关系

分部分项工程项目清单计价表的计算关系如图 2.10.5 所示。

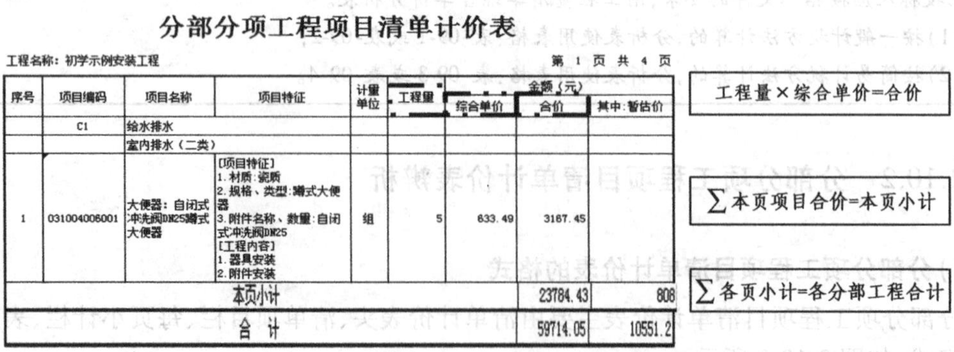
表-09

分部分项工程项目清单计价表

工程名称：初学示例安装工程　　第 1 页 共 4 页

序号	项目编码	项目名称	项目特征	计量单位	工程量	金额（元）		
						综合单价	合价	其中：暂估价
	C1	给水排水						
		室内排水（二类）						
1	031004006001	大便器：自闭式冲洗阀DN25蹲式大便器	[项目特征] 1.材质:瓷质 2.规格、类型:蹲式大便器 3.附件名称、数量:自闭式冲洗阀DN25 [工程内容] 1.器具安装 2.附件安装	组	5	633.49	3167.45	
本页小计							23784.43	808
合 计							59714.05	10551.2

图 2.10.5　分部分项工程项目清单计价表的计算关系

2.10.3 措施项目汇总表的辨析

1)措施项目汇总表的格式及内容

①措施项目汇总表的格式如图 2.10.6 所示。

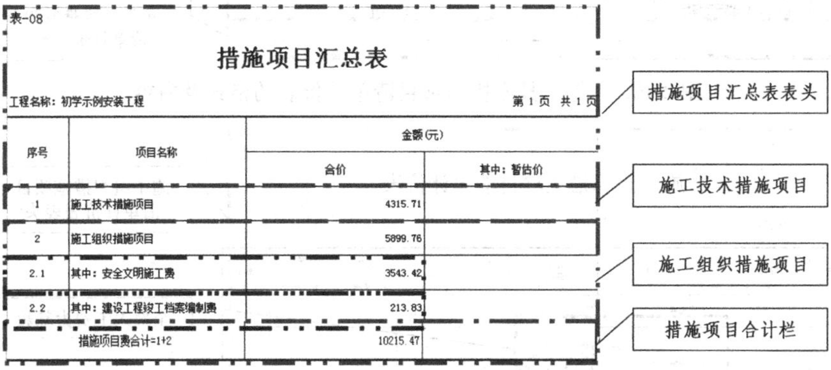
表-08

措施项目汇总表

工程名称：初学示例安装工程　　　　第 1 页 共 1 页

序号	项目名称	金额(元)	
		合价	其中：暂估价
1	施工技术措施项目	4315.71	
2	施工组织措施项目	5899.76	
2.1	其中：安全文明施工费	3543.42	
2.2	其中：建设工程竣工档案编制费	213.83	
	措施项目费合计=1+2	10215.47	

图 2.10.6 措施项目汇总表的格式

②依据《重庆市建设工程费用定额》(CQFYDE—2018)的规定,措施项目费的内容如图 2.10.7所示。

措施项目费	施工技术措施项目费	特、大型施工机械设备进出场及安拆费	
		脚手架费	
		混凝土模板及支架费	
		施工排水及降水费	
		其他技术措施费	
	施工组织措施项目费	组织措施费	夜间施工增加费
			二次搬运费
			冬雨季施工增加费
			已完工程及设备保护费
			工程定位复测费
		安全文明施工费	
		建设工程竣工档案编制费	
		住宅工程质量分户验收费	

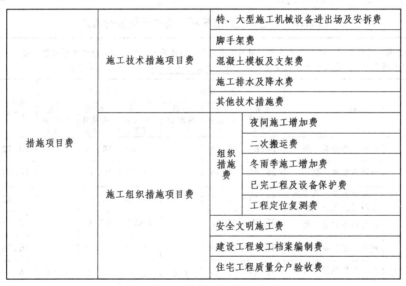

图 2.10.7 措施项目费的内容

2)施工技术措施项目清单计价表的格式及内容

施工技术措施项目清单计价表的格式及内容如图 2.10.8 所示。

3)施工组织措施项目清单计价表的格式及内容

①施工组织措施项目清单计价表的格式及内容如图 2.10.9 所示。

②依据《重庆市建设工程费用定额》(CQFYDE—2018)的规定,施工组织措施费率在不同计税方式和不同分部工程中均不相同,如图 2.10.10 所示。

表-09

施工技术措施项目清单计价表

工程名称：初学示例安装工程　　　　第 1 页 共 1 页

序号	项目编码	项目名称	项目特征	计量单位	工程量	金额（元）综合单价	合价	其中：暂估价
	—	施工技术措施项目					4315.71	
1	031302007001	高层施工增加			1	3783.23	3783.23	
2	031301017001	脚手架搭拆		项	1	532.48	532.48	
	本页小计						4315.71	
	合　计						4315.71	

施工技术措施项目清单计价表表头

施工技术措施项目清单计价内容

施工技术措施项目清单计价、合计

图 2.10.8　施工技术措施项目清单计价表的格式及内容

表-10

施工组织措施项目清单计价表

工程名称：建筑安装工程　　　　第 1 页 共 1 页

序号	项目编码	项目名称	计算基础	费率(%)	金额(元)	调整费率(%)	调整后金额(元)	备注
1	031302B02001	组织措施费	分部分项人工费+技术措施人工费	11.82	12971.06			
2	031302001001	安全文明施工费	分部分项人工费+人工价差_预算+技术措施人工费+技术措施人工价差_预算	19.45	17148.08			
3	031302B03001	建设工程竣工档案编制费	分部分项人工费+技术措施人工费	2.02	2216.71			
	合　计				32335.85			

注：1. 计算基础和费用标准按本市有关费用定额或文件执行。
2. 根据施工方案计算的措施费，可不填写“计算基础”和“费率”的数值，只填写“金额”数值，但应在备注栏说明施工方案出处或计算方法。

施工组织措施项目清单计价表表头

全部人工费为基数

施工组织措施项目清单计价内容

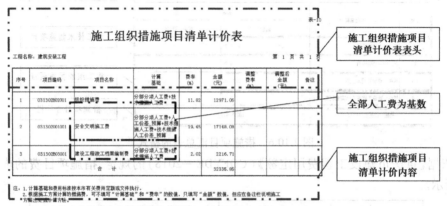

图 2.10.9　施工组织措施项目清单计价表的格式

2.装饰工程、幕墙工程、园林绿化工程、通用安装工程、市政安装工程、城市轨道交通安装工程、房屋安装修缮工程、房屋单拆除工程、人工土石方工程以定额人工费为费用计算基础，费用标准见下表。

专业工程		一般计税法 企业管理费(%)	一般计税法 组织措施费(%)	一般计税法 一般风险费(%)	简易计税法 企业管理费(%)	简易计税法 组织措施费(%)	简易计税法 一般风险费(%)	利润(%)	规费(%)
通用安装工程	机械设备安装工程	24.65	10.08	2.8	25.02	10.74	2.99	20.12	18.00
	热设备安装工程	26.89	10.15		27.30	10.81		20.07	18.00
	静置设备与工艺金属结构制作安装工程	29.81	10.71		30.26	11.41		22.35	18.00
	电气设备安装工程	38.17	16.39		38.75	17.46		27.43	18.00
	建筑智能化安装工程	32.53	12.93		33.03	13.77		26.36	18.00
	自动化控制仪表安装工程	32.38	13.53		32.87	14.42		26.65	18.00
	通风空调安装工程	27.18	10.73		27.59	11.44		21.23	18.00
	工业管道安装工程	24.65	10.25		25.03	10.92		22.13	18.00
	消防工程	26.13	11.04		26.53	11.76		22.69	18.00
	给排水、燃气工程	29.46	11.82		29.91	12.59		23.68	18.00
	刷油、防腐蚀、绝热工程	22.79	9.82		23.14	10.47		14.46	18.00

图 2.10.10　通用安装工程的企业管理费和组织措施费费用标准

③依据《重庆市建设工程费用定额》(CQFYDE—2018)的规定,安全文明施工费率在不同计税方式和不同分部工程中均不相同,如图2.10.11所示。

安全文明施工费按现行建设工程安全文明施工费管理的有关规定执行，调整后的费用标准见下表。

专业工程		计算基础	一般计税法（%）	简易计税法（%）
通用安装工程	机械设备安装工程	人工费	17.42	18.15
	热力设备安装工程		17.42	18.15
	静置设备与工艺金属结构制作安装工程		21.10	21.98
	电气设备安装工程		**25.10**	**26.15**
	建筑智能化安装工程		19.45	20.26
	自动化控制仪表安装工程		20.55	21.40
	通风空调安装工程		19.45	20.26
	工业管道安装工程		17.42	18.15
	消防工程		**17.42**	18.15
	给排水、燃气工程		**19.45**	20.26
	刷油、防腐蚀、绝热工程		17.42	18.15

注：1.本表计费标准为工地标准化评定等级为合格的标准。
2.计费基础：房屋建筑、构筑物、仿古建筑、市政工程、城市轨道交通工程、爆破工程、围墙工程、房屋建筑修缮工程均以税前工程造价为基础计算；装饰工程、幕墙工程、园林工程、绿化工程、安装工程（含市政安装工程、城市轨道安装工程）、房屋安装修缮工程、房屋单拆除工程按人工费（含价费）为基础计算；人工、机械（爆破）土石方工程以开挖工程量为基础计算。

图2.10.11　通用安装工程的安全文明施工费费用标准

④依据《重庆市建设工程费用定额》(CQFYDE—2018)的规定,通用安装工程建筑工程竣工档案编制费的规定如图2.10.12所示。

（三）建设工程竣工档案编制费

1.建设工程竣工档案编制费按现行建设工程竣工档案编制费的有关规定执行，调整后的费用标准见下表。

2.装饰工程、幕墙工程、园林绿化工程、通用安装工程、市政安装工程、城市轨道交通安装工程、房屋安装修缮工程、房屋单拆除工程、人工土石方工程以定额人工费为费用计算基础。

专业工程		一般计税法（%）	简易计税法（%）
通用安装工程	机械设备安装工程	1.92	2.01
	热力设备安装工程	2.11	2.20
	静置设备与工艺金属结构制作安装工程	1.91	1.99
	电气设备安装工程	**1.94**	**2.03**
	建筑智能化安装工程	2.14	2.23
	自动化控制仪表安装工程	2.35	2.45
	通风空调安装工程	1.96	2.05
	工业管道安装工程	1.94	2.03
	消防工程	**1.92**	2.00
	给排水、燃气工程	**2.02**	2.11
	刷油、防腐蚀、绝热工程	1.92	2.01

图2.10.12　通用安装工程的建设工程竣工档案编制费费用标准

⑤施工组织措施费等费用项目，依据《重庆市建设工程费用定额》(CQFYDE—2018)的规定，均是以单位工程为对象确定工程费用标准；通用安装工程的二次搬运费费用，费用定额中未规定相应指标，应依据工程情况按实计算，如图 2.10.13 所示。

三、工程费用计算说明

（六）组织措施费、安全文明施工费、建设工程竣工档案编制费、规费以单位工程为对象确定工程费用标准。

1.本专业工程借用其他专业工程定额子目时，按以主带次的原则纳入本专业工程进行取费。

2.市政工程的道路、桥梁、隧道应分别确定工程费用标准，但附属于道路、桥梁、隧道的其他市政工程，如由同一企业承包施工时，应并入主体单位工程确定工程费用标准。

（十一）房屋建筑工程材料、成品、半成品的场内二次或多次搬运费已包含在组织措施费内，包干使用不作调整。除房屋建筑工程外的其他专业工程二次搬运费应根据工程情况按实计算。

图 2.10.13 对施工组织措施费等费用项目的说明

2.10.4 其他项目清单计价汇总表的辨析

1)其他项目清单计价汇总表的格式

其他项目清单计价汇总表的格式如图 2.10.14 所示。

表-11

其他项目清单计价汇总表

工程名称：初学示例安装工程　　标段：初学建筑安装工程造价示例　　第 1 页 共 1 页

序号	项目名称	计量单位	金额(元)	备注
1	暂列金额	项		明细详见表-11-1
2	暂估价	项	60000	
2.1	材料(工程设备)暂估价	项		明细详见表-11-2
2.2	专业工程暂估价	项	60000	明细详见表-11-3
3	计日工	项		明细详见表-11-4
4	总承包服务费	项		明细详见表-11-5
5	索赔与现场签证	项		明细详见表-11-6
合　计			60000	—

注：材料、设备暂估单价进入清单项目综合单价，此处不汇总。

其他项目清单计价汇总表表头

其他项目清单内容

其他项目清单合计栏和解释

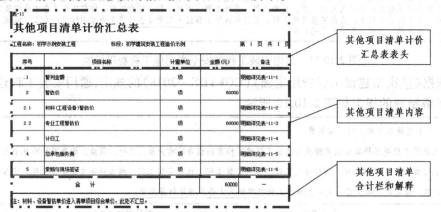

图 2.10.14 其他项目清单计价汇总表的格式

2)其他项目清单计价汇总表易混淆的项目

其他项目清单计价汇总表易混淆的项目如图 2.10.15 所示。

表-11

其他项目清单计价汇总表

工程名称：初学示例安装工程　　标段：初学建筑安装工程造价示例　　第 1 页 共 1 页

序号	项目名称	计量单位	金额(元)	备注
1	暂列金额	项		明细详见表-11-1
2	暂估价	项	60000	
2.1	材料(工程设备)暂估价	项		明细详见表-11-2
2.2	专业工程暂估价	项	60000	明细详见表-11-3
3	计日工	项		明细详见表-11-4
4	总承包服务费	项		明细详见表-11-5
5	索赔与现场签证	项		明细详见表-11-6
合　计			60000	—

注：材料、设备暂估单价进入清单项目综合单价，此处不汇总。

其他项目清单内容

或者发生，或者不发生

暂估价详见表注

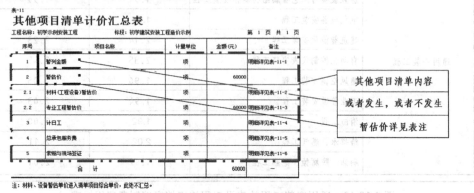

图 2.10.15 其他项目清单计价汇总表易混淆的项目

3)暂列金额、暂估价、总承包服务费的相关规定

《重庆市建设工程费用定额》(CQFYDE—2018)规定的暂列金额等内容,如图2.10.16所示。

（三）其他项目费：是指由暂列金额、暂估价、计日工和总承包服务费组成的其他项目费用。包括人工费、材料费、施工机具使用费、企业管理费、利润和一般风险费。

1.暂列金额：是指招标人在工程量清单中暂定并包括在工程合同价款中的一笔款项。用于施工合同签订时尚未确定或者不可预见的所需材料、工程设备、服务的采购，施工中可能发生的工程变更、合同约定调整因素出现时的工程价款调整以及发生的索赔、现场签证确认等的费用。

2.暂估价：是指招标人在工程量清单中提供的用于支付必然发生但暂时不能确定价格的材料、工程设备的单价以及专业工程的金额。

3.计日工：是指在施工过程中，承包人完成发包人提出的施工图纸以外的零星项目或工作，按合同约定计算所需的费用。

4.总承包服务费：是指总承包人为配合协调发包人进行专业工程分包，同期施工时提供必要的简易架料、垂直吊运和水电接驳、竣工资料汇总整理等服务所需的费用。

（五）总承包服务费

总承包服务费以分包工程的造价或人工费为计算基础，费用标准见下表。

分包工程	计算基础	一般计税方法	简易计税方法
房屋建筑工程	分包工程造价	2.82%	3%
装饰、安装工程	分包工程人工费	11.32%	12%

图2.10.16　对暂列金额等其他项目的规定

2.10.5　规费、税金项目计价表的辨析

1)规费、税金项目计价表的格式

规费、税金项目计价表的格式如图2.10.17所示。

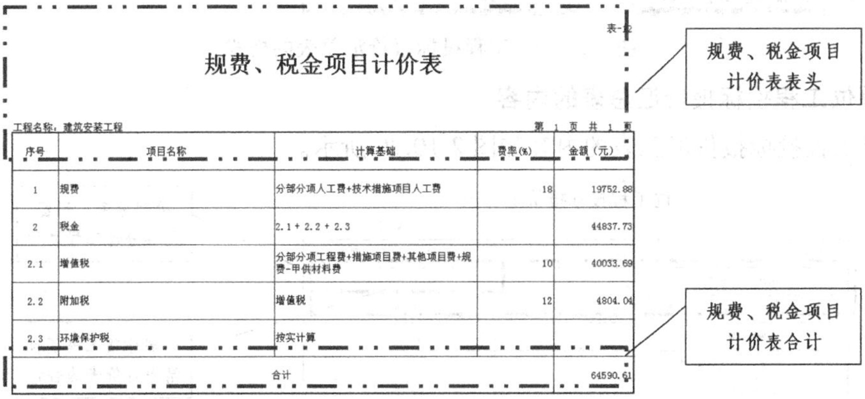

表-12

规费、税金项目计价表

工程名称：建筑安装工程　　　　第 1 页 共 1 页

序号	项目名称	计算基础	费率(%)	金额（元）
1	规费	分部分项人工费+技术措施项目人工费	18	19752.88
2	税金	2.1 + 2.2 + 2.3		44837.73
2.1	增值税	分部分项工程费+措施项目费+其他项目费+规费-甲供材料费	10	40033.69
2.2	附加税	增值税	12	4804.04
2.3	环境保护税	按实计算		
合计				64590.61

图2.10.17　规费、税金项目计价表的格式

2)规费、税金项目计价表的内容

规费、税金项目计价表的内容如图2.10.18所示。

表-12

规费、税金项目计价表

工程名称：建筑安装工程　　　　第 1 页 共 1 页

序号	项目名称	计算基础	费率(%)	金额（元）
1	规费	分部分项人工费+技术措施项目人工费	18	19752.88
2	税金	2.1 + 2.2 + 2.3		44837.73
2.1	增值税	分部分项工程费+措施项目费+其他项目费+规费-甲供材料费	10	40033.69
2.2	附加税	增值税	12	4804.04
2.3	环境保护税	按实计算		
		合计		64590.61

规费、税金项目计价内容

图 2.10.18　规费、税金项目计价表的内容

2.10.6　单位工程投标报价汇总表的辨析

1) 单位工程投标报价汇总表的格式

单位工程投标报价汇总表的格式如图 2.10.19 所示。

表-04

单位工程投标报价汇总表

工程名称：建筑安装工程　　　　第 1 页 共 1 页

序号	汇总内容	金额(元)	其中：暂估价(元)
1	分部分项工程费	214795.22	
1.1	C给排水、采暖、燃气工程	214795.22	
2	措施项目费	55788.83	
2.1	其中：安全文明施工费	17148.08	
	二次搬运费	17009.42	
3	其他项目费	110000	
4	规费	19752.88	
5	税金	44837.73	
	投标报价合计=1+2+3+4+5	445174.66	

注：1. 本表适用于单位工程招标控制价或投标报价的汇总，如无单位工程划分，单项工程也使用本表汇总。
2. 分部分项工程、措施项目中暂估价中应填写材料、工程设备暂估价，其他项目中暂估价应填写专业工程暂估价。

单位工程投标报价汇总表表头

单位工程投标报价汇总表内容

单位工程投标报价汇总表合计栏及说明

图 2.10.19　工程投标报价汇总表的格式

2) 单位工程投标报价汇总表的内容

单位工程投标报价汇总表的内容如图 2.10.20 所示。

表-04

单位工程投标报价汇总表

工程名称：建筑安装工程　　　　第 1 页 共 1 页

序号	汇总内容	金额(元)	其中：暂估价(元)
1	分部分项工程费	214795.22	
1.1	C给排水、采暖、燃气工程	214795.22	
2	措施项目费	55788.83	
2.1	其中：安全文明施工费	17148.08	
	二次搬运费	17009.42	
3	其他项目费	110000	
4	规费	19752.88	
5	税金	44837.73	
	投标报价合计=1+2+3+4+5	445174.66	

注：1. 本表适用于单位工程招标控制价或投标报价的汇总，如无单位工程划分，单项工程也使用本表汇总。
2. 分部分项工程、措施项目中暂估价中应填写材料、工程设备暂估价，其他项目中暂估价应填写专业工程暂估价。

分部分项工程费是各分部工程之和

分部分项工程项目清单计价表的合计

各项金额之和

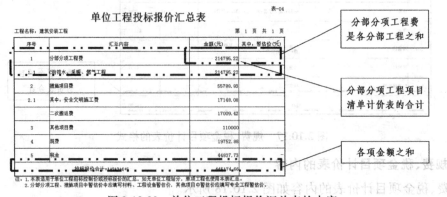

图 2.10.20　单位工程投标报价汇总表的内容

3) 单位工程投标报价汇总表的主要项目

单位工程投标报价汇总表的主要项目如图 2.10.21 所示。

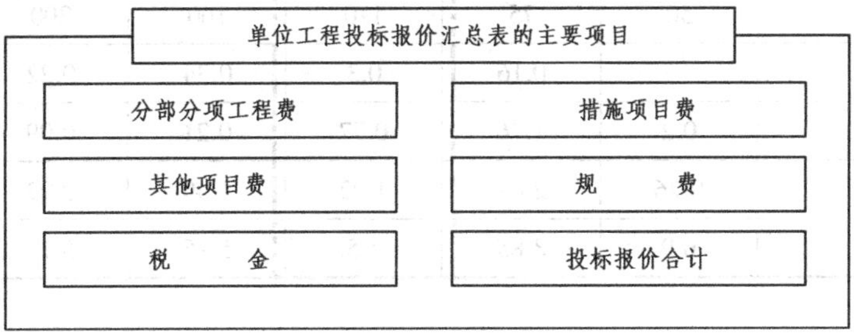

图 2.10.21　单位工程投标报价汇总表的主要项目

2.10.7　综合单价分析表(二)的辨析及课堂练习

1) 已知条件

①A6.18 室内承插塑料排水管(零件粘接)De110 定额子目和税务条件如图 2.10.22 所示。

A6.18　室内承插塑料排水管（零件粘接）

工作内容：切管、组对、粘接、管道及管件安装、灌水试验　　计量单位：10m

定额编号					CK0531	CK0532	CK0533	CK0534	CK0535	CK0536
项目名称					室内承插塑料排水管（零件粘接）					
					公称外径					
					≤50mm	≤75mm	≤110mm	≤160mm	≤200mm	≤250mm
费用	综合单价（元）				161.54	217.48	244.01	353.34	494.45	552.51
	其中	人工费（元）			102.25	137.00	152.63	215.25	301.50	330.50
		材料费（元）			2.10	3.84	6.01	7.59	7.46	9.08
		施工机具使用费（元）			−	−	−	10.09	16.83	28.05
		企业管理费（元）			30.12	40.36	44.96	63.41	88.82	97.37
		利润（元）			24.21	32.44	36.14	50.97	71.40	78.28
		一般风险费（元）			2.86	3.84	4.27	6.03	8.44	9.25
	编码	名称	单位	单价（元）	消耗量					
人工	00300150	管工综合工	工日	125.00	0.818	1.096	1.221	1.722	2.412	2.644
材料	172511000	承插塑料排水管	m	−	(1.120)	(9.800)	(9.500)	(9.500)	(9.500)	(10.050)
	180909000	承插塑料排水管管件（综合）粘接	个	−	(6.900)	(8.850)	(11.560)	(5.950)	(5.110)	(2.350)
	031392810	钢锯条	条	0.43	0.268	0.863	2.161	−	−	−
	031340220	铁砂布	张	0.83	0.145	0.208	0.227	0.242	0.267	0.288
	144102700	胶粘剂	kg	12.82	0.084	0.149	0.209	0.233	0.242	0.256
	143300300	丙酮	kg	5.13	0.126	0.224	0.318	0.352	0.371	0.393
	341100100	水	m3	4.42	0.033	0.054	0.132	0.587	0.505	0.802
机械	990401020	载重汽车5t	台班	404.73	−	−	−	0.005	0.012	0.021
	990321010	吊装机械综合	台班	413.76	−	−	−	0.017	0.026	0.044
	990706010	木工圆锯机　直径500mm	台班	25.81	−	−	−	0.040	0.047	0.052

费率

一般计税法

企业管理费	29.46%
利　　润	23.68%
一般风险费	2.80%

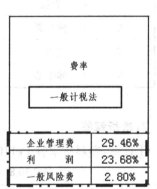

图 2.10.22　定额子目和税务条件

②定额附表“24.室内塑料排水管(粘接、螺母密封圈)管件”含量表,如表 2.10.6 所示。

表 2.10.6　24.室内塑料排水管(粘接、螺母密封圈)管件　计量单位:个/10 m

材料名称	管外径(mm)					
	50	75	110	160	200	400
三通	1.09	2.85	4.27	2.36	2.04	0.5
四通	—	0.13	0.24	0.17	0.05	0.02
弯头	5.28	1.52	3.93	1.27	1.71	1.6
管箍	0.07	0.16	0.13	0.11	0.08	0.05

续表

材料名称	管外径(mm)					
	50	75	110	160	200	400
异径管	—	0.16	0.3	0.34	0.22	0.18
立检口	0.2	1.96	0.77	0.21	0.09	—
伸缩节	0.26	2.07	1.92	1.49	0.92	—
合计	6.9	8.85	11.56	5.95	5.11	2.35

③塑料排水管件 De110 的材料含税单价,如表 2.10.7 所示。

表 2.10.7　室内塑料排水管 De110 材料含税单价表

序　号	材料名称	定额含量(个)	含税单价(元/个)	材料税率(%)	备　注
1	直管	9.5	20.45	13	
2	三通	4.27	25.99	13	
3	四通	0.24	32.45	13	
4	弯头	3.93	24.63	13	
5	管箍	0.13	9.4	13	
6	异径管	0.3	6.88	13	
7	立检口	0.77	22.77	13	
8	伸缩节	1.92	14.5	13	

2)辨析解答

①计算:塑料排水管 De110 管件(含税)综合单价如表 2.10.8 所示。

表 2.10.8　塑料排水管 De110 管件(含税)综合单价计算表

序　号	管件名称	管件定额含量(个) ①	管件单价(元/个) ②	管件价值(元) ①×②=③	备　注
1	三通	4.27	25.99	110.98	
2	四通	0.24	32.45	7.79	
3	弯头	3.93	24.63	96.80	
4	管箍	0.13	9.40	1.22	
5	异径管	0.30	6.88	2.06	
6	立检口	0.77	22.77	17.53	
7	伸缩节	1.92	14.50	27.84	
8	合计	11.56		264.22	
9	综合单价(元)		22.86		

②塑料排水管 De110 清单综合单价分析请扫描二维码。

综合单价分析

③未计价材料费的计算规则：

a.直管和综合管件分别计算；

b.预算单价=含税市场价×(1+采购保管费率)/(1+增值税率)；

c.未计价材料费= $\sum$ (数量×预算单价)。

3)课堂练习

(1)已知条件:定额子目和税务条件如图 2.10.22 所示。

(2)塑料排水管件 De75 管件含量和含税单价如表 2.10.9 所示。

表 2.10.9 塑料排水管件 De75 管件含量和含税单价

序 号	材料名称	定额含量(个)	含税单价(元/个)	材料税率(%)
1	直管	9.80	8.90	13
2	三通	2.85	10.95	13
3	四通	0.13	12.39	13
4	弯头	1.53	8.9	13
5	管箍	0.16	4.73	13
6	异径管	0.16	2.99	13
7	立检口	1.96	9.65	13
8	伸缩节	2.07	10.96	13

(3)要求:进行室内承插塑料排水管(零件粘接)De75 项目的综合单价分析。

习题

1.单项选择题

(1)安装工程工程量清单综合单价中管理费、利润、风险费用的计算基础是(　　)。

A.全部人工费　　B.基价人工费　　C.定额基价人工费　　D.基价直接工程费

(2)工程量清单计价的安装工程安全文明施工费的计算基础是(　　)。

A.人工费　　B.基价人工费　　C.定额基价人工费　　D.基价直接费

(3)《重庆市建设工程费用定额》(CQFYDE—2018)在施工组织措施费中未明确规定数值的子项是(　　)。

A.夜间施工　　B.二次搬运

C.冬雨季施工　　D.已完工程及设备保护

(4)工程量清单计价的建设工程竣工档案编制费归属于(　　)。

A.其他项目清单　　B.规费、税金项目

C.施工技术措施项目清单　　D.施工组织措施项目清单

(5)以下(　　)项目,通常不会出现在安装工程造价文件中。

A.企业管理费　　B.建设工程竣工档案编制费

C.住宅工程质量分户验收费　　D.总承包服务费

2.多项选择题

(1)施工技术措施项目清单包含(　　)子项。

A.非夜间施工照明　　B.材料检验试验

C.高层施工增加　　D.工程定位复测、点交及场地清理费

E.脚手架搭拆

(2)单位工程投标报价汇总表中的其他项目费包含(　　)项目。

A.分部分项工程费　　B.暂列金额和暂估价

C.计日工　　D.总承包服务费

E.索赔及现场签证

(3)安装工程的定额综合单价,由(　　)子项组成。

A.定额人工费　　B.定额材料费

C.定额施工机具使用费　　D.企业管理费和利润

E.全部风险费

2.11 消火栓系统 BIM 建模实训

BIM 建模实训是在已经完成前述内容的学习后,本着强化 BIM 建模技能而安排的一个环节。

2.11.1 BIM 建模实训的目的与任务

1)BIM 建模实训的目的

BIM 建模实训的目的是让学习者从“逆向学习”转变为“顺向工作”,具体内容详见1.10.1节中的相应内容。

2)BIM 建模实训的任务

将顺向工作法中难度较大的“立项与计量”环节作为实训任务,如图 1.10.3 所示。

2.11.2 BIM 建模实训的要求

1)BIM 建模实训的工作程序

BIM 建模实训的工作程序如图 1.10.4 所示。

2)整理基础数据的结果

整理基础数据就是需要形成三张参数表,具体内容如图 1.10.5 所示。

3)形成的工程量表需要达到的质量要求

形成的工程量表的数据质量,应符合《通用安装工程工程量计算规范》(GB 50856—2013)项目特征描述的要求,并满足《重庆市通用安装工程计价定额》(CQAZDE—2018)计价定额子目的需要。

在时间允许的条件下,宜通过编辑"招标工程量表"进行验证。

2.11.3 消火栓系统 BIM 建模实训的关注点

1)采用某办公楼施工图进行实训

为达到既能检验学习效果,又不过多占用学生在校时间的目的,实训已知条件如下:

①选择某办公楼施工图室内外消火栓系统进行实训;

②依据施工图布置的方式展开实训,不校正设计失误。

2)需要特别关注的问题

①由于室外管网与绿化给水共用管网系统,则需要在消火栓环网上区分两类用途不同的管道,建立清单项目;

②室外绿化给水纳入本次实训;

③统一采用①/Ⓐ轴线交点作为建模基点。

第3章 排水系统

3.1 本章导论

3.1.1 排水系统的含义

《建筑工程施工质量验收统一标准》(GB 50300—2013)“附录B 建筑工程的分部工程、分项工程划分”中,建筑给水排水及供暖分部工程中包含了室内排水系统、卫生器具、室外排水管网3个子分部工程。

本章所指的排水系统,则是由室内排水系统中的分项工程和卫生器具中只与排水管道连接的卫生器具,以及室外排水管网中的分项工程构成。

3.1.2 本章的学习内容与目标

本章将围绕排水系统的概念与构成、常用材料与设备、主要施工工艺、排水系统对应项目的计价定额与工程量清单计价、施工图识读、BIM模型的建立及手工算量的技巧等一系列知识点,形成一个相对闭合的学习环节,从而全面解读排水系统工程预(结)算文件编制的全过程。通过学习本章内容,学习者应掌握排水系统工程预(结)算的相关知识,具备计价、识图、BIM建模和计算工程量的技能,拥有编制排水系统工程预(结)算的能力。

3.2 初识排水系统

3.2.1 排水系统概述

排水系统是指将排水的收集与输送、水质的处理和排放等设施以一定方式组合成的总体。

1）城市给水排水工程与建筑给水排水的划分

具体见 1.2 节"1）城市给水排水与建筑给水排水的关系"中的相应内容。

城市给水排水工程与建筑给水排水的划分示意图如图 1.2.3 所示。

2）建筑排水工程的分界

①依据《建筑工程施工质量验收统一标准》（GB 50300—2013）对室外安装子分部工程的相关规定，建筑室外排水是独立的子分部工程；

②建筑小区室外排水系统（子分部工程）与室内排水系统（子分部工程）以排出建筑物的第一个污水井（处）为分界点；

③建筑小区室外雨水系统（分项工程）与室内雨水系统（分项工程）的分界点为：以排出建筑物的第一个雨水井（处）为界，无井者以室外散水 1 m 为界。

3）污水系统

（1）污水系统的组成

一个完整的污水系统由 7 项组成，如图 3.2.1 所示。

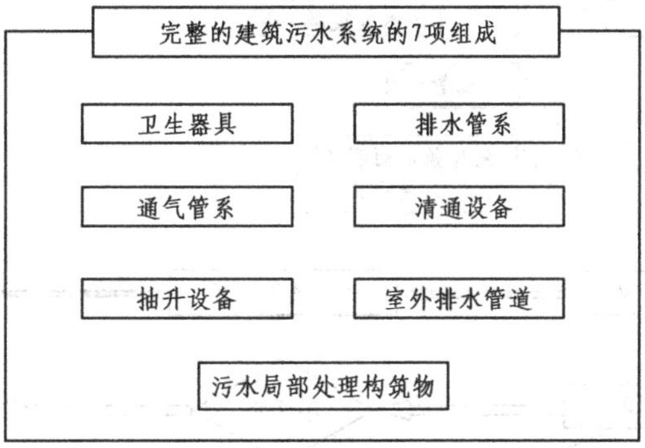

图 3.2.1　污水系统的组成

建筑物内部污水系统如图 3.2.2 所示。

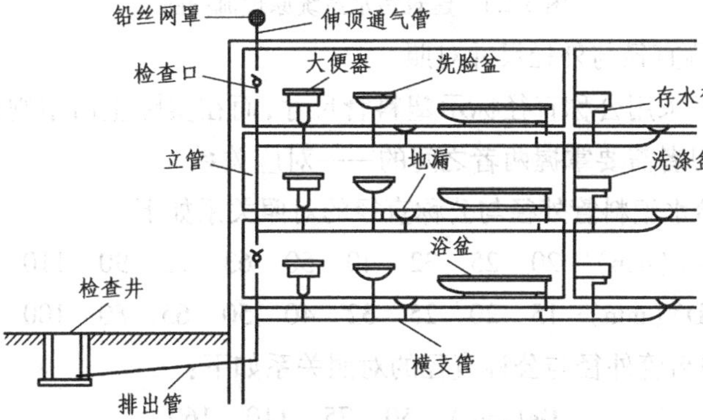

图 3.2.2　建筑物内部污水系统

（2）排水管的分类

排水管按照用途可以分为生活排水管、工业废水管和雨水管，如图 3.2.3 所示。

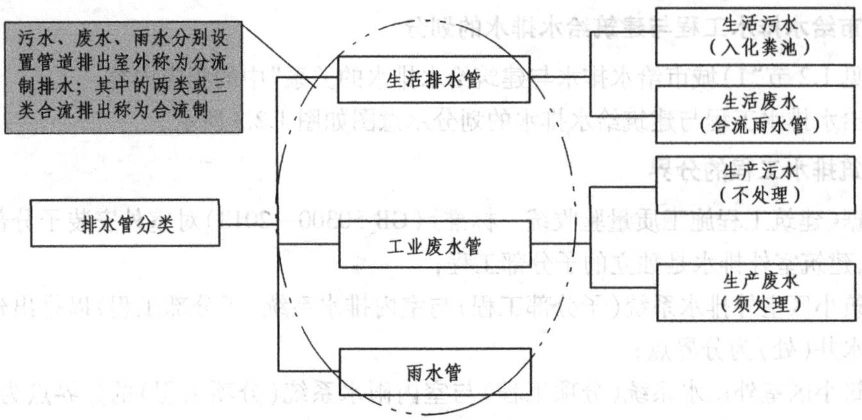

图 3.2.3　排水管按照用途分类

(3)建筑污水系统原理流程图

建筑污水系统的原理流程图如图 3.2.4 所示。

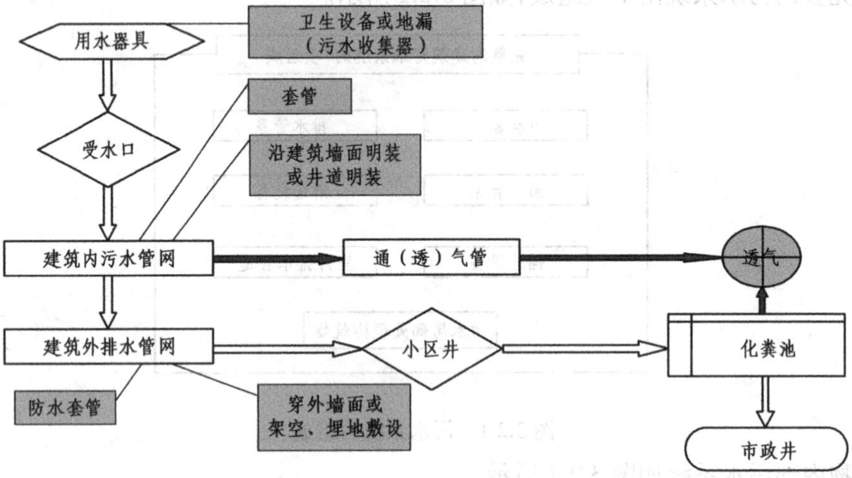

图 3.2.4　建筑污水系统原理流程图

(4)塑料管道公称直径与外径尺寸对照

现行施工图中,常采用公称直径标示塑料管尺寸,而在实际生活中则是按外径尺寸来采购塑料管的,因此学习者需要掌握两者之间的一一对应关系。

①PVC-U PPR 给水塑料管外径与公称直径的对照关系如下：

De(mm)	20	25	32	40	50	63	75	90	110
DN(mm)	15	20	25	32	40	50	65	80	100

②PVC-U 排水塑料管外径与公称直径的对照关系如下：

De(mm)	50	75	110	160
DN(mm)	50	75	100	150

3.2.2　排水系统常见设备和材料

1)常见的排水设施

①盥洗、淋浴用卫生器具如表3.2.1所示。

表3.2.1　盥洗、淋浴用卫生器具

名　称	图　片	图　例	备　注
台式洗脸盆		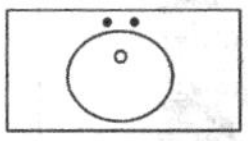	主要附件：冷、热水龙头和下水铜活
台式洗手盆		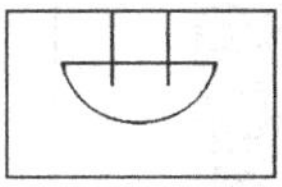	主要附件：冷、热水龙头和下水铜活
立式洗脸盆		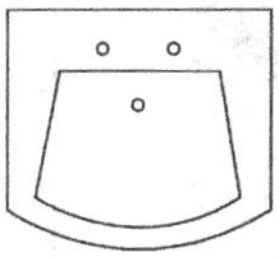	主要附件：冷、热水龙头和下水铜活
浴缸		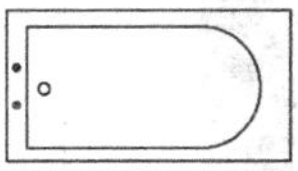	主要配套件：混合水龙头、淋浴器

②便溺用卫生器具如表3.2.2所示。

表3.2.2　便溺用卫生器具

名　称	图　片	图　例	备　注
挂式小便器		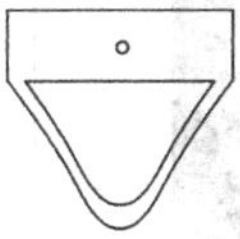	感应式冲洗阀

续表

名　称	图　片	图　例	备　注
立式小便器		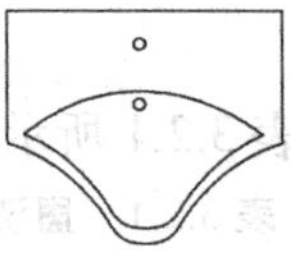	手压式冲洗阀
(砌筑)小便槽			
蹲式大便器	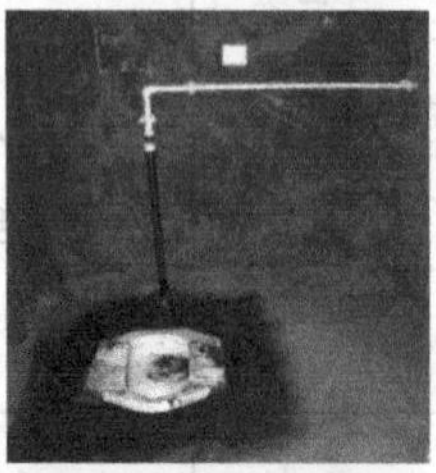	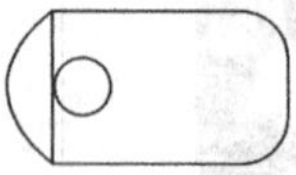	自闭式冲洗阀
蹲式大便器		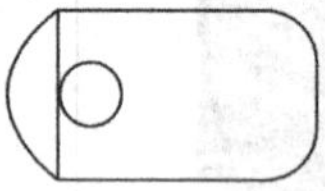	脚踏式自闭冲洗阀
蹲式大便器	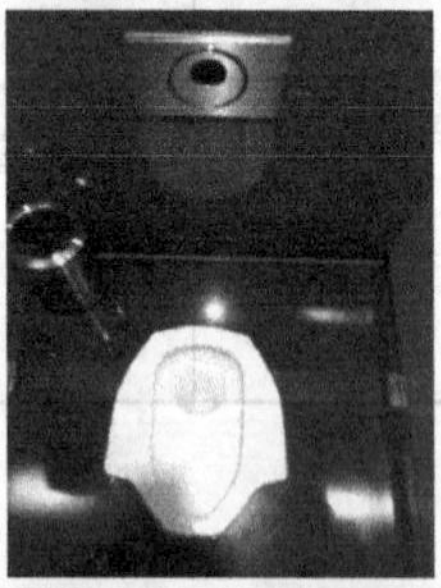	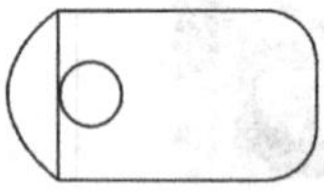	感应式冲洗阀
连体水箱坐便器		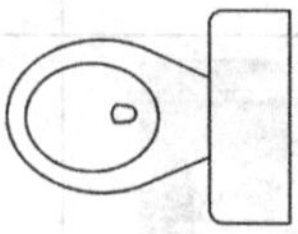	主要配套件:三角阀和连接软管

续表

名称	图片	图例	备注
不锈钢洗涤盆		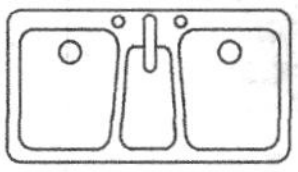	主要附件:冷、热水龙头和下水铜活
瓷质立柱式洗涤盆			主要附件:冷、热水龙头和下水铜活
拖布池			主要配套件:水龙头

③其他受水口如表3.2.3所示。

表3.2.3 其他受水口

名称	图片	图例	备注
不锈钢地漏		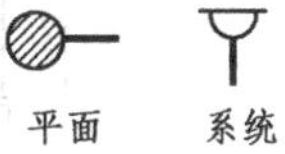	设置栅栏,防止粗大污物进入排水管道;设置水封,防止有害气体窜入室内
塑料方形地漏	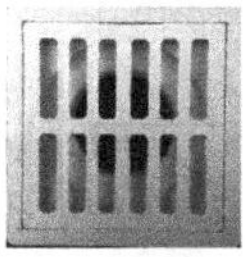	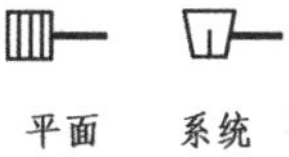	
洗衣机地漏			圆形地漏

2)常见的排水管道及管件

①塑料排水管道及管件如表3.2.4所示。

表 3.2.4　塑料排水管道及管件

名　称	图　片	图　例	备　注
PVC-U 实壁螺旋 降噪管	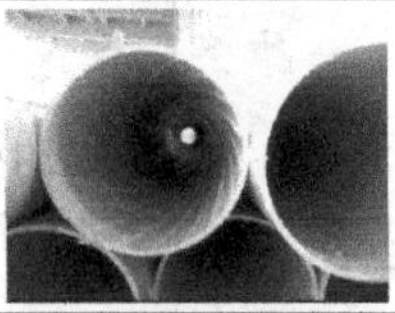	——W——	常用于高层建筑上部分的室内排水管
PVC-U 中空螺旋 降噪管	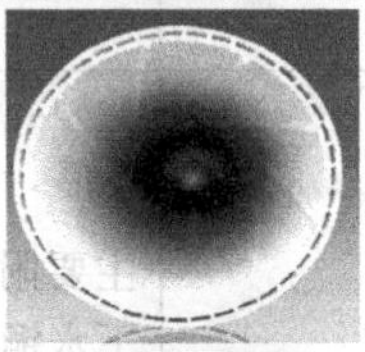	——W——	常用于高层建筑下部分的室内排水管
排水 塑料管 阻火圈	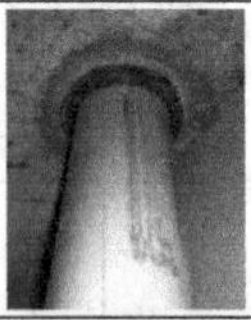		常用于高层建筑排水管
(排水立管) 消能装置	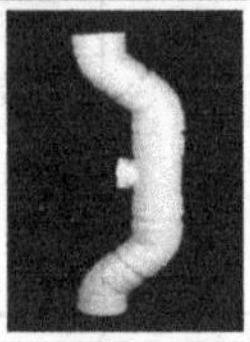		常用于高层建筑排水管
室内排水 H形管	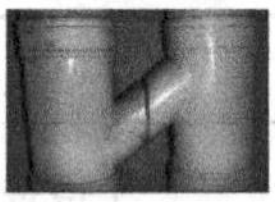	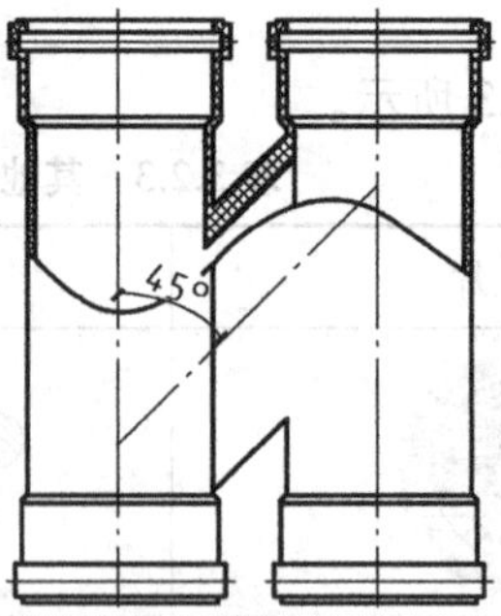	组成:排水管结合通气管
(屋顶) 透气帽			
扫除口 (清扫口)			地面或管端
室内排水 承插粘接 塑料管 存水弯	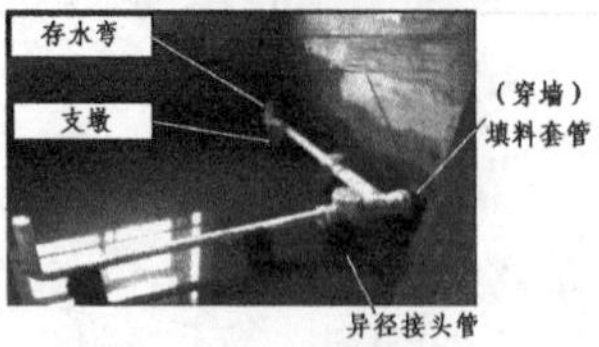	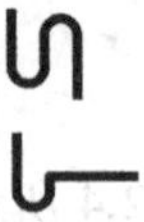	S形存水弯、P形存水弯

②金属排水管道及管件如表3.2.5所示。

表3.2.5 金属排水管道及管件

名 称	图 片	图 例	备 注
室内排水承插式铸铁管	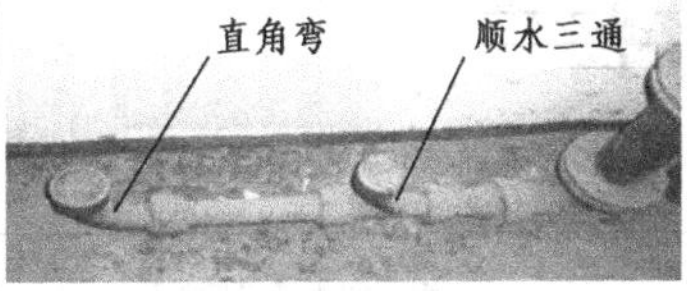		水泥、石棉水泥接口
室内排水柔性铸铁管	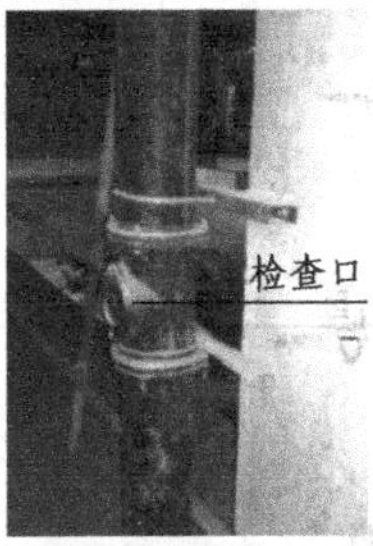		法兰连接
室内排水卡箍式铸铁管	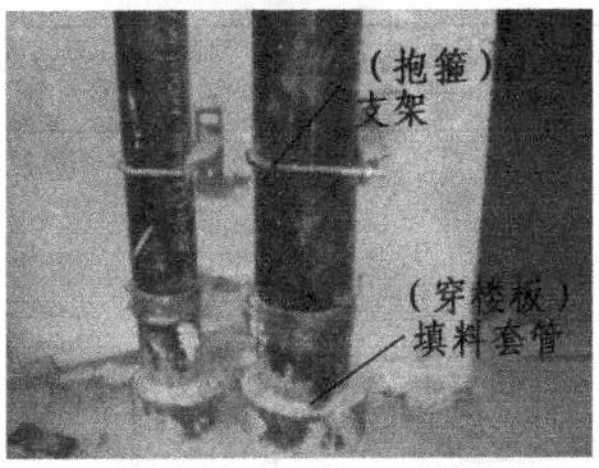	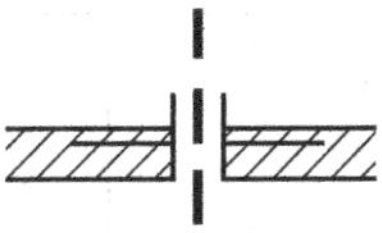	不锈钢卡箍连接、穿楼板套管
机械排水系统的钢管排水管			潜污泵、止回阀、关断蝶阀

③各类套管如表3.2.6所示。

表3.2.6 各类套管

名 称	图 片	图 例	备 注
穿屋面刚性防水套管		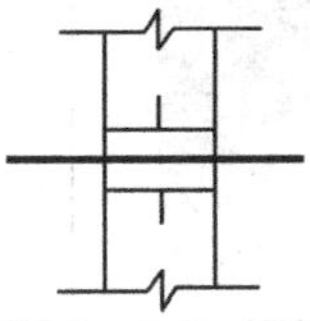	高于屋面完成面300 mm及以上

续表

名　称	图　片	图　例	备　注
(穿楼板)翼环钢套管	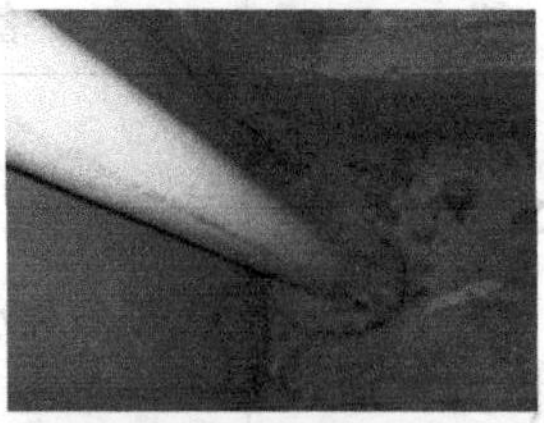	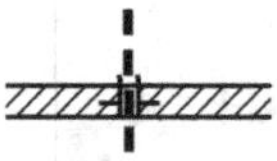	
一般穿墙钢套管	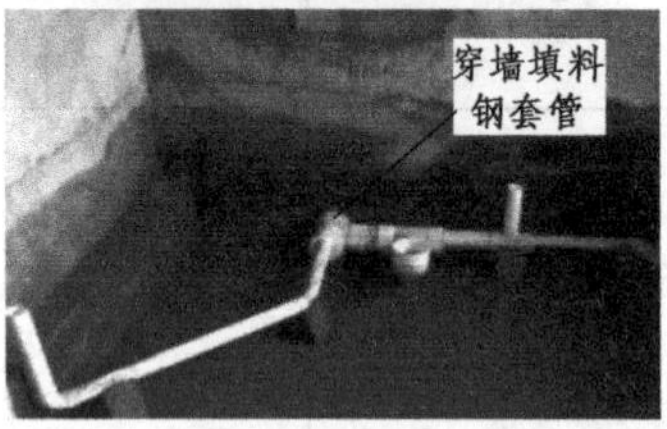		穿墙填料钢套管

④塑料雨水管道及管件如表 3.2.7 所示。

表 3.2.7　塑料雨水管道及管件

名　称	图　片	图　例	备　注
吐水管和雨水斗	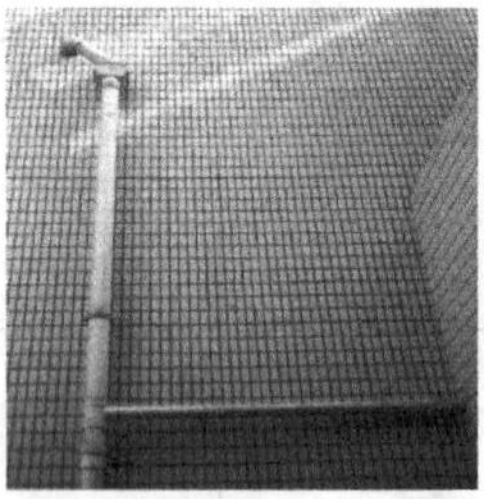	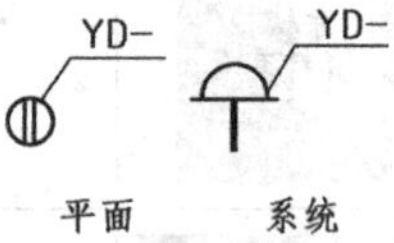	
(屋面或地面)雨水口			
平屋面弯管式侧排雨水口			

⑤室外排水管道及管件如表 3.2.8 所示。

表 3.2.8　室外排水管道及管件

名　称	图　片	图　例	备　注
HDPE 塑料缠绕排水管		——W——	常用于室外排水管胶圈承插连接
钢筋混凝土排水管		——Y——	常用于室外排水管
HDPE 高密度聚乙烯塑料排水管	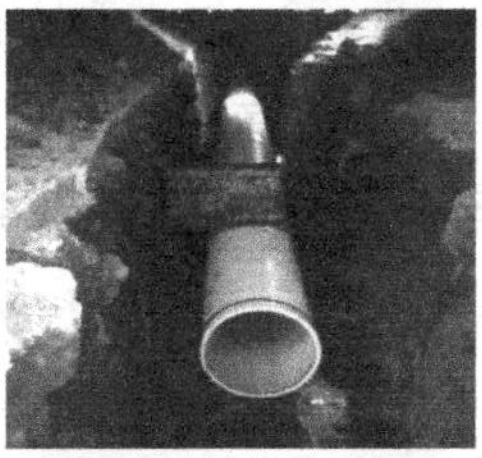	——W——	承插橡胶圈密封 HDPE 塑料管,为室外污水管网常见设施
UPVC 聚氯乙烯塑料排水管	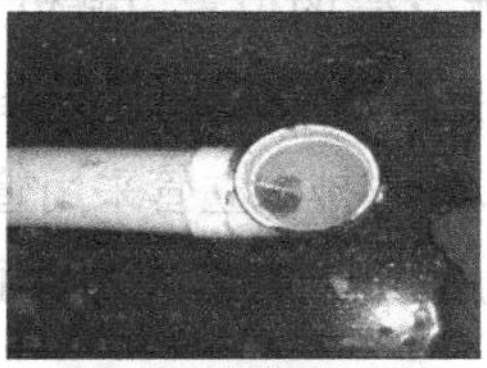	——W——	承插粘接 UPVC 塑料排水管,为室外污水管网常见设施
塑料污水检查井		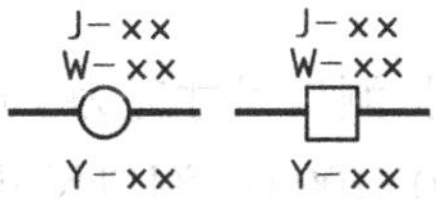	以代号区别管道
砖砌污水检查井		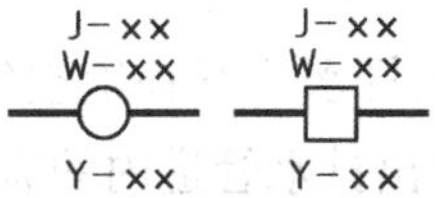	以代号区别管道
玻璃钢化粪池	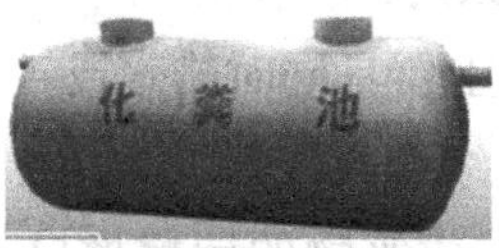	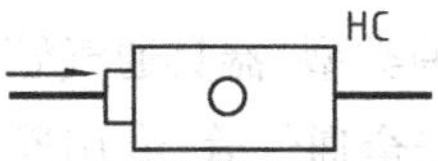	

3.2.3 建筑排水系统设置的一般原则

1)室内排水从卫生器具起顺着水流方向排至室外管井

建筑室内排水系统以卫生器具或生产设备受水器具为起点,污水或废水经卫生器具的排水栓流入器具内的水封装置或与器具排水管连接的存水弯,最后流入排水管系。

2)设置建筑排水系统的思路

设置建筑排水系统的主要工作是选择与布置卫生器具(或生产设备受水器)、配置排水管网。选择与布置卫生器具(或生产设备受水器)的目的是依据空间位置关系满足建筑内房间(或生产设备)的功能;配置排水管网则需要考虑排出物的性质,从而选择管材与管径,以及协调与建筑物之间的关系,来选择管道走向。

(1)排水管网的设置

排水管网的设置与布置如无设计说明,应遵循以下原则:排水管明装为主,对于排水横管,明装管道应与建筑轴线平行设置,尽量减少不必要的转角和弯折;留有足够的空间利于拆换和检修;吊箍间距在 1 m 以内;排水管布置在给水管下方,水平净距为 1.0~3.0 m;排水管尽量避免穿越设备基础、伸缩缝、沉降缝;宜用最短距离通至室外,最小埋深 0.4~1.0 m;底层一般考虑单独排出室外方式。

(2)排水立管的设置

对于排水立管,如无设计说明,应遵循以下原则:污水立管的位置应避免靠近与卧室相邻的内墙,管壁与建筑物表面的净距离一般为 25~35 mm;立管应设置在靠近杂质最多、最脏及排水量最大的点位;排水立管之间的水平净距为 0.15~0.2 m;排水立管采用管卡固定,接头处必须设置管卡,间距为 3 m;横管与立管之间的连接宜采用斜三通、斜四通、两个 45°弯头或直径大于 4 倍管径的 90°弯头。

(3)排水管楼板留洞

①当管道直径≤DN 50 时,洞口尺寸应为 150 mm×150 mm;

②当管道直径为 DN50~DN100 时,洞口尺寸应为 200 mm×200 mm;

③当管道直径>DN100 时,洞口尺寸应为(管道直径+200 mm)×(管道直径+250 mm)。

(4)通气管系的设置

通气管系的作用主要是向排水管系补给空气,使水流畅通,减小排水管内的气压变化幅度,以免破坏"水封";同时,排出排水管道内的有害气体,保持排水管内新鲜空气流通,减轻废气对管道的侵蚀。

通气管系的设置与布置如无设计说明,应遵循以下原则:

①常见的通气管系有 5 种类型:器具通气管(6 个以上器具同时排水或 4 个以上器具且管长超过 12 m)、环行通气管、安全通气管、专用通气立管、结合通气管。

②条件允许时,透气管应引向无门窗一侧;不宜设在建筑物的屋檐檐口、阳台、雨篷等下

面;管道顶端应装网形透气帽,寒冷地区应采用伞形透气帽。

③伸顶通气管一般应高出屋面 0.3 m(并大于积雪厚度);平屋面应高出 2 m;当管道四周 4 m 范围内有门窗时,应高出门窗 0.6 m;

④楼层不高、卫生器具不多的建筑物,常将排水立管伸出屋面通气;立管最高层的检查口以上的管段称为伸顶通气管(或透气管)。

⑤透气管穿越屋顶处应有防漏措施,其管径与排水管相同或小 1~2 级,但专用通气管的管径应比最底层污水立管管径小 1 级,结合通气管的管径不得小于所连接的较小一根立管的管径。

3.2.4　施工质量验收规范对排水系统的相关规定

《建筑给水排水及采暖工程施工质量验收规范》(GB 50242—2002)对排水系统的相关规定如下。

表3.2.9至表3.2.11

1)室内排水工程

对排水管的支架及其他的相关规定如表 3.2.9 所示。

表 3.2.9　对排水管的支架及其他的相关规定(摘要)

序　号	条　码	知识点	页　码
1	5.2.8	金属排水管支架,水平横管间距不大于 2 m,立管不大于 3 m,层高小于或等于 4 m 立管可只设一个	23
2	5.2.9	塑料排水管支架,立管和横管要求不同,一般横管支架间距比外径放大 10 倍左右,立管比横管放大 2 倍左右	23
3	3.3.3	管道穿过地下室或地下构筑物外墙,应采取防水措施,有严格要求的,选择柔性防水套管	12
4	3.3.13	管道穿过墙壁和楼板,应设置金属或塑料套管	14
5	5.2.1	隐蔽或埋地的排水管道做灌水试验	21
6	5.2.5	排水主立管及水平干管做通球试验	22
7	5.3.1	安装在室内的雨水管道做灌水试验	24

2)室内排水工程安装

对室内排水工程安装的相关规定如表 3.2.10 所示。

表 3.2.10　对室内排水工程安装的相关规定(摘要)

序　号	条　码	知识点	页　码
1	5.1.2	生活污水管道的材质在特殊情况下才使用钢管	21
2	5.2.4	高层建筑中明设排水塑料管,应设置阻火圈或防火套管	22
3	5.2.6	生活污水立管上应每隔一层设置一个检查口;在连接 2 个及以上大便器或 3 个及以上卫生器具的污水横管上应设置清扫口;清扫口可设在上层地面(此称地面扫除口)	22
4	5.2.10	在经常有人停留的平屋顶上,通气管应高出屋面 2 m	23
5	5.2.13	通向室外的排水管穿过墙壁或基础必须下返时,应在垂直管段顶部设置清扫口	23
6	5.2.14	排水引出管一般应高于室外排水井内的排出管	23
7	5.2.15	排水立管与排出管端部的连接,应采取两个 45°弯头或曲率半径不小于 4 倍管径的 90°弯头	23
8	4.2.5	给水管一般应敷设在排水管上面,否则需要采取相关措施	17
9	7.2.1	地漏水封高度不得小于 50 mm	31
10	7.2.2	卫生器具交工前应做满水和通水试验	31

3)室外排水工程安装

对室外排水工程安装的相关规定如表 3.2.11 所示。

表 3.2.11　对室外排水工程安装的相关规定(摘要)

序　号	条　码	知识点	页　码
1	10.1.2	室外排水管道不使用钢管	46
2	10.2.1	室外排水管道严禁倒坡度或无坡度	46
3	10.2.2	室外排水管道必须做灌水试验和通水试验	46

3.2.5　初识排水施工图

下面以学生宿舍 D 栋排水施工图为例进行初步识读。

1)识读图例表

掌握排水图例符号是识读工程图的前提,如图 3.2.5 所示。

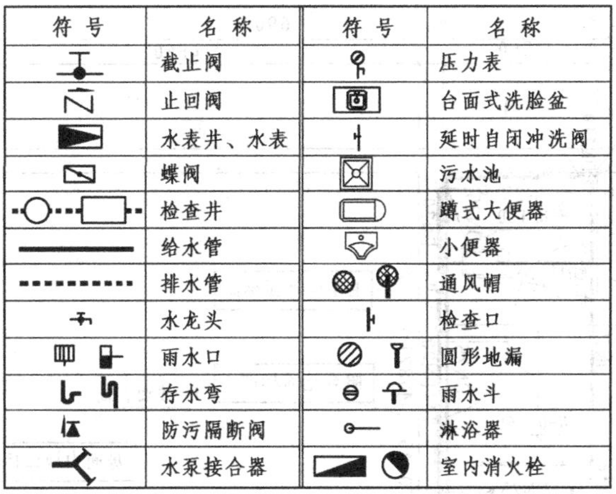

图 例

符号	名称	符号	名称
	截止阀		压力表
	止回阀		台面式洗脸盆
	水表井、水表		延时自闭冲洗阀
	蝶阀		污水池
	检查井		蹲式大便器
	给水管		小便器
	排水管		通风帽
	水龙头		检查口
	雨水口		圆形地漏
	存水弯		雨水斗
	防污隔断阀		淋浴器
	水泵接合器		室内消火栓

图 3.2.5 给水排水工程图例表

2) 识读排水系统图

识读排水系统图的主要目的是理解卫生器具的组成，以及其与排水管网的关系，获得管道高度方向上的长度数据，如图 3.2.6 所示。

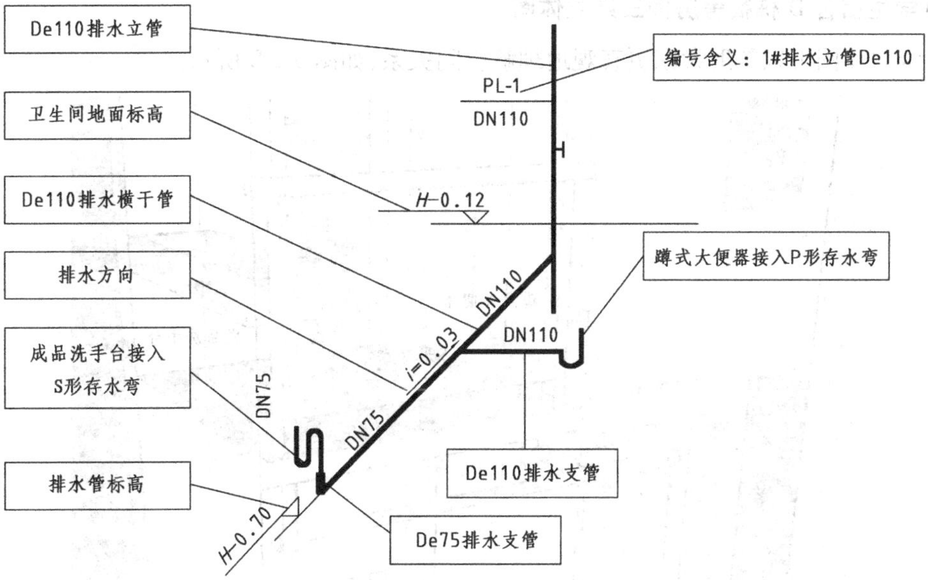

图 3.2.6 排水系统图

3) 识读学生宿舍 D 栋宿舍房间排水平面图

识读排水平面图的主要目的是掌握卫生器具与建筑物之间的关系，以及排水管道（图中用虚线表达）的位置与走向，获得管道平面长度的数据，如图 3.2.7 所示。

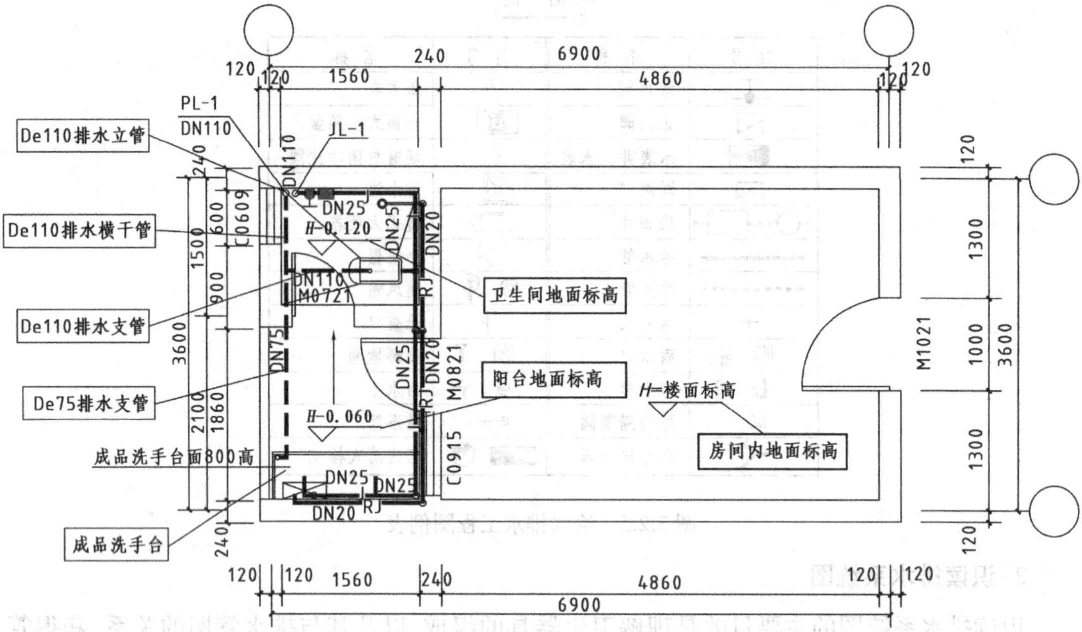

图 3.2.7　宿舍房间给排水平面图

4)学生宿舍 D 栋宿舍房间三维立体图

三维立体图可以帮助大家更直观地理解空间关系,如图 3.2.8 所示。

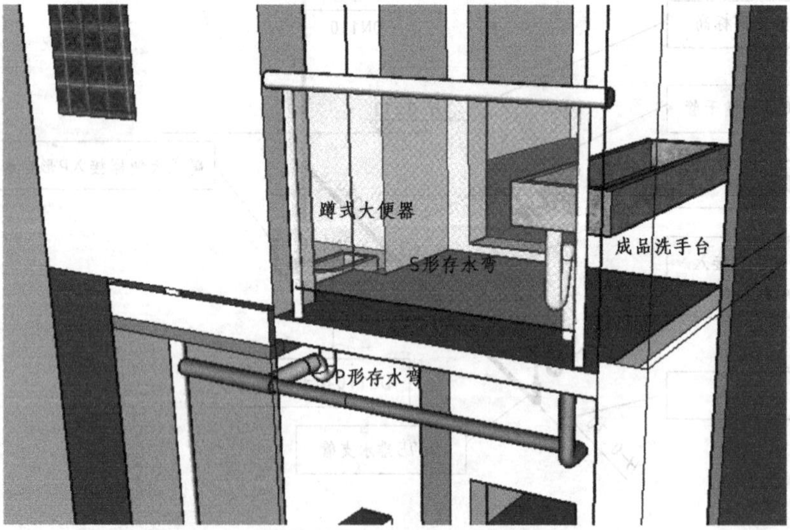

图 3.2.8　宿舍房间三维立体图

5)识读施工图获取的信息

由以上相关图纸可知:宿舍房间中各处地面标高不同,房间内楼地面标高为 H,阳台地面标高为 $H-0.06$,卫生间地面标高为 $H-0.12$,排水横管的水平标高为 $H-0.70$;管道直径逐渐由小变大，连接成品洗手台的排水支管为De75，连接蹲式大便器的支管为De110，两根支管顺着水流方向在管道三通处合流后，沿着De110的水平管流入De110的排水立管，进而排至室外。

6）室外排水平面图

室外排水工程图一般只有平面图（或者增加剖面图），没有配套系统图，如图3.2.9所示。

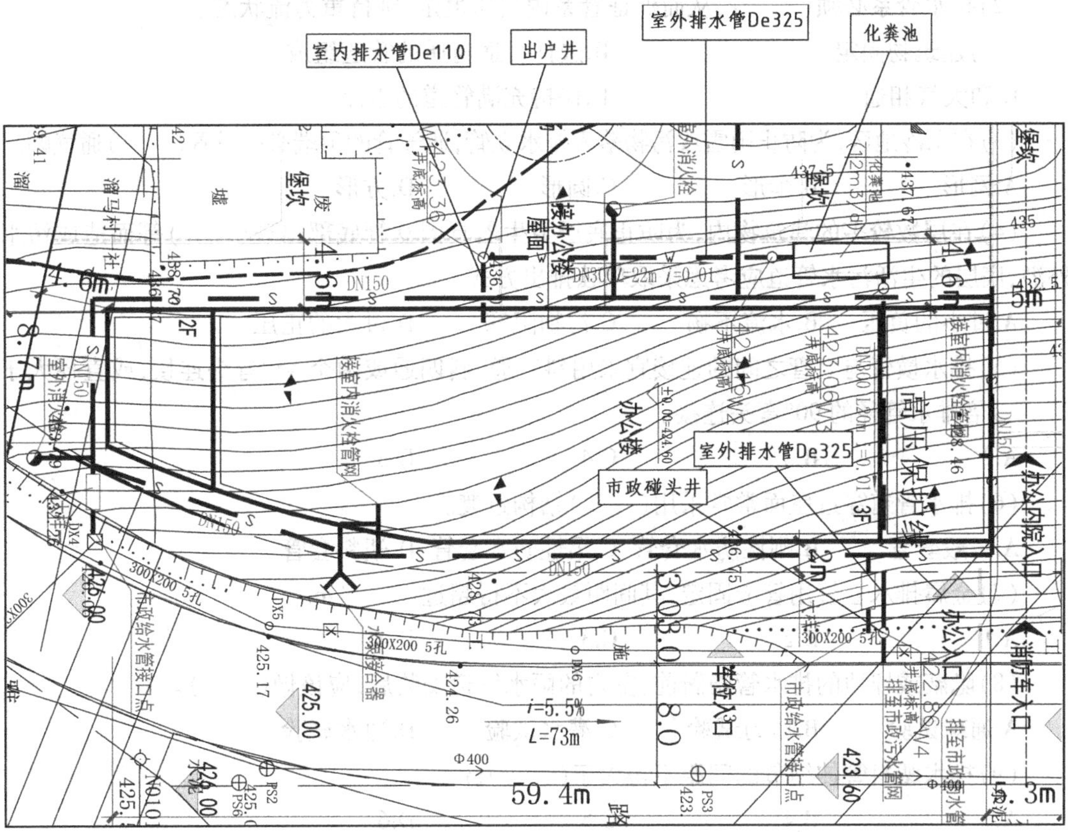

图3.2.9 室外排水平面图

7）识读排水系统工程图的顺序

在掌握图例符号后，顺着水流方向依次识读系统图，再结合系统图识读平面图：卫生设备→支管→横干管→立管→出户管→室外检查井（窨井）→室外排水管→化粪池→市政碰头井。

习题

1.单项选择题

（1）建筑小区室外排水系统（子分部工程）与室内排水系统（子分部工程）一般是以（　　）为界。

A.建筑小区下游最后一个污水检查井(碰头井)

B.排出建筑物的第一个污水井(处)

C.建筑小区下游最后一个雨水检查井(碰头井)

D.阀门井

(2)排水管系必须(　　),从而保证管系内气压恒定,维持重力流状态。

A.与建筑物固定　　B.选择合适材质的管道组成

C.和大气相通　　D.保持充满管道的水流

(3)在寒冷地区,为防止雨雪或污物落入排水立管,通气管的顶端必须设置(　　)通气帽。

A.网形　　B.伞形　　C.圆形　　D.方形

(4)在层数较多的建筑物内,为防止底层卫生器具因立管底部出现(　　)等而造成污水外溢,底层的生活污水管道应考虑采取单独排出方式。

A.过小的负压　　B.水流不畅　　C.污物阻塞　　D.过大的正压

(5)排水横管与立管之间的连接宜采用斜三通、斜四通或两个45°弯头连接,或直径大于(　　)倍排水管径的90°弯头连接。

A.2　　B.3　　C.4　　D.5

(6)排水管道穿过屋面常常采用(　　)结构过渡。

A.一般套管　　B.刚性防水套管　　C.柔性防水套管　　D.塑料套管

(7)金属排水立管用管卡固定,其间距最大不得超过(　　)m。

A.1　　B.2　　C.3　　D.4

(8)隐蔽或埋地的排水管隐蔽前,室内的雨水管道安装后,应该做(　　)。

A.通球试验　　B.压力试验　　C.灌水试验　　D.通水试验

(9)排水塑料管伸缩节的间距不得大于(　　)m。

A.3　　B.4　　C.5　　D.6

(10)De110排水塑料横管支架的间距最大不超过(　　)m。

A.0.5　　B.0.75　　C.1.10　　D.1.6

2.多项选择题

(1)环行通气管适用于(　　),设置环行通气管的同时应设置通气立管。

A.若一根横支管接纳4个以上大便器,且同时排水概率较大

B.若一根横支管接纳6个以上大便器,且同时排水概率较大

C.若一根横支管接纳4个以上卫生器具,且管长大于12 m

D.若一根横支管接纳6个以上卫生器具,且管长大于12 m

E.若一根横支管接纳的卫生器具数量甚多,或横支管甚长

(2)对于层数不高、卫生器具不多的建筑物设置的伸顶通气管是(　　)。

A.自楼顶层表面算起　　B.应高出屋面0.6 m以上

C.自立管最高层检查口算起　　D.应高出屋面2.0 m以上

E.应高出屋面0.3 m以上

(3)《建筑给水排水及采暖工程施工质量验收规范》(GB 50242—2002)规定,排水管的(　　)应做通球试验。

A.主立管　　B.隐蔽管道

C.埋地管道　　D.通气管

E.水平干管

(4)《建筑给水排水及采暖工程施工质量验收规范》(GB 50242—2002)规定,室内悬吊式雨水管道的材料应选择(　　)。

A.钢管　　B.塑料管

C.钢筋混凝土管　　D.混凝土管

E.铸铁管

(5)通向室外的排水管,穿过墙壁或基础必须下返时,应采用(　　)。

A.45°三通　　B.和45°角弯连接

C.两个45°弯头　　D.在垂直管段顶部设置清扫口

E.曲率半径不小于4倍管径的90°弯头

3.3　排水系统计价定额

3.3.1　排水系统计价前应知

1)编制工程造价文件的三个维度

请参照“1.3.1　生活给水系统计价前应知”中的相应内容。

2)重庆市2018费用定额

请参照“1.3.1　生活给水系统计价前应知”中的相应内容。

3)出厂价、工地价、预算价的不同概念

请参照“1.3.1　生活给水系统计价前应知”中的相应内容。

4)排水系统造价分析指标

(1)传统指标体系

传统指标体系以单位面积为基数的分析思想:

造价指标=分部工程造价/建筑面积

(2)专业指标体系

专业指标体系以本专业的主要技术指标为基数的分析思想:

排水系统造价指标=排水子分部工程造价/设计日污水量

(3)建立造价分析指标制度的作用

①近期作用:是宏观评价工程造价水平(质量)的依据。

②远期作用:积累经验。

3.3.2 排水系统计价定额常用项目

排水系统属于《重庆市通用安装工程计价定额》(CQAZDE—2018)第十册《给排水、采暖、燃气安装工程》。《重庆市通用安装工程计价定额》分册的组成见图1.3.2。第十册《给排水、采暖、燃气安装工程》的组成如图3.3.1所示。

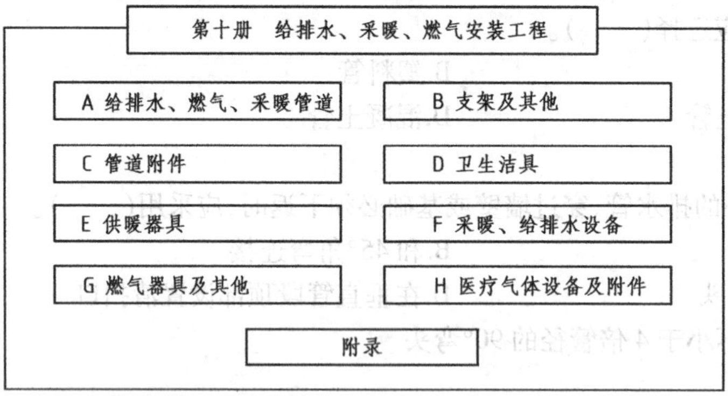

图3.3.1 第十册《给排水、采暖、燃气安装工程》的组成

排水系统除涉及第十册《给排水、采暖、燃气安装工程》的相关内容以外，还涉及第十一册《刷油、防腐蚀、绝热安装工程》。

表3.3.1

1)排水系统卫生器具及给排水附配件的常用项目

排水系统卫生器具及给排水附配件的常用项目如表3.3.1所示。

表3.3.1 排水系统常用卫生器具及给排水附配件

<table>
<tr><th>定额项目</th><th>章节编号</th><th>定额页码</th><th>图 片</th><th>对应清单</th><th>说 明</th></tr>
<tr><td>浴缸安装</td><td>D.1.1</td><td>273</td><td></td><td>
<table>
<tr><th>项目编码</th><th>项目名称</th><th>项目特征</th><th>计量单位</th></tr>
<tr><td>031004001</td><td>浴缸</td><td rowspan="8">1.材质
2.规格、类型
3.组装形式
4.附件名称、数量</td><td rowspan="8">组</td></tr>
<tr><td>031004002</td><td>净身盆</td></tr>
<tr><td>031004003</td><td>洗脸盆</td></tr>
<tr><td>031004004</td><td>洗涤盆</td></tr>
<tr><td>031004005</td><td>化验盆</td></tr>
<tr><td>031004006</td><td>大便器</td></tr>
<tr><td>031004007</td><td>小便器</td></tr>
<tr><td>031004008</td><td>其他成品卫生器具</td></tr>
</table></td><td></td></tr>
<tr><td>洗脸盆安装</td><td>D.3.1</td><td>275</td><td></td><td>
<table>
<tr><th>项目编码</th><th>项目名称</th><th>项目特征</th><th>计量单位</th></tr>
<tr><td>031004001</td><td>浴缸</td><td rowspan="8">1.材质
2.规格、类型
3.组装形式
4.附件名称、数量</td><td rowspan="8">组</td></tr>
<tr><td>031004002</td><td>净身盆</td></tr>
<tr><td>031004003</td><td>洗脸盆</td></tr>
<tr><td>031004004</td><td>洗涤盆</td></tr>
<tr><td>031004005</td><td>化验盆</td></tr>
<tr><td>031004006</td><td>大便器</td></tr>
<tr><td>031004007</td><td>小便器</td></tr>
<tr><td>031004008</td><td>其他成品卫生器具</td></tr>
</table></td><td>组装形式：挂墙式、半立柱式、立柱式、台上式、台下式、半嵌入式、碗式</td></tr>
</table>

续表

<table>
<tr><th>定额项目</th><th>章节编号</th><th>定额页码</th><th>图 片</th><th>对应清单</th><th>说 明</th></tr>
<tr><td>洗手盆、洗发盆安装</td><td>D.3.2</td><td>276</td><td>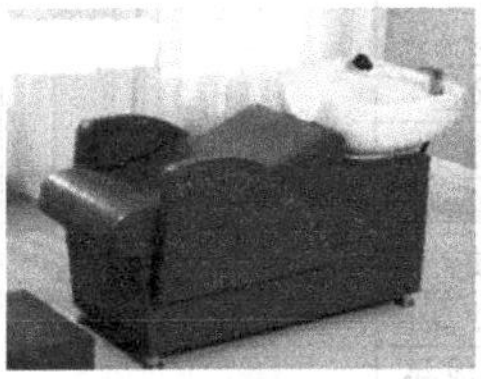</td><td>
<table>
<tr><th>项目编码</th><th>项目名称</th><th>项目特征</th><th>计量单位</th></tr>
<tr><td>031004001</td><td>浴缸</td><td rowspan="8">1.材质
2.规格、类型
3.组装形式
4.附件名称、数量</td><td rowspan="8">组</td></tr>
<tr><td>031004002</td><td>净身盆</td></tr>
<tr><td>031004003</td><td>洗脸盆</td></tr>
<tr><td>031004004</td><td>洗涤盆</td></tr>
<tr><td>031004005</td><td>化验盆</td></tr>
<tr><td>031004006</td><td>大便器</td></tr>
<tr><td>031004007</td><td>小便器</td></tr>
<tr><td>031004008</td><td>其他成品卫生器具</td></tr>
</table>
</td><td>组装形式：挂墙式、半立柱式、立柱式、台上式、台下式、半嵌入式、碗式</td></tr>
<tr><td>蹲式大便器安装</td><td>D.6.1</td><td>279</td><td>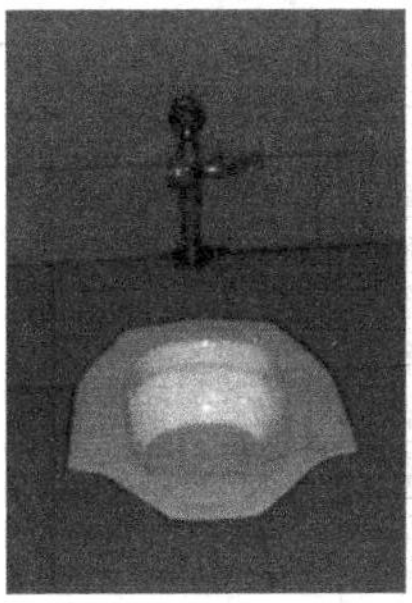</td><td>
<table>
<tr><th>项目编码</th><th>项目名称</th><th>项目特征</th><th>计量单位</th></tr>
<tr><td>031004001</td><td>浴缸</td><td rowspan="8">1.材质
2.规格、类型
3.组装形式
4.附件名称、数量</td><td rowspan="8">组</td></tr>
<tr><td>031004002</td><td>净身盆</td></tr>
<tr><td>031004003</td><td>洗脸盆</td></tr>
<tr><td>031004004</td><td>洗涤盆</td></tr>
<tr><td>031004005</td><td>化验盆</td></tr>
<tr><td>031004006</td><td>大便器</td></tr>
<tr><td>031004007</td><td>小便器</td></tr>
<tr><td>031004008</td><td>其他成品卫生器具</td></tr>
</table>
</td><td></td></tr>
<tr><td>坐式大便器安装</td><td>D.6.2</td><td>280</td><td></td><td>
<table>
<tr><th>项目编码</th><th>项目名称</th><th>项目特征</th><th>计量单位</th></tr>
<tr><td>031004001</td><td>浴缸</td><td rowspan="8">1.材质
2.规格、类型
3.组装形式
4.附件名称、数量</td><td rowspan="8">组</td></tr>
<tr><td>031004002</td><td>净身盆</td></tr>
<tr><td>031004003</td><td>洗脸盆</td></tr>
<tr><td>031004004</td><td>洗涤盆</td></tr>
<tr><td>031004005</td><td>化验盆</td></tr>
<tr><td>031004006</td><td>大便器</td></tr>
<tr><td>031004007</td><td>小便器</td></tr>
<tr><td>031004008</td><td>其他成品卫生器具</td></tr>
</table>
</td><td></td></tr>
<tr><td>挂式小便器安装</td><td>D.7.1</td><td>281</td><td></td><td>
<table>
<tr><th>项目编码</th><th>项目名称</th><th>项目特征</th><th>计量单位</th></tr>
<tr><td>031004001</td><td>浴缸</td><td rowspan="8">1.材质
2.规格、类型
3.组装形式
4.附件名称、数量</td><td rowspan="8">组</td></tr>
<tr><td>031004002</td><td>净身盆</td></tr>
<tr><td>031004003</td><td>洗脸盆</td></tr>
<tr><td>031004004</td><td>洗涤盆</td></tr>
<tr><td>031004005</td><td>化验盆</td></tr>
<tr><td>031004006</td><td>大便器</td></tr>
<tr><td>031004007</td><td>小便器</td></tr>
<tr><td>031004008</td><td>其他成品卫生器具</td></tr>
</table>
</td><td></td></tr>
</table>

续表

<table>
<tr><th>定额项目</th><th>章节编号</th><th>定额页码</th><th>图　片</th><th>对应清单</th><th>说　明</th></tr>
<tr><td>立式小便器安装</td><td>D.7.2</td><td>282</td><td></td><td><table>
<tr><th>项目编码</th><th>项目名称</th><th>项目特征</th><th>计量单位</th></tr>
<tr><td>031004001</td><td>浴缸</td><td rowspan="8">1.材质
2.规格、类型
3.组装形式
4.附件名称、数量</td><td rowspan="8">组</td></tr>
<tr><td>031004002</td><td>净身盆</td></tr>
<tr><td>031004003</td><td>洗脸盆</td></tr>
<tr><td>031004004</td><td>洗涤盆</td></tr>
<tr><td>031004005</td><td>化验盆</td></tr>
<tr><td>031004006</td><td>大便器</td></tr>
<tr><td>031004007</td><td>小便器</td></tr>
<tr><td>031004008</td><td>其他成品卫生器具</td></tr>
</table></td><td></td></tr>
<tr><td>成品洗手台安装</td><td>D.8.1</td><td>283</td><td>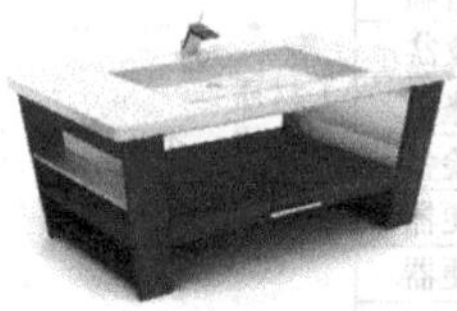</td><td><table>
<tr><th>项目编码</th><th>项目名称</th><th>项目特征</th><th>计量单位</th></tr>
<tr><td>031004001</td><td>浴缸</td><td rowspan="8">1.材质
2.规格、类型
3.组装形式
4.附件名称、数量</td><td rowspan="8">组</td></tr>
<tr><td>031004002</td><td>净身盆</td></tr>
<tr><td>031004003</td><td>洗脸盆</td></tr>
<tr><td>031004004</td><td>洗涤盆</td></tr>
<tr><td>031004005</td><td>化验盆</td></tr>
<tr><td>031004006</td><td>大便器</td></tr>
<tr><td>031004007</td><td>小便器</td></tr>
<tr><td>031004008</td><td>其他成品卫生器具</td></tr>
</table></td><td>①附件名称：水嘴和排水栓及落水管接口；②定额代用，注意定额中已包含了一个水嘴和排水附件</td></tr>
<tr><td>整体淋浴房安装</td><td>D.11.1</td><td>285</td><td></td><td><table>
<tr><th>项目编码</th><th>项目名称</th><th>项目特征</th><th>计量单位</th></tr>
<tr><td>031004009</td><td>烘手器</td><td>1.材质
2.型号、规格</td><td>个</td></tr>
<tr><td>031004010</td><td>沐浴器</td><td rowspan="3">1.材质、规格
2.组装形式
3.附件名称、数量</td><td rowspan="3">套</td></tr>
<tr><td>031004011</td><td>沐浴间</td></tr>
<tr><td>031004012</td><td>桑拿浴房</td></tr>
</table></td><td></td></tr>
<tr><td>桑拿浴房(湿蒸房)</td><td>D.12.1</td><td>285</td><td></td><td><table>
<tr><th>项目编码</th><th>项目名称</th><th>项目特征</th><th>计量单位</th></tr>
<tr><td>031004009</td><td>烘手器</td><td>1.材质
2.型号、规格</td><td>个</td></tr>
<tr><td>031004010</td><td>沐浴器</td><td rowspan="3">1.材质、规格
2.组装形式
3.附件名称、数量</td><td rowspan="3">套</td></tr>
<tr><td>031004011</td><td>沐浴间</td></tr>
<tr><td>031004012</td><td>桑拿浴房</td></tr>
</table></td><td></td></tr>
<tr><td>地漏安装</td><td>D.14.2</td><td>289</td><td></td><td><table>
<tr><th>项目编码</th><th>项目名称</th><th>项目特征</th><th>计量单位</th></tr>
<tr><td>031004014</td><td>给、排水附（配）件</td><td>1.材质
2.型号、规格
3.安装方式</td><td>个（组）</td></tr>
</table></td><td>①材质：塑料、铸铁、不锈钢；②安装方式：承插连接</td></tr>
</table>

续表

定额项目	章节编号	定额页码	图　片	对应清单				说　明
				项目编码	项目名称	项目特征	计量单位	
(地漏的)存水弯安装	D.14.1	288	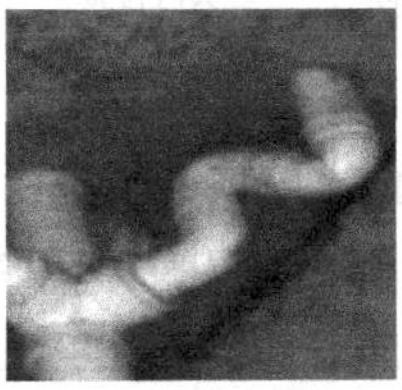	031004014	给、排水附（配）件	1.材质 2.型号、规格 3.安装方式	个（组）	扣除排水栓带链堵和承插塑料排水管材料
侧排雨水口	D.14.2	289		031004014	给、排水附（配）件	1.材质 2.型号、规格 3.安装方式	个（组）	①材质：塑料、铸铁、不锈钢； ②安装方式：侧装嵌入式
地面扫除口安装	D.14.5	290		031004014	给、排水附（配）件	1.材质 2.型号、规格 3.安装方式	个（组）	①材质：塑料、铸铁、不锈钢； ②安装方式：地面安装
普通雨水斗安装	D.14.6	291	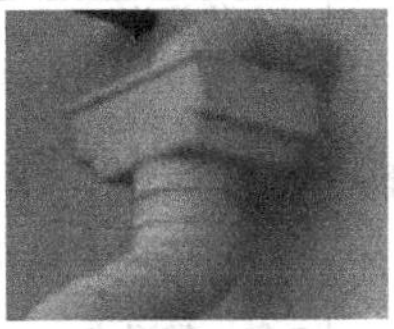	031004014	给、排水附（配）件	1.材质 2.型号、规格 3.安装方式	个（组）	

表3.3.2

2) 排水系统管道常用项目

排水系统管道常用项目如表 3.3.2 所示。

表 3.3.2　排水系统管道常用项目

定额项目	章节编号	定额页码	图　片	对应清单				说　明
				项目编码	项目名称	项目特征	计量单位	
室内铸铁排水管(石棉水泥接口或水泥接口)	A.5.11	92 93	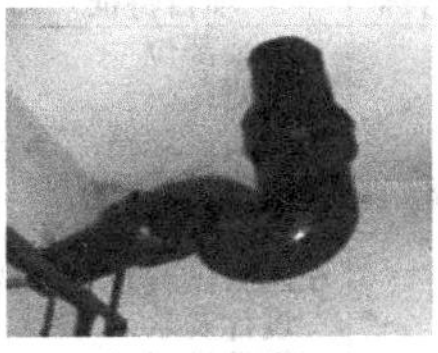	031001005	铸铁管	1.安装部位 2.介质 3.材质、规格 4.连接形式 5.接口材料 6.压力试验及吹、洗设计要求 7.警示带形式	m	

续表

定额项目	章节编号	定额页码	图片	对应清单	说明
室内柔性法兰铸铁排水管	A.5.13	94		项目编码：031001005 项目名称：铸铁管 项目特征：1.安装部位 2.介质 3.材质、规格 4.连接形式 5.接口材料 6.压力试验及吹、洗设计要求 7.警示带形式 计量单位：m	
室内柔性卡箍连接铸铁排水管	A.5.14	95		项目编码：031001005 项目名称：铸铁管 项目特征：1.安装部位 2.介质 3.材质、规格 4.连接形式 5.接口材料 6.压力试验及吹、洗设计要求 7.警示带形式 计量单位：m	
室内承插塑料排水管（零件粘接）	A.6.18	122	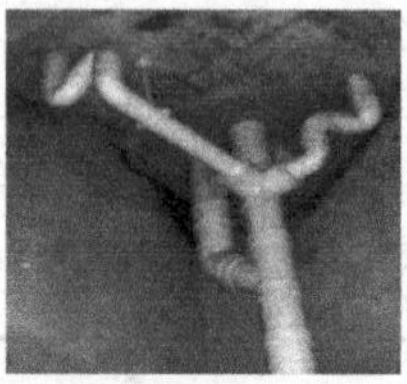	项目编码：031001006 项目名称：塑料管 项目特征：1.安装部位 2.介质 3.材质、规格 4.连接形式 5.阻火圈设计要求 6.压力试验及吹、洗设计要求 7.警示带形式 计量单位：m	
排水管阻火圈	B4.1	174		项目编码：031001006 项目名称：塑料管 项目特征：1.安装部位 2.介质 3.材质、规格 4.连接形式 5.阻火圈设计要求 6.压力试验及吹、洗设计要求 7.警示带形式 计量单位：m	此项包括在塑料管清单工作内容中
室内承插塑料排水管（螺母密封圈连接）	A.6.19	122	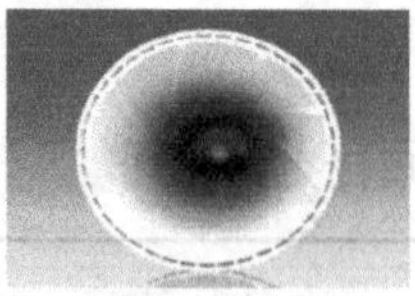	项目编码：031001006 项目名称：塑料管 项目特征：1.安装部位 2.介质 3.材质、规格 4.连接形式 5.阻火圈设计要求 6.压力试验及吹、洗设计要求 7.警示带形式 计量单位：m	
室内承插塑料雨水管（零件粘接）	A.6.20	123	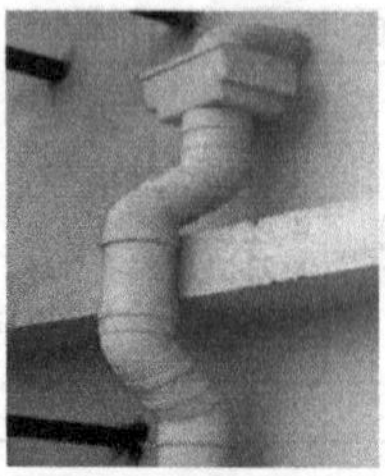	项目编码：031001006 项目名称：塑料管 项目特征：1.安装部位 2.介质 3.材质、规格 4.连接形式 5.阻火圈设计要求 6.压力试验及吹、洗设计要求 7.警示带形式 计量单位：m	

续表

<table>
<tr><th>定额项目</th><th>章节编号</th><th>定额页码</th><th>图　片</th><th>对应清单</th><th>说　明</th></tr>
<tr><td>室内承插塑料空调排水管(零件粘接)</td><td>A.6.22</td><td>124</td><td></td><td><table><tr><th>项目编码</th><th>项目名称</th><th>项目特征</th><th>计量单位</th></tr><tr><td>031001006</td><td>塑料管</td><td>1.安装部位
2.介质
3.材质、规格
4.连接形式
5.阻火圈设计要求
6.压力试验及吹、洗设计要求
7.警示带形式</td><td>m</td></tr></table></td><td></td></tr>
<tr><td>室内承插塑料阳台排水管(零件粘接)</td><td>A.6.23</td><td>124</td><td></td><td><table><tr><th>项目编码</th><th>项目名称</th><th>项目特征</th><th>计量单位</th></tr><tr><td>031001006</td><td>塑料管</td><td>1.安装部位
2.介质
3.材质、规格
4.连接形式
5.阻火圈设计要求
6.压力试验及吹、洗设计要求
7.警示带形式</td><td>m</td></tr></table></td><td></td></tr>
<tr><td>室外双壁波纹排水管(胶圈接口)</td><td>A.6.7</td><td>108</td><td></td><td><table><tr><th>项目编码</th><th>项目名称</th><th>项目特征</th><th>计量单位</th></tr><tr><td>031001006</td><td>塑料管</td><td>1.安装部位
2.介质
3.材质、规格
4.连接形式
5.阻火圈设计要求
6.压力试验及吹、洗设计要求
7.警示带形式</td><td>m</td></tr></table></td><td></td></tr>
<tr><td>塑料排水管消声器(和塑料排水管消能装置)</td><td>C15.1</td><td>262</td><td>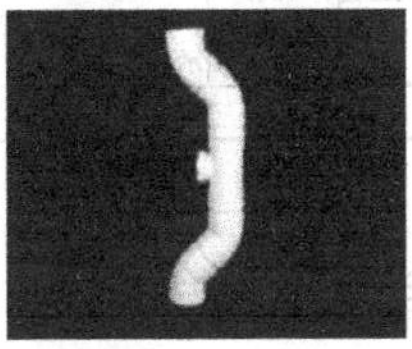</td><td><table><tr><th>项目编码</th><th>项目名称</th><th>项目特征</th><th>计量单位</th></tr><tr><td>031003015</td><td>塑料排水管消声器</td><td rowspan="2">1.规格
2.连接形式</td><td rowspan="2">个
(组)</td></tr><tr><td>031003016</td><td>浮标液面计</td></tr></table></td><td></td></tr>
</table>

3) 排水系统支架及其他常用项目

排水系统支架及其他常用项目如表 3.3.3 所示。

表3.3.3

表 3.3.3　排水系统支架及其他常用项目

<table>
<tr><th>定额项目</th><th>章节编号</th><th>定额页码</th><th>图　片</th><th>对应清单</th><th>说　明</th></tr>
<tr><td>(穿墙)一般套管制作安装(钢管)</td><td>B.3.1</td><td>164
165</td><td></td><td><table><tr><th>项目编码</th><th>项目名称</th><th>项目特征</th><th>计量单位</th><th>工程量计算规则</th><th>工作内容</th></tr><tr><td>031002003</td><td>套管</td><td>1.名称、类型
2.材质
3.规格
4.填料材质</td><td>个</td><td>按设计图示数量计算</td><td>1.制作
2.安装
3.除锈、刷油</td></tr></table></td><td></td></tr>
</table>

续表

<table>
<tr><th>定额项目</th><th>章节编号</th><th>定额页码</th><th>图 片</th><th>对应清单</th><th>说 明</th></tr>
<tr><td>(穿楼板)一般套管制作安装(钢管)</td><td>B.3.1</td><td>164
165</td><td>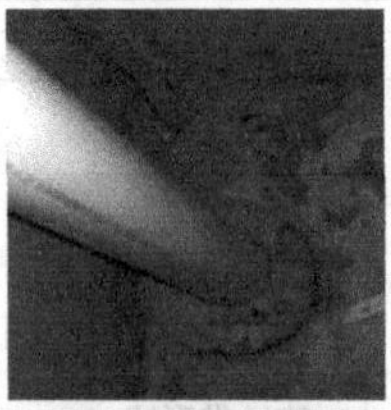</td><td><table><tr><th>项目编码</th><th>项目名称</th><th>项目特征</th><th>计量单位</th><th>工程量计算规则</th><th>工作内容</th></tr><tr><td>031002003</td><td>套管</td><td>1.名称、类型
2.材质
3.规格
4.填料材质</td><td>个</td><td>按设计图示数量计算</td><td>1.制作
2.安装
3.除锈、刷油</td></tr></table></td><td></td></tr>
<tr><td>刚性防水套管(制作、安装)</td><td>B.3.5
B.3.6</td><td>169
170
171</td><td></td><td><table><tr><th>项目编码</th><th>项目名称</th><th>项目特征</th><th>计量单位</th><th>工程量计算规则</th><th>工作内容</th></tr><tr><td>031002003</td><td>套管</td><td>1.名称、类型
2.材质
3.规格
4.填料材质</td><td>个</td><td>按设计图示数量计算</td><td>1.制作
2.安装
3.除锈、刷油</td></tr></table></td><td></td></tr>
<tr><td>混凝土楼板和混凝土墙体预留孔洞</td><td>F.5.1</td><td>88
89</td><td>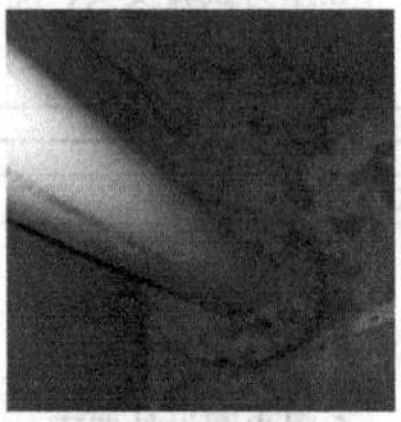</td><td><table><tr><th>项目编码</th><th>项目名称</th><th>项目特征</th><th>计量单位</th></tr><tr><td>030906005</td><td>预留孔洞</td><td></td><td>个</td></tr></table></td><td>借用:第九册</td></tr>
<tr><td>管道支架</td><td>B3.6</td><td>161</td><td></td><td>表K.2 支架及其他(编码:031002)<table><tr><th>项目编码</th><th>项目名称</th><th>项目特征</th><th>计量单位</th><th>工程量计算规则</th><th>工作内容</th></tr><tr><td>031002061</td><td>管道支架</td><td>1.材质
2.管道形式</td><td rowspan="2">1.kg
2.套</td><td rowspan="2">1.以千克计量，按设计图示质量计算
2.以套计量，按设计图示数量计算</td><td rowspan="2">1.制作
2.安装</td></tr><tr><td>031002062</td><td>设备支架</td><td>1.材质
2.形式</td></tr></table></td><td></td></tr>
</table>

4)排水系统管道防腐与其他非标准管件的常用项目

排水系统管道防腐与其他非标准管件常用项目如表3.3.4所示。

表3.3.4

表3.3.4 管道防腐与其他非标准管件的常用项目

<table>
<tr><th>定额项目</th><th>章节编号</th><th>定额页码</th><th>图 片</th><th>对应清单</th><th>说 明</th></tr>
<tr><td>铸铁管刷油(带防锈底漆)</td><td>B.4.2</td><td>58</td><td>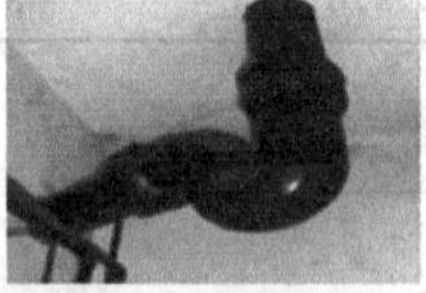</td><td><table><tr><th>项目编码</th><th>项目名称</th><th>项目特征</th><th>计量单位</th></tr><tr><td>031201004</td><td>铸铁管、暖气片刷油</td><td>1.除锈级别
2.油漆品种
3.涂刷遍数、漆膜厚度</td><td>1.m²
2.m</td></tr></table></td><td></td></tr>
<tr><td>铸铁管刷沥青漆</td><td>B.4.4</td><td>59</td><td>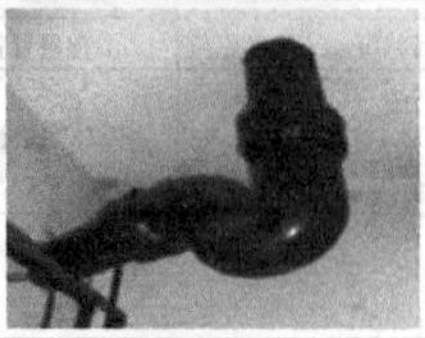</td><td><table><tr><th>项目编码</th><th>项目名称</th><th>项目特征</th><th>计量单位</th></tr><tr><td>031201004</td><td>铸铁管、暖气片刷油</td><td>1.除锈级别
2.油漆品种
3.涂刷遍数、漆膜厚度</td><td>1.m²
2.m</td></tr></table></td><td></td></tr>
</table>

续表

<table>
<tr><th>定额项目</th><th>章节编号</th><th>定额页码</th><th>图　片</th><th>对应清单</th><th>说　明</th></tr>
<tr><td>管道支架刷油(手工除轻锈)</td><td>A.1.3</td><td>10</td><td></td><td><table><tr><th>项目编码</th><th>项目名称</th><th>项目特征</th><th>计量单位</th></tr><tr><td>031201003</td><td>金属结构刷油</td><td>1.除锈级别
2.油漆品种
3.结构类型
4.涂刷遍数、漆膜厚度</td><td>1.m^2
2.kg</td></tr></table></td><td></td></tr>
<tr><td>管道支架防锈漆</td><td>B.3.1.2</td><td>40</td><td></td><td><table><tr><th>项目编码</th><th>项目名称</th><th>项目特征</th><th>计量单位</th></tr><tr><td>031201003</td><td>金属结构刷油</td><td>1.除锈级别
2.油漆品种
3.结构类型
4.涂刷遍数、漆膜厚度</td><td>1.m^2
2.kg</td></tr></table></td><td></td></tr>
<tr><td>管道支架调和漆</td><td>B.3.1.6</td><td>42</td><td></td><td><table><tr><th>项目编码</th><th>项目名称</th><th>项目特征</th><th>计量单位</th></tr><tr><td>031201003</td><td>金属结构刷油</td><td>1.除锈级别
2.油漆品种
3.结构类型
4.涂刷遍数、漆膜厚度</td><td>1.m^2
2.kg</td></tr></table></td><td></td></tr>
<tr><td>塑料检查井安装(低压塑料管件承插连接)</td><td>B.1.11.3</td><td>199</td><td></td><td><table><tr><th>项目编码</th><th>项目名称</th><th>项目特征</th><th>计量单位</th></tr><tr><td>031004014</td><td>给、排水附（配）件</td><td>1.材质
2.型号、规格
3.安装方式</td><td>个
（组）</td></tr></table></td><td>借用第八册管件项目会有分歧</td></tr>
<tr><td>玻璃钢化粪池(整体水箱安装)</td><td>F13.4</td><td>330</td><td>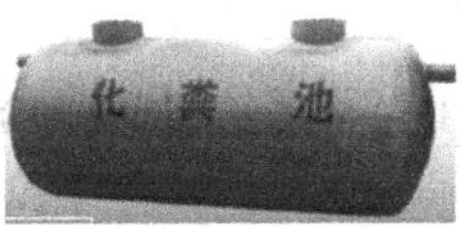
</td><td><table><tr><th>项目编码</th><th>项目名称</th><th>项目特征</th><th>计量单位</th></tr><tr><td>031006014</td><td>直饮水设备</td><td>1.名称
2.规格</td><td>套</td></tr><tr><td>031006015</td><td>水箱</td><td>1.材质、类型
2.型号、规格</td><td>台</td></tr></table></td><td>借用第十册水箱项目</td></tr>
</table>

3.3.3　排水系统计价定额册、章、计算规则的说明

1)册说明的主要内容

《重庆市通用安装工程计价定额》(CQAZDE—2018)第十册的册说明如下。

册说明

二、本册定额不包括以下内容:

1.工业管道、生产生活共用的管道,锅炉房、泵房、站类管道以及建筑物内加压泵间、空调制冷机房、消防泵房的管道,管道焊缝热处理、无损探伤,医疗气体管道及附件按第八册《工业管道安装工程》相应定额子目执行。

2.本册定额未包括的采暖、给排水设备安装按第一册《机械设备安装工程》、第三册《静置设备与工艺

金属结构制作安装工程》相应定额子目执行。

3.水暖设备、器具等电气检查、接线工作,按第四册《电气设备安装工程》相应定额子目执行。

4.刷油、防腐蚀、绝热工程按第十一册《刷油、防腐蚀、绝热安装工程》相应定额子目执行。

5.本册凡涉及管沟、工作坑及井类的土方开挖、回填、运输、垫层、基础、砌筑、地沟盖板预制安装、路面开挖及修复、管道混凝土支墩以及混凝土管道、水泥管道等项目,按《重庆市房屋建筑与装饰工程计价定额》相应定额子目执行或按《重庆市市政工程计价定额》相应定额子目执行。

三、下列费用可按系数分别计取:

1.脚手架搭拆费按定额人工费的5%计算,其中人工工资占35%。单独承担的室外埋地管道工程,如发生脚手架搭拆时按实收取该费用。

2.操作高度增加费:定额中操作物高度以距楼地面3.6 m为限,超过3.6 m时,超过部分工程量按定额人工费乘以下表系数:

操作物高度(m以内)	10	30	50
超高系数	1.1	1.2	1.5

3.超高增加费,指高度在6层或20 m以上的工业与民用建筑物上进行安装时增加的费用,按下表计算,其中人工工资占65%。

建筑物檐高(m以内)	40	60	80	100	120	140	160	180	200
建筑层数(层)	≤12	≤18	≤24	≤30	≤36	≤42	≤48	≤54	≤60
按人工费的百分比(%)	1.83	4.56	8.21	12.78	18.25	23.73	29.20	34.68	40.15

4.在地下室内(含地下车库)、净高小于1.06 m楼层、断面小于4 m^2且大于2 m^2的隧道或洞内进行安装的工程,定额人工费乘以系数1.12。

5.在管井内、竖井内、断面小于或等于2 m^2隧道或洞内、封闭吊顶天棚内进行安装的工程,定额人工费乘以系数1.15。

6.空调水系统调整费按空调水系统工程人工费的10%计算,其中人工工资占35%。

7.安装与生产同时进行,按照定额人工费的10%计算。

2)"A 给排水、燃气、采暖管道"章说明和计算规则的主要内容

《重庆市通用安装工程计价定额》(CQAZDE—2018)第十册"A 给排水、燃气、采暖管道"章说明和计算规则如下。

说　明

一、本章适用于室内外生活用给水、排水、燃气、空调水等管道的安装,包括镀锌钢管、钢管、不锈钢管、铜管、铸铁管、塑料管、复合管等不同材质的管道安装及室外管道碰头等项目。

二、管道的界限划分:

1.室内外给水管道以建筑物外墙皮1.5 m为界,建筑物入口处设阀门者以阀门为界。

2.室内外排水管道以出户第一个排水检查井为界。

3.给水管道与工业管道界限以与工业管道碰头点为界。

4.设在建筑物内的水泵房(间) 管道以泵房(间) 外墙皮为界。

5.室内外燃气管道：

(1)地下引入室内的管道以室内第一个阀门为界。

(2)地上引入室内的管道以墙外三通为界。

6.室内外空调水管道：

(1)室内外管道以建筑物外墙皮1.5 m为界,建筑物入口处设阀门者以阀门为界。

(2)设在建筑物内的空调机房管道以机房外墙皮为界。

三、管道的适用范围：

1.给水管道适用于生活饮用水、热水、中水及压力排水等管道的安装。

2.塑料管安装适用于UPVC、PVC、PP-C、PP-R、PE、PB管等塑料管安装。

3.镀锌钢管(螺纹连接) 项目适用于室内外焊接钢管的螺纹连接。

4.钢塑复合管安装适用于内涂塑、内外涂塑、内衬塑、外覆塑内衬塑复合管道安装。

5.钢管沟槽连接适用于镀锌钢管、焊接钢管及无缝钢管等沟槽连接的管道安装。不锈钢管、铜管、复合管的沟槽连接,可参照执行。

6.燃气管道安装项目适用于工作压力小于或等于0.4 MPa(中压A)的燃气管道系统。

7.空调冷热水镀锌钢管(沟槽连接)安装项目适用于空调冷热水系统中采用沟槽连接的DN150以下焊接钢管的安装。

四、有关说明：

1.管道安装项目中,给水管道、空调冷热水管道均包括相应管件安装、水压试验及水冲洗工作内容。燃气管道均包括管道及管件安装、强度试验、严密性试验、空气吹扫等内容。排(雨) 水管道包括管道及管件安装、灌水(闭水)及通球试验工作内容;定额中铜管、塑料管、复合管(除钢塑复合管外) 按公称外径表示,其他管道均按公称直径表示。

2.定额中各种管件数量系综合取定,执行定额时,成品管件材料数量可参照本册附录"管道管件数量取定表"或依据设计文件及施工方案计算,定额中其他消耗量均不做调整。

3.本册定额管件中不含与螺纹阀门配套的活接、对丝,其用量含在螺纹阀门安装项目中。

4.管道安装项目中,除室内直埋塑料给水管项目中已包括管卡安装外,均不包括管道支架、管卡、托钩等制作安装以及管道穿墙、楼板套管制作安装、预留孔洞、堵洞、打洞、凿槽等工作内容,发生时,应按第九册《消防安装工程》相应定额子目执行。

5.钢管焊接安装项目中均综合考虑了成品管件和现场煨制弯管、摔制大小头、挖眼三通。

6.室内柔性铸铁排水管(机械接口) 按带法兰承口的承插式管材考虑。

7.雨水管道系统中的雨水斗及雨水口安装按本册第四章相应定额子目执行。

8.室内直埋塑料管道是指敷设于室内地坪下或墙内的塑料给水管段,包括充压隐蔽、水压试验、水冲洗以及地面画线标示等工作内容。

9.塑料管热熔连接公称外径DN25及以上管径按热熔对接连接考虑。

10.管道的消毒冲洗按本册"支架及其他"相应定额子目执行;排水管道不包括止水环、透气帽本体材料,发生时按实际数量另计材料费。

11.燃气管道已验收合格未及时投入使用的管道,使用前需再做强度试验、严密性试验、空气吹扫等项目,按第八册《工业管道安装工程》相应定额子目执行。

12.燃气检漏管安装按本册"给排水、燃气、采暖管道"相应定额子目执行。

13.室内空调机房与空调冷却塔之间的冷却水管道按本册"给排水、燃气、采暖管道"相应定额子目执行。

14.空调凝结水管道安装项目是按集中空调系统编制的,也适用于户用单体空调设备的凝结水管道系统的安装。

15.室内空调水管道在过路口或跨绕梁、柱等障碍时,如发生类似于方形补偿器的管道安装形式,按本册"管道附件"相应定额子目执行。

16.给水室外管道碰头项目适用于新建管道与已有水源管道的碰头连接,如已有水源管道已做预留接口,则不执行相应定额子目。

17.燃气室外管道碰头项目适用新建管道与已有气源管道的碰头连接,如已有气源管道已做预留接口,则不执行相应定额子目;与已有管道碰头项目中,不包含氮气置换、连接后的单独试压以及带气施工措施费,应根据施工方案另行计算。

18.成品防腐管道需做电火花检测的,可另行计算。

19.安装带保温层的管道时,可执行相应材质及连接形式的管道安装项目,其人工乘以系数 1.1;管道接头保温按第十一册《刷油、防腐蚀、绝热安装工程》相应定额子目执行 ,其人工、机械乘以系数 2.0。

计算规则

一、各类管道安装区分室内外、材质、连接形式、规格,按设计图示管道中心线长度计算,不扣除阀门、管件、附件(包括器具组成)及附属构筑物所占长度。

二、室内给排水管道与卫生器具连接的计算分界:

1.给水管道工程量计算至卫生器具(含附件)前与管道系统连接的第一个连接件(角阀、三通、弯头、管箍等)止。

2.排水管道工程量自卫生器具出口处的地面或墙面算起;与地漏连接的排水管道自地面算起,不扣除地漏所占长度。

三、燃气管道与已有管道碰头项目,除钢管带介质碰头、塑料管带介质碰头以支管管径外,其他项目均按设计图示主管管径,以"处"计算。

四、空调水管道方形补偿器管道所占长度计入管道安装工程量。方形补偿器制作安装应按本册"管道附件"相应定额子目执行。

3)"B 支架及其他"章说明和计算规则的主要内容

《重庆市通用安装工程计价定额》(CQAZDE—2018)第十册"B 支架及其他"章说明和计算规则如下。

说　明

一、本章内容包括管道支架、设备支架和各种套管制作安装,阻火圈安装,计量表箱、管道压力试验、通球试验、管道冲洗等项目。

二、管道支架制作安装项目,适用于室内外管道的管架制作与安装。如单件质量大于 100 kg 时,应按本章设备支架制作安装相应定额子目执行。

三、管道支架采用木垫式、弹簧式管架时,均按本章管道支架安装定额子目执行,支架中的弹簧减震器、滚珠、木垫等成品件质量应计入安装工程量,其材料费数量按实计入。

四、成品管卡安装项目,适用于与各类管道配套的立、支管成品管卡的安装。

五、管道、设备支架的除锈、刷油,按第十一册《刷油、防腐蚀、绝热安装工程》相应定额子目执行。

六、刚性防水套管和柔性防水套管安装项目中,包括了配合预留孔洞及浇筑混凝土工作内容。一般套管制作安装项目,均未包括预留孔洞工作,发生时按第九册《消防安装工程》相应定额子目执行。

七、套管制作安装项目已包含堵洞工作内容。

八、套管内填料按油麻编制,如与设计不符时,可按工程要求调整换算填料。

九、保温管道穿墙、板采用套管时,按保温层外径规格执行套管相应子目。

十、水压试验项目仅适用于因工程需要而发生的非正常情况的管道水压试验。管道安装定额中已经包括了规范要求的水压试验,不得重复计算。

十一、因工程需要再次发生管道冲洗时,按本章相应定额子目执行,同时扣减定额中漂白粉消耗量,其他消耗量乘以系数0.6。

十二、成品表箱安装适用于水表、热量表、燃气表等箱的安装。

计算规则

一、管道支架制作安装,按设计图示实际质量以“kg”计算;设备支架制作安装,按设计图示实际单件质量以“kg”计算。

二、成品管卡、阻火圈安装、成品防火套管安装,区分工作介质、管道直径,按设计图示不同规格数量以“个”计算。

三、管道保护管制作与安装,分为钢制和塑料两种材质,区分不同规格,按设计图示管道中心线长度计算。

四、管道水压试验、消毒冲洗按设计图示管道长度计算。

五、一般穿墙套管,柔性、刚性套管,区分工作介质、管道的公称直径,按设计图示数量以“个”计算。

六、成品表箱安装,区分箱体半周长,按设计图示数量以“个”计算。

七、氮气置换安装,区分管径,按设计图示长度计算。

八、警示带、示踪线安装,按设计图示长度计算。

九、地面警示标志桩安装,按设计图示数量以“个”计算。

4)“D 卫生器具”章说明和计算规则的主要内容

《重庆市通用安装工程计价定额》(GQAZDE—2018)第十册“D 卫生器具”章说明和计算规则如下。

说　明

一、本章内容中卫生器具系参照国家建筑标准设计图集《排水设备及卫生器具安装》(2010年合订本)中的有关标准图编制,包括浴盆、净身盆、洗脸盆、洗涤盆、化验盆、大便器、小便器、淋浴器、淋浴室、桑拿浴房、烘手器、拖布池、水龙头、排水栓、地漏、地面扫除口、雨水斗、蒸汽-水加热器、冷热水混合器、饮水器、隔油器等器具安装项目,以及大、小便器自动冲洗水箱和小便槽冲洗管制作安装。

二、各类卫生器具安装项目除另有标注外,均适用于各种材质。

三、各类卫生器具安装项目包括卫生器具本体、配套附件、成品支托架安装。各类卫生器具配套附件是指给水附件(水嘴、金属软管、阀门、冲洗管、喷头等)和排水附件(下水口、排水栓、存水弯、与地面或墙面排水口间的排水连接管等)。卫生间配件是指卫生间内的置物架、纸筒等。

四、各类卫生器具所用附件已列出消耗量,如随设备或器具本体供应已配套带有时,其消耗量不得重复计算。各类卫生器具支托架如现场制作时,按本册“支架及其他”相应定额子目执行。

五、浴盆冷热水带喷头若采用埋入式安装时,混合水管及管件消耗量应另行计算。按摩浴盆包括配套小型循环设备(过滤罐、水泵、按摩泵、气泵等)安装,其循环管路材料、配件等均按成套供货考虑。浴盆底部所需要填充的干砂消耗量另行计算。

六、液压脚踏卫生器具安装按本章相应定额子目执行,人工乘以系数1.3,液压脚踏装置材料消耗量另行计算。如水嘴、喷头等配件随液压阀及控制器成套供应时,应扣除定额中的相应材料,不得重复计取。卫生器具所用液压脚踏装置包括配套的控制器、液压脚踏开关及其液压连接软管等配套附件。

七、大、小便器冲洗(弯)管均按成品考虑。大便器安装已包括了柔性连接头或胶皮碗。

八、大、小便槽自动冲洗水箱安装中,已包括水箱和冲洗管的成品支托架、管卡安装,水箱支托架及管卡的制作及刷漆,按相应定额子目执行。

九、与卫生器具配套的电气安装,按第四册《电气设备安装工程》相应定额子目执行。

十、各类卫生器具的混凝土或砖基础、周边砌砖、瓷砖粘贴,蹲式大便器蹲台砌筑,台式洗脸盆的台面安装,按《重庆市房屋建筑与装饰工程计价定额》相应定额子目执行。

十一、本章所有项目安装不包括预留、堵孔洞,按第九册《消防安装工程》相应定额子目执行。

计算规则

一、各种卫生器具安装,按设计图示数量以"组"或"套"计算。

二、大便槽、小便槽自动冲洗水箱安装,区分容积,按设计图示数量以"套"计算。大、小便槽自动冲洗水箱制作不分规格,按实际质量以"kg"计算。

三、小便槽冲洗管制作与安装,按设计图示长度计算,不扣除管件所占长度。

四、湿蒸房依据使用人数,按设计图示数量以"座"计算。

五、隔油器安装,区分安装方式、进水管径,按设计图示数量以"套"计算。

3.3.4 排水系统计价定额管件含量计算

下面以《重庆市通用安装工程计价定额》(CQAZDE—2018)附表"24.室内塑料排水管(粘接、螺母密封圈)管件"中De110为例进行讲解。

1)示例的管件含量表

"24.室内塑料排水管(粘接、螺母密封圈)管件"含量表如表3.3.5所示,表中说明了计价定额中未计价材料的管件综合含量,还需要计算管件的综合单价才能得到总价。

表3.3.5 24.室内塑料排水管(粘接、螺母密封圈)管件 计量单位:个/10 m

材料名称	管外径(mm)					
	50	75	110	160	200	400
三通	1.09	2.85	4.27	2.36	2.04	0.5
四通	—	0.13	0.24	0.17	0.05	0.02
弯头	5.28	1.52	3.93	1.27	1.71	1.6
管箍	0.07	0.16	0.13	0.11	0.08	0.05

续表

材料名称	管外径(mm)					
	50	75	110	160	200	400
异径管	—	0.16	0.3	0.34	0.22	0.18
立检口	0.2	1.96	0.77	0.21	0.09	—
伸缩节	0.26	2.07	1.92	1.49	0.92	—
合　计	6.9	8.85	11.56	5.95	5.11	2.35

2)示例的管件综合单价计算

依据"24.室内塑料排水管(粘接、螺母密封圈)管件"含量表,计算 De110 管件综合单价,详见表 3.3.6。

表 3.3.6　De110 室内塑料排水管(粘接、螺母密封圈)的管件综合单价

管道规格:De110					
序　号	管件名称	管件定额含量(个)	管件单价(元/个)	管件价值(元)	备　注
1	三通	4.27	25.99	110.98	
2	四通	0.24	32.45	7.79	
3	弯头	3.93	24.63	96.80	
4	管箍	0.13	9.40	1.22	
5	异径管	0.30	6.88	2.06	
6	检查口	0.77	22.77	17.53	
7	伸缩节	1.92	14.50	27.84	
8	合计	11.56		264.22	
9	综合单价(元)		22.86		

习题

1.单项选择题

(1)洗脸盆、洗手盆安装归属于《重庆市通用安装工程计价定额》(CQAZDE—2018)的哪册哪章?(　　)

A.第十册"B 支架及其他"　　B.第十册"C 管道附件"

C.第十册"D 卫生洁具"　　D.第十册"E 供暖器具"

(2)刚性防水套管制作安装归属于《重庆市通用安装工程计价定额》(CQAZDE—2018)的哪册哪章?(　　)

A.第十册“B 支架及其他”　　B.第十册“C 管道附件”

C.第十册“D 卫生洁具”　　D.第八册“G 其他项目制作安装”

(3)依据《重庆市通用安装工程计价定额》(CQAZDE—2018)的规定,室内塑料排水管道型钢支架(　　)。

A.已包含在管道安装定额中　　B.采用成品管卡安装相应定额

C.若采用型钢制作时可以按实调整　　D.采用管道支架制作安装相应定额

(4)依据《重庆市通用安装工程计价定额》(CQAZDE—2018)的规定,在管井内、竖井内、断面小于或等于 2 m^2的隧道或洞内、封闭吊顶天棚内进行安装的工程,定额人工费(　　)。

A.乘以系数 1.05　　B.乘以系数 1.15　　C.乘以系数 1.12　　D.乘以系数 1.2

(5)依据《重庆市通用安装工程计价定额》(CQAZDE—2018)的规定,在地下室内(含地下车库)、净高小于 1.06 m 楼层、断面小于 4 m^2且大于 2 m^2的隧道或洞内进行安装的工程,定额人工费(　　)。

A.乘以系数 1.05　　B.乘以系数 1.15　　C.乘以系数 1.12　　D.乘以系数 1.2

(6)室外双壁波纹排水管(胶圈接口)归属于《重庆市通用安装工程计价定额》(CQAZDE—2018)的哪册哪章?(　　)。

A.第十册“A 给排水、燃气、采暖管道”　　B.第十册“B 支架及其他”

C.第十册“C 管道附件”　　D.第十册“D 卫生洁具”

(7)依据《重庆市通用安装工程计价定额》(CQAZDE—2018)的规定,室内给排水管所需要的预留孔洞、堵洞、打洞、凿槽等工作内容,发生时按(　　)相应定额子目执行。

A.第九册“F 其他”　　B.第十册“B 支架及其他”

C.第十册“C 管道附件”　　D.第十册“D 卫生洁具”

(8)依据《重庆市通用安装工程计价定额》(CQAZDE—2018)的规定,雨水管道系统中的雨水斗及雨水口安装按(　　)相应定额子目执行。

A.第九册“F 其他”　　B.第十册“B 支架及其他”

C.第十册“C 管道附件”　　D.第十册“D 卫生洁具”

2.多项选择题

(1)《重庆市通用安装工程计价定额》(CQAZDE—2018)规定,排水管道不包括(　　)本体材料,发生时按实际数量另计材料费。

A.伸缩节　　B.透气帽　　C.H 形管　　D.消能装置　　E.止水环

(2)依据《重庆市通用安装工程计价定额》(CQAZDE—2018)的规定,排水管道工程量(　　)。

A.自卫生器具出口处的地面或墙面算起

B.包含卫生器具所占的长度

C.与地漏连接的排水管自地面算起,扣除地漏所占的长度

D.与地漏连接的排水管自地面算起,不扣除地漏所占的长度

E.包含阻火圈安装

3.4　排水系统清单计价

3.4.1　排水系统清单计价理论

1)排水系统清单计价的规范

本节排水系统清单计价项目采用的是《通用安装工程工程量计算规范》(GB 50856—2013)附录 K“给排水、采暖、燃气工程”、附录 J“消防工程”、附录 M“刷油、防腐蚀、绝热工程”等相关项目。

2)卫生器具的清单项目

《通用安装工程工程量计算规范》(GB 50856—2013)中,排水系统卫生器具工程量清单项目的设置、项目特征描述的内容、计量单位及工程量计算规则,应按表 3.4.1 的规定执行,表中内容摘自该规范第 132 和 133 页。

表 3.4.1　卫生器具清单项目(编码:031004)

<table>
<tr><th>项目编码</th><th>项目名称</th><th>项目特征</th><th>计量单位</th><th>工程量计算规则</th><th>工作内容</th></tr>
<tr><td>031004001</td><td>浴缸</td><td rowspan="8">1.材质
2.规格、类型
3.组装形式
4.附件名称、数量</td><td rowspan="8">组</td><td rowspan="9">按设计图示数量计算</td><td rowspan="8">1.器具安装
2.附件安装</td></tr>
<tr><td>031004002</td><td>净身盆</td></tr>
<tr><td>031004003</td><td>洗脸盆</td></tr>
<tr><td>031004004</td><td>洗涤盆</td></tr>
<tr><td>031004005</td><td>化验盆</td></tr>
<tr><td>031004006</td><td>大便器</td></tr>
<tr><td>031004007</td><td>小便器</td></tr>
<tr><td>031004007</td><td>其他成品卫生器具</td></tr>
<tr><td>031004014</td><td>给、排水附(配)件</td><td>1.材质
2.型号、规格
3.安装方式</td><td>个
(组)</td><td>安装</td></tr>
<tr><td colspan="6">注:1.成品卫生器具项目中的附件安装,主要指给水附件包括水嘴、阀门、喷头等,排水配件包括存水弯、排水栓、下水口等以及配备的连接管。
3.洗脸盆适用于洗脸盆、洗发盆、洗手盆安装。
4.器具安装中若采用混凝土或砖基础,应按现行国家标准《房屋建筑与装饰工程工程量计算规范》(GB 50854)相关项目编码列项。</td></tr>
</table>

3)给排水、采暖、燃气管道的清单项目

《通用安装工程工程量计算规范》(GB 50856—2013)中,排水系统管道工程量清单项目的设置、项目特征描述的内容、计量单位及工程量计算规则,应按表3.4.2的规定执行,表中内容摘自该规范第129和130页。

表3.4.2　给排水、采暖、燃气管道的清单项目(编码:031001)

项目编码	项目名称	项目特征	计量单位	工程量计算规则	工作内容
031001005	铸铁管	1.安装部位 2.介质 3.材质、规格 4.连接形式 5.接口材料 6.压力试验及吹、洗设计要求 7.警示带形式	m	按设计图示管道中心线以长度计算	1.管道安装 2.管件安装 3.压力试验 4.吹扫、冲洗 5.警示带铺设(不含管道支架)
031001006	塑料管	1.安装部位 2.介质 3.材质、规格 4.连接形式 5.阻火圈设计要求 6.压力试验及吹、洗设计要求 7.警示带形式	m	按设计图示管道中心线以长度计算	1.管道安装 2.管件安装 3.塑料卡固定 4.阻火圈安装 5.压力试验 6.吹扫、冲洗 7.警示带铺设

注:1.安装部位,指管道安装在室内、室外。
2.输送介质包括给水、排水、中水、雨水、热媒体、燃气、空调水等。
3.方形补偿器制作安装应含在管道安装综合单价中。
4.铸铁管安装适用于承插铸铁管、球墨铸铁管、柔性抗震铸铁管等。
5.塑料管安装适用于UPVC、PVC、PP-C、PP-R、PE、PB管等塑料管材。
6.复合管安装适用于钢塑复合管、铝塑复合管、钢骨架复合管等复合型管道安装。
7.直埋保温包括直埋保温管件安装及接口保温。
8.排水管道安装包括立管检查口、透气帽。
11.压力试验按设计要求描述试验方法,如水压试验、气压试验、泄漏性试验、闭水试验、通球试验、真空试验等。
12.吹、洗按设计要求描述吹扫、冲洗方法,如水冲洗、消毒冲洗、空气吹扫等。

K.10 相关问题及说明

K.10.1 管道界限的划分。

1 给水管道室内外界限划分:以建筑物外墙皮1.5 m为界,入口处设阀门者以阀门为界。

2 排水管道室内外界限划分:以出户第一个排水检查井为界。

3 采暖管道室内外界限划分:以建筑物外墙皮1.5 m为界,入口处设阀门者以阀门为界。

4 燃气管道室内外界限划分:地下引入室内的管道以室内第一个阀门为界,地上引入室内的管道以墙外三通为界。

K.10.2 管道热处理、无损探伤,应按本规范附录H"工业管道工程"相关项目编码列项。

K.10.3 医疗气体管道及附件,应按本规范附录H"工业管道工程"相关项目编码列项。

K.10.4 管道、设备及支架除锈、刷油、保温除注明者外,应按本规范附录M"刷油、防腐蚀、绝热工程"相关项目编码列项。

K.10.5 凿槽(沟)、打洞项目,应按本规范附录D"电气设备安装工程"相关项目编码列项。

4)支架及其他清单项目

《通用安装工程工程量计算规范》(GB 50856—2013)中,排水系统支架及其他工程量清单项目的设置、项目特征描述的内容、计量单位及工程量计算规则,应按表3.4.3的规定执行,表中内容摘自该规范第130和131页。

表3.4.3 支架及其他清单项目(编码:031002)

项目编码	项目名称	项目特征	计量单位	工程量计算规则	工作内容
031002001	管道支架	1.材质 2.管架形式	1.kg 2.套	1.以千克计量,按设计图示质量计算 2.以套计量,按设计图示数量计算	1.制作 2.安装
031002002	设备支架	1.材质 2.形式			
031002003	套管	1.名称、类型 2.材质 3.规格 4.填料材质	个	按设计图示数量计算	1.制作 2.安装 3.除锈、刷油

注:1.单件支架质量100 kg以上的管道支吊架执行设备支吊架制作安装。
2.成品支架安装执行相应管道支架或设备支架项目,不再计取制作费,支架本身价值含在综合单价中。
3.套管制作安装,适用于穿基础、墙、楼板等部位的防水套管、填料套管、无填料套管及防火套管等,应分别列项。

5)刷油工程和防腐蚀工程清单项目

《通用安装工程工程量计算规范》(GB 50856—2013)中,排水系统刷油和防腐蚀工程量清单项目的设置、项目特征描述的内容、计量单位及工程量计算规则,应按3.4.4的规定执行,表中内容摘自该规范第152页。

表3.4.4 刷油和防腐蚀清单项目

项目编码	项目名称	项目特征	计量单位	工程量计算规则	工作内容
031201001	管道刷油	1.除锈级别 2.油漆品种 3.涂刷遍数、漆膜厚度 4.标志色方式、品种	1.m^2 2.m	1.以平方米计量,按设计图示表面积尺寸以面积计算 2.以米计量,按设计图示尺寸以长度计算	1.除锈 2.调配、涂刷
031201002	设备与矩形管道刷油				
031201003	金属结构刷油	1.除锈级别 2.油漆品种 3.结构类型 4.涂刷遍数、漆膜厚度	1.m^2 2.kg	1.以平方米计量,按设计图示表面积尺寸以面积计算 2.以千克计量,按金属结构的理论质量计算	
031201004	铸铁管、暖气片刷油	1.除锈级别 2.油漆品种 3.涂刷遍数、漆膜厚度	1.m^2 2.m	1.以平方米计量,按设计图示表面积尺寸以面积计算 2.以米计量,按设计图示尺寸以长度计算	
031202008	埋地管道防腐蚀	1.除锈级别 2.刷缠品种 3.分层内容 4.刷缠遍数	1.m^2 2.m	1.以平方米计量,按设计图示表面积尺寸以面积计算 2.以米计量,按设计图示尺寸以长度计算	1.除锈 2.刷油 3.防腐蚀 4.缠保护层

6)排水系统执行消防工程“J其他”的清单项目

《通用安装工程工程量计算规范》(GB 50856—2013)中,排水系统“剔堵槽、沟”等清单项目执行消防工程分部的对应清单项目,详见表3.4.5。

表3.4.5 排水系统执行消防工程“J其他”的清单项目

序号	编码	清单项	单位
1	030906001	管道支架制作安装	kg
2	030906002	空气采样探测器安装	m
3	030906003	剔堵槽、沟	个/台/m
4	030906004	机械钻孔	个
5	030906005	预留孔洞	个
6	030906006	堵洞	个

3.4.2　建立预算文件体系

清单计价方式使用的主要文件类型是招标工程量清单和投标预算书(或招标控制价)。它们均是建立在“预算文件体系”上的。

1)建立预算文件体系

(1)预算文件体系的概念

预算文件体系是指预算文件按照基本建设项目划分的规则,从建设项目起至分项工程止的构成关系,如表3.4.6所示。

表3.4.6　预算文件体系

项目划分	软件新建工程命名	图　示
建设项目	某所职业学院	
单项工程	学生宿舍D栋	
单位工程	建筑安装工程	
分部工程	建筑给水排水及采暖	
子分部工程	排水系统	
分项工程	排水管道及配件安装、 雨水管道及配件安装等	

(2)建立预算文件夹

建立预算文件夹的具体操作可参照 1.4.2 节中的相应内容。

2)广联达计价软件的使用方式

广联达计价软件有两种登录方式,具体操作可参照 1.4.2 节中的相应内容。

3.4.3　编制投标预算书

在已经建立的“预算文件体系”上,以学生宿舍 D 栋(单项工程)为例,采用已知“招标工程量清单”(见本书配套教学资源包),编制投标预算书(或招标控制价)。

1)投标预算书编制的假设条件

①本工程是一栋 6 层的学生宿舍,项目所在地是市区;

②承包合同约定人工按市场价 100 元/工日调整;

③物资供应方式均选择乙供,成品洗手台按 350 元/套[含税价,税率按 13%计算,折算系数为 1/(1+13%)≈0.885]暂估价计入,其他未计价材料暂不计价;

④暂列金额 100 000 元,总承包服务费率按 11.32%选取;

⑤计税方式采用增值税一般计税法。

2)导入工程量数据

导入工程量数据是编制投标预算书的基础工作,具体操作见表 1.4.22。

3)套用计价定额

套用计价定额是编制投标预算书的基本工作之一,具体操作如表 3.4.7 所示。

表 3.4.7　套用计价定额

步骤	工　作	图　标	工具→命令	说　明
3.1	复制材料	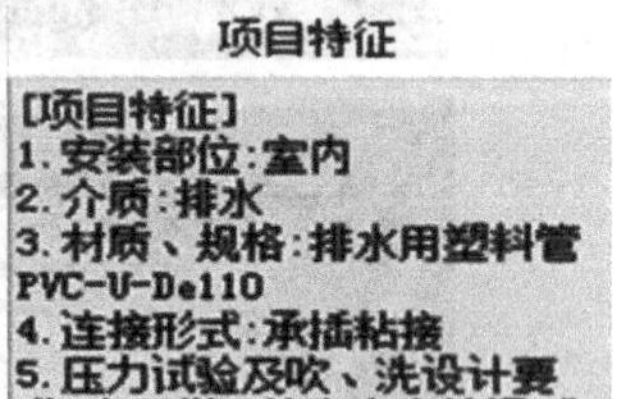	分部分项→Ctrl+C	
3.2	选择定额		分部分项→双击工具栏符号“…”	

续表

步骤	工　作	图　标	工具→命令	说　明
3.3	修改材料	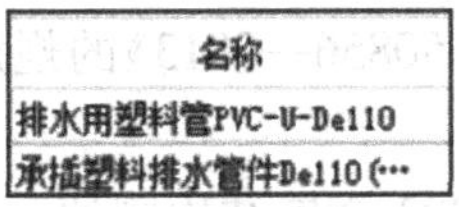	未计价材料→Ctrl+V	修改后宜习惯性点击空格
3.4	逐步重复以上操作步骤			
3.5	逐项检查工程量表达式	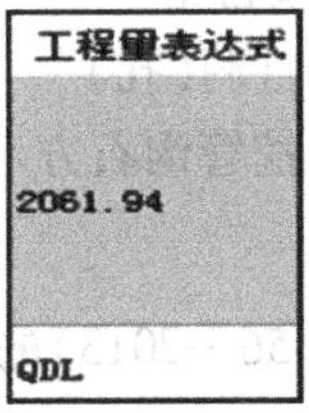	分部分项→工程量表达式→(定)QDL	此软件必须执行的程序
3.6	补充人材机			区分设备与未计价材料
3.7	修改计价材料含量	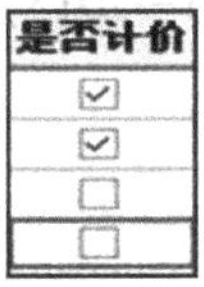	分部分项→工料机→是否计价栏	涉及借用定额子目的调整

4)各项费用计取

各项费用计取既包括计价定额规定的综合系数,也包括费用定额规定的取费,具体操作见表1.4.24。

5)人材机调价

人材机调价主要是针对人工单价调整和计取设备单价、未计价材料单价,具体操作见表1.4.25。

6)导出报表

选择报表的依据、选择报表的种类、报表导出等具体内容,请参照1.4.3节"6)导出报表"。

习题

1.单项选择题

(1)依据《通用安装工程工程量计算规范》(GB 50856—2013)的规定,洗手盆应归于清单项目的(　　)。

A.031004002 净身盆　　B.031004003 洗脸盆

C.031004004 洗涤盆　　D.031004005 化验盆

(2)依据《通用安装工程工程量计算规范》《GB 50856—2013》的规定,埋地管道做三布四油应归于清单项目的(　　)。

A.031201001 管道刷油　　B.031201003 金属结构刷油

C.031201004 铸铁管、暖气片刷油　　D.031202008 埋地管道防腐蚀

(3)依据《通用安装工程工程量计算规范》(GB 50856—2013)的规定,室外管道开挖可塑红黏土、硬塑红黏土、素填土、压实填土,应采用的清单项目是(　　)。

A.030413002 凿(压)槽　　B.030413003 打洞(孔)

C.010101007 管沟土方　　D.010102004 挖管沟石方

2.多项选择题

(1)依据《通用安装工程工程量计算规范》(GB 50856—2013)的规定,塑料管清单项目工作内容包含(　　)。

A.管道安装　　B.管件安装

C.塑料管卡固定　　D.支架安装

E.阻火圈安装

(2)依据《通用安装工程工程量计算规范》(GB 50856—2013)的规定,排水系统室内外管道以(　　)为界。

A.外墙皮　　B.入口处

C.出户　　D.1.5 m 为界

E.第一个排水检查井为界

3.5　排水系统 BIM 建模实务

3.5.1　排水系统 BIM 建模前应知

1)以 CAD 为基础建立 BIM 模型

详见“1.5.1　生活给水系统 BIM 建模前应知”中的相应内容。

2)BIM(建筑信息模型)建模的常用软件

详见“1.5.1　生活给水系统 BIM 建模前应知”中的相应内容。

3)首推广联达算量软件用于安装工程计量的理由

详见“1.5.1　生活给水系统 BIM 建模前应知”中的相应内容。

4)建模操作前已知的“三张表”

建模操作前请下载以下三张参数表(见本书配套教学资源包)作为后续学习的基础:

①排水系统“BIM 建模楼层设置参数表”(详见电子文件表 3.5.1)。

②排水系统“BIM 建模系统编号设置参数表”(详见电子文件表 3.5.2)。

③排水系统“BIM 建模构件属性定义参数表”(详见电子文件表 3.5.3)。

3.5.2　排水系统广联达 BIM 建模

1)新建子分部工程文件夹

打开广联达 BIM 安装计量(GQI2018)软件,建立生活排水系统文件夹,确定相关专业,这是建模的第一步,具体操作见表 1.5.1。

2)选择定位点

①同一单项工程选择同一个定位点。学生宿舍 D 栋是以中部楼梯间外墙右下角顶点为定位点,见图 1.5.1。

②本工程第一次需要放置 CAD 图纸的楼层,见表 3.5.1。

表 3.5.1　第一次需要放置 CAD 图纸的楼层

施工图参数				模型参数			备注
楼层表述	绝对标高(m)	相对标高(m)	层高(mm)	楼层表述	标高(mm)	层高(mm)	
道路(基础)	318.00	-5.0	5 000	0	-5 000	5 000	
1 层给排水平面	323.00	0	3 300	1	0	3 300	首次放置
2~6 层给排水平面	326.30	3.3	3 300	2,5	3 300	3 300	首次放置
屋顶层给排水平面	342.8	19.8	3 300	7	19 800	3 300	首次放置
				8,324	23 100	3 300	标准间 317 首次放置

3)导入 CAD 施工图

当设计方将多专业或多楼栋绘制在同一张施工图中时,必须将不同楼层进行分割处理,具体操作见表 1.5.3。

4)标准间(卫生间)立项计量

进行标准间(卫生间)设备管线等识别,具体操作如表 3.5.2 所示。

表 3.5.2 标准间(卫生间)识别

<table>
<tr><th>步骤</th><th>工 作</th><th>图 标</th><th>工具→命令</th><th>说 明</th></tr>
<tr><td>3.1</td><td>卫生器具</td><td>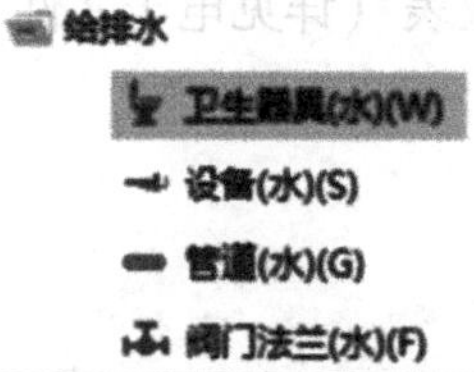</td><td>给排水→卫生器具</td><td></td></tr>
<tr><td>3.2</td><td>设备提量</td><td></td><td>识别→设备提量</td><td></td></tr>
<tr><td>3.3</td><td>管道</td><td>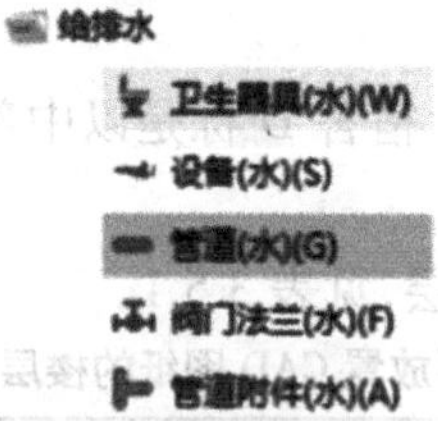</td><td>给排水→管道</td><td>可选择相应的识别方法</td></tr>
<tr><td>3.4</td><td>自动识别</td><td>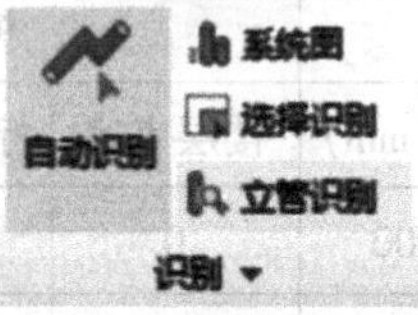</td><td>自动识别管道构件信息</td><td>可对识别管线进行反查</td></tr>
<tr><td>3.5</td><td>标高修改</td><td>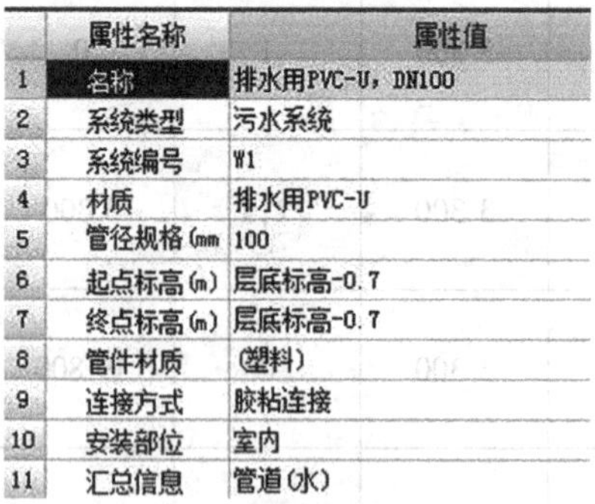
<table>
<tr><th></th><th>属性名称</th><th>属性值</th></tr>
<tr><td>1</td><td>名称</td><td>排水用PVC-U，DN100</td></tr>
<tr><td>2</td><td>系统类型</td><td>污水系统</td></tr>
<tr><td>3</td><td>系统编号</td><td>W1</td></tr>
<tr><td>4</td><td>材质</td><td>排水用PVC-U</td></tr>
<tr><td>5</td><td>管径规格(mm</td><td>100</td></tr>
<tr><td>6</td><td>起点标高(m)</td><td>层底标高-0.7</td></tr>
<tr><td>7</td><td>终点标高(m)</td><td>层底标高-0.7</td></tr>
<tr><td>8</td><td>管件材质</td><td>(塑料)</td></tr>
<tr><td>9</td><td>连接方式</td><td>胶粘连接</td></tr>
<tr><td>10</td><td>安装部位</td><td>室内</td></tr>
<tr><td>11</td><td>汇总信息</td><td>管道(水)</td></tr>
</table></td><td>属性→属性值</td><td>对相同系统不同标高管道可单独选中修改属性标高值</td></tr>
<tr><td>3.6</td><td>布置立管</td><td></td><td>选择相应管道→布置立管</td><td></td></tr>
<tr><td>3.7</td><td>墙</td><td>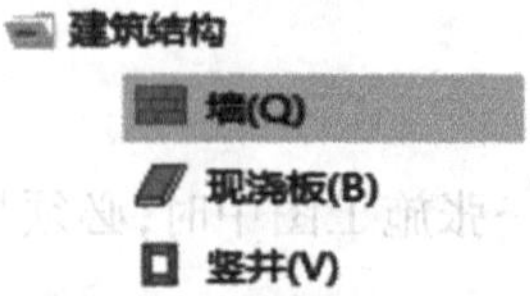</td><td>建筑结构→墙→自动识别</td><td></td></tr>
<tr><td>3.8</td><td>套管</td><td></td><td>零星构件→生成套管</td><td></td></tr>
</table>

5) 管线布置

(1) 干管布置

对于干管布置,如果管道在各楼层管径不同,需要按标高分别进行设置,具体操作如表 3.5.3所示。

表 3.5.3　干管布置

步骤	工　作	图　标	工具→命令	说　明
4.1	管道属性定义	构件/属性 构件库 提属性	管道→构件/属性	
4.2	阀门属性定义	构件/属性 构件库 提属性	阀门法兰→构件/属性	无图例者需定阀门规格
4.3	立管	布置立管	管道→布置立管	

(2) 表格输入

图纸中没有图例,不能直接用“绘图”进行计量的,可以采用表格输入的形式,具体操作见表 1.5.6。

6) 汇总计算及导出报表

检查无误后即可进行汇总计算,导出报表,具体操作见表 1.5.7。

3.6　排水系统识图实践

正确阅读排水系统施工图,需要结合本工程的建筑施工图和结构施工图。本章的识图是在前期已经进行建模算量的基础上,进一步巩固施工图的识读程序及知识要点,以学生宿舍 D 栋 CAD 施工图为例,以填写排水系统 BIM 建模的三张参数表为目标来进行相关施工图的阅读。

3.6.1　排水系统识图准备

1) 识读排水系统图纸目录

识读排水系统施工图的第一步是识读图纸目录。从图纸目录(图 3.6.1)中可以了解排水系统施工图的构成情况、对应的图纸编号,掌握设计施工总说明、主要设备材料表、系统图、平面图图号。其中,建筑布局中具有相同功能和结构的“2~5 层”为建筑的“标准层”。

图纸目录

序号	图号	图纸名称	规格	张数	备注
1	水施01	目录　图例　主要设备材料表	2	1	
2	水施02	给水排水设计说明	2	1	
3	水施03	1层给排水平面图	1	1	
4	水施04	2~6层给排水平面图	1	1	
5	水施05	屋顶层给排水平面图	1	1	
6	水施06	给排水原理图及卫生间详图	1	1	

图 3.6.1　排水系统的图纸目录

2)识读排水系统施工图设计说明

识读排水系统施工图的第二步是识读设计说明,从中可以了解本工程的建筑概况、排水系统的主要设计参数、排水系统的类型和组成关系、管道材质及连接方式、管道敷设的要求、管道与建筑之间过渡(塑料管用止水环)的要求、采用的国家标准和标准图集。

①阅读工程概况,了解建筑各功能区域的总体概况,如图 3.6.2 所示。

2. 工程概况:本工程为学院学生宿舍D栋,建筑面积为9887.43 m²,最大高度23 m,属多层民用建筑。

图 3.6.2　工程概况

②阅读排水系统设计说明,理解系统的工作原理和构成,如图 3.6.3 所示。

3. 尺寸单位:除注明者外,本施工图标高以米计,其他以毫米计。
4. 本工程±0.000相当于绝对高程,见建施。
5. 管道标高表示:所有给水管道均指管中心标高,排水管道室内部分为管中心标高,室外部分均指管底标高。

三、排水系统

生活污水采用合流制,污水经处理后排入市政排水管网,污水量为200 t/d。

五、雨水排除系统

采用普通排水系统,降雨强度H=145 mm/h,重现期P=3年。

六、管材

1. 给水管:室外及室内选用内嵌入式衬塑钢管。
2. 排水管及雨水管:排出管、立管及所连接的横干管、支管采用UPVC管,承插粘接。
3. 室外排水管:采用聚氯乙烯双壁波纹管。

八、管道敷设及安装

1. 小区给水环网与市政给水管网接口,甲方根据现场情况确定。
2. 立管中心距墙面间距严格按规范要求控制,不得大于规定值。
3. 排水管道支管与横管、横管与立管采用90°斜三通、四通或立体四通,立管与排出管的连接采用两个45°弯头或出户大弯管连接。排水立管中心距墙面间距不得大于150 mm。
4. 所有管道穿越墙体、楼面均应预埋钢套管或孔洞,套管尺寸比管道大二级,套管高出楼面50~100 mm。
5. UPVC管与卫生器具连接时穿楼板处均设止水圈,并将该处打毛,四周用C20细石混凝土填实。UPVC立管各层设伸缩节一个,UPVC横管每5 m设伸缩节一个,UPVC管的其他施工注意事项详见产品说明书。
6. 检查口距楼面1.0 m如有乙字弯时,在乙字弯上部应设一检查口。
7. 图中所标管道标高结合其他管道,在管道安装时可作适当调整。
8. 所有管道敷设安装应符合相关规范要求。

十、采用的标准图

1. 卫生设备安装详99S304;
2. 检查井做法详02S515;
3. 给排水管道支架做法详03S402;

4. 排水管基础详04S516;
5. 排水设备附件安装详04S519;
6. 大便槽自动冲洗水箱安装详99S304;
7. 隔油池详01S519;
8. 水表井及安装详05S502;
十一、洗手池采用节水龙头——陶瓷阀芯龙头，蹲式大便器采用脚踏式延时自闭冲洗阀。

4	成品洗手台			套	312	
5	蹲式大便器		陶瓷	个	312	
9	延时自闭冲洗阀	DN25　　脚踏式		个	324	
10	雨水口			个	按需	
18	排水管	DN300	双壁波纹管	m	按需	
		DN110/DN75/DN50	UPVC	m	按需	
19	通气冒	DN110		个	52	
20	雨水斗	DN150		个	9	
21	生化污水处理装置	200 d/m	混凝土	套	1	

图 3.6.3　排水系统的设计说明

3) 识读本工程的建筑施工图

识读的第三步是先阅读建筑施工图，而不是深入识读本专业的施工图。必须掌握以下信息：识读建筑立、剖面图，获取楼层标高的信息，见图 1.6.2。

4) 识读排水系统的楼层平面图

识读第四步是分析排水系统施工平面图，找出符合专业特征的“安装标准层”（区别于建筑标准层），如本工程排水系统的 2~5 层是一个安装标准层。

5) 获得“BIM 建模楼层设置参数表”的信息

通过以上 4 个识读步骤，可以有效获得“BIM 建模楼层设置参数表”的信息，见电子文件表 3.5.1（见本书配套教学资源包）。

3.6.2　识读排水系统图

1) 识读排水系统主要设备材料表

①掌握设备及图例符号的信息，如图 3.6.4 所示。

②获得“BIM 建模构件属性定义参数表”的信息。经过识读排水系统主要设备材料表，填写“BIM 建模构件属性定义参数表”，见电子文件表 3.5.3（见本书配套教学资源包）。

2) 识读排水系统系统图

①掌握卫生间管道的布置情况，如图 3.6.5 所示。

②获得“BIM 建模系统编号设置参数表”的信息。通过识读排水系统系统图，填写“BIM 建模系统编号设置参数表”，见电子文件表 3.6.2（见本书配套教学资源包）。

图　例

符　号	名　称	符　号	名　称
	截止阀		压力表
	止回阀		台面式洗脸盆
	水表井、水表		延时自闭冲洗阀
	蝶阀		污水池
	检查井		蹲式大便器
	给水管		小便器
	排水管		通风帽
	水龙头		检查口
	雨水口		圆形地漏
	存水弯		雨水斗
	防污隔断阀		淋浴器
	水泵接合器		室内消火栓

图 3.6.4　排水系统的主要设备及图例

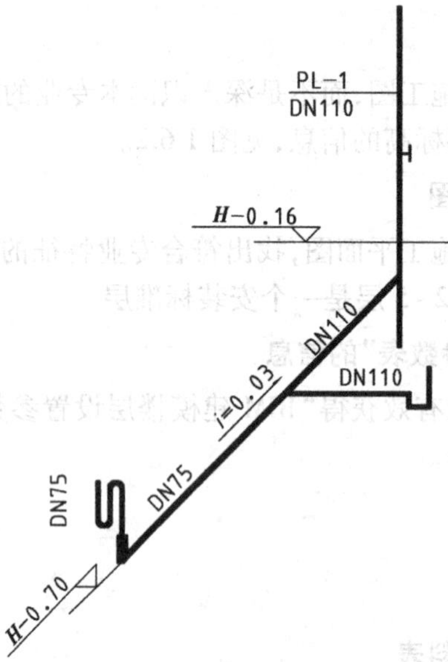

图 3.6.5　排水系统卫生间管道的系统图

3.6.3　识读排水系统平面图

1)选择一处可以贯通各楼层的基点

绝大多数工程均有贯通全楼层的楼梯立柱结构,应确保各层基点相同。本工程以楼梯间的柱角为基点,详见图 1.5.5。

2)识读学生宿舍卫生间的排水管道

管道走向与管径变化:与污水收集器连接的支管管径由小变大,变径点位于管路交汇分支处;管道走向设置了坡度,从卫生器具连接管坡度倾向横干管,后连接立干管;利用地面标高与水平横干管上下标高差可计算连接卫生器具支管的长度，采用水平管段尺寸计算水平管长度；管道在下一层墙面处应设置穿墙套管(图 3.6.6 至图 3.6.8)。

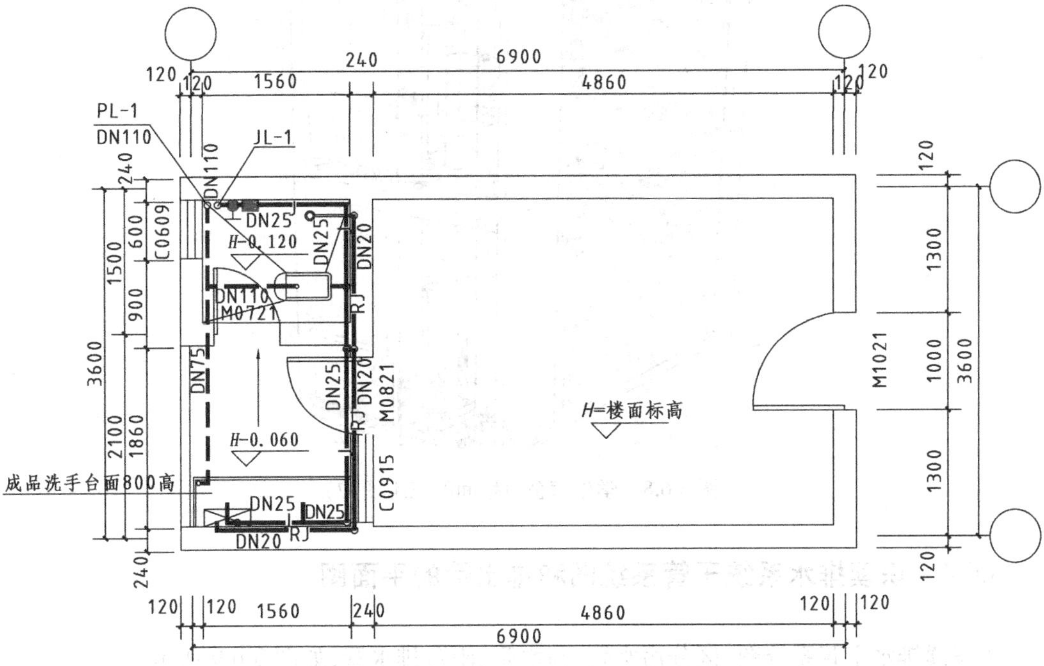

图 3.6.6　学生宿舍卫生间的平面图

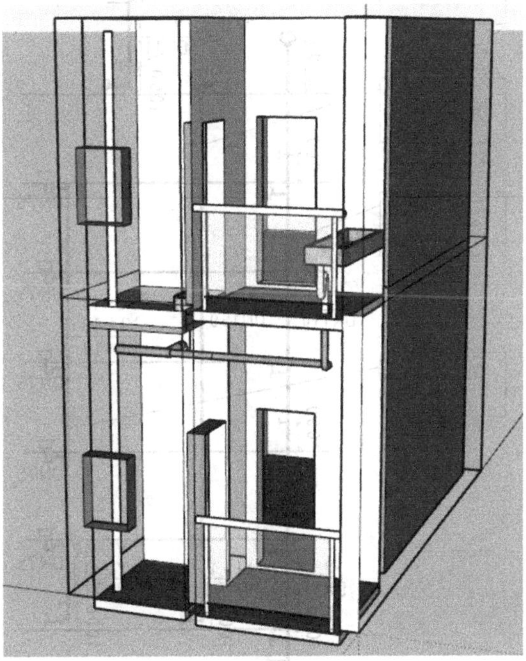

图 3.6.7　学生宿舍卫生间的三维图(1)

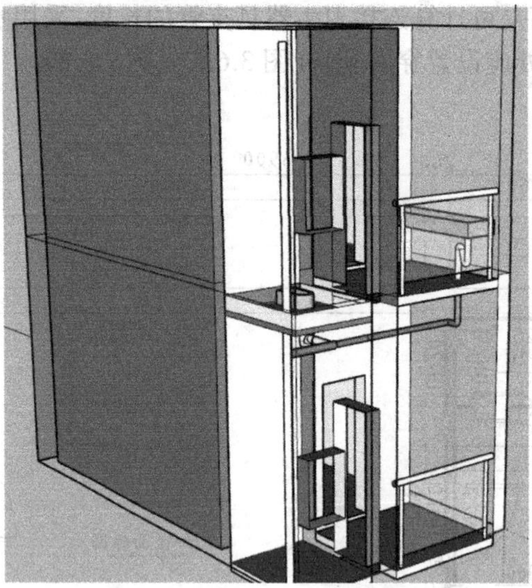

图 3.6.8　学生宿舍卫生间的三维图(2)

3.6.4　识读排水系统干管系统图和排出管的平面图

①识读排水干管系统图,区分污水管、雨水管、阳台排水管,如图 3.6.9 所示。

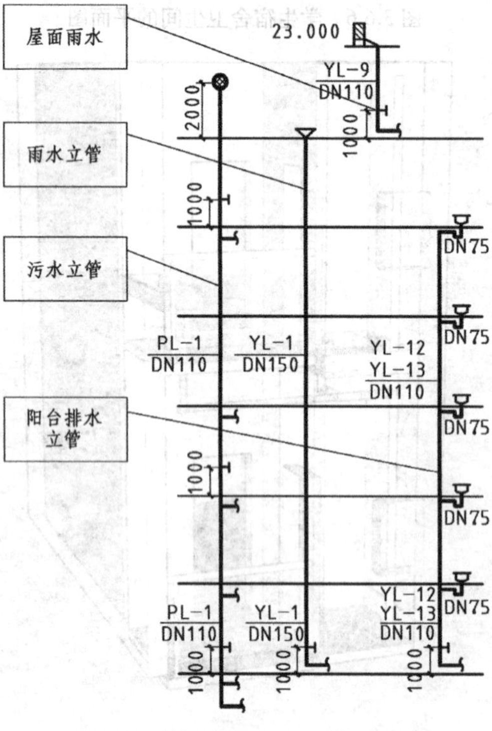

图 3.6.9　学生宿舍排水干管系统图

②识读污水排出管平面图，如图 3.6.10 所示。

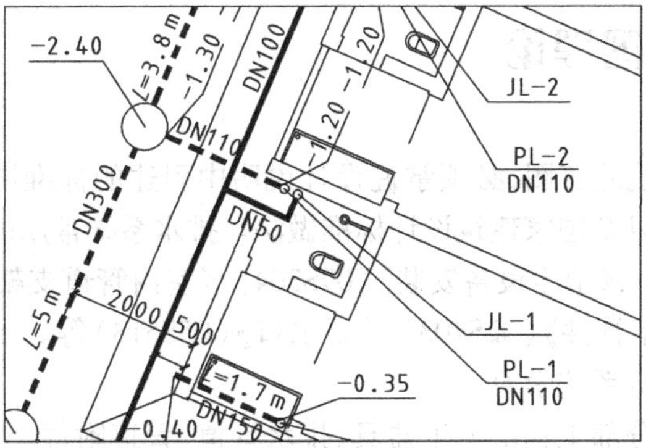

图 3.6.10　学生宿舍污水排出管平面图

③识读雨水排出管平面图，如图 3.6.11 所示。

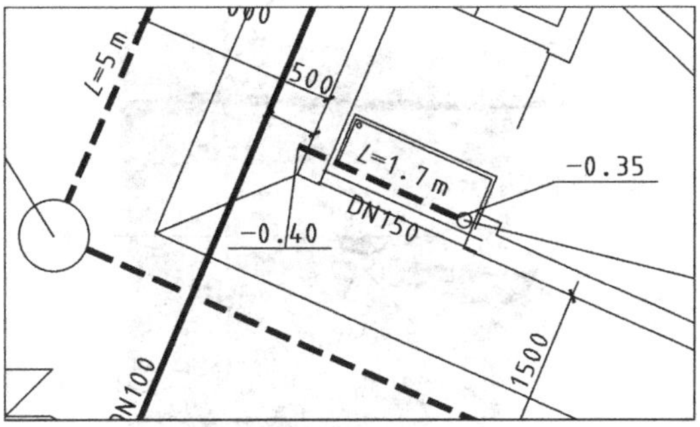

图 3.6.11　学生宿舍雨水排出管平面图

④识读阳台排水排出管平面图，如图 3.6.12 所示。

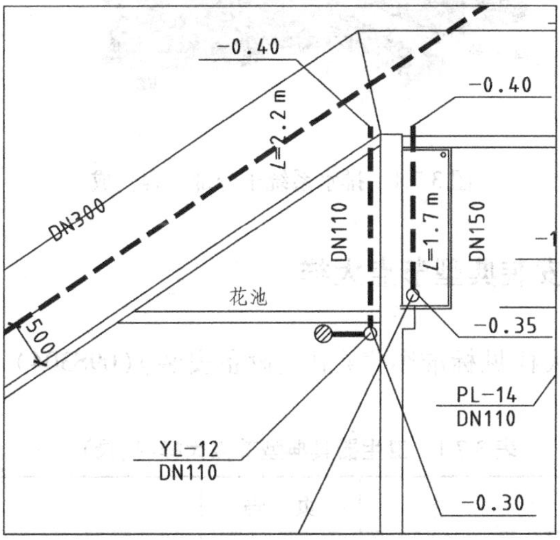

图 3.6.12　学生宿舍阳台排水排出管平面图

实训任务

任务：独立完成某办公楼排水系统识图，并整理出 BIM 建模的三张参数表。

3.7 排水系统识图理论

为准确识读排水系统施工图,必须掌握设计说明中引述的标准图集,标准图集中描述了相关建筑安装构造做法以及国家建筑设计标准做法。排水系统常用的标准图集有《建筑排水塑料管道安装》(10S406)、《卫生设备安装》(09S304)、《室内管道支架及吊架》(03S402)、《防水套管》(02S404)、《钢制管件》(02S403)、《雨水口》(05S518)等。下面结合相关规范图例,对排水系统识图理论进行系统学习。

常见的排水系统子分部工程由卫生器具、排水管道、管道附件、支架及其他等构成,具体如图 3.7.1 所示。

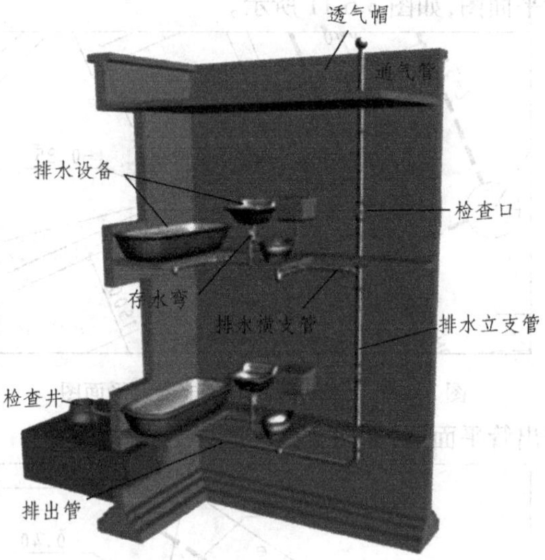

图 3.7.1 排水系统子分部工程构成

3.7.1 卫生器具安装典型节点大样

卫生器具典型节点大样见标准图集《卫生设备安装》(09S304),如表 3.7.1 所示。

表3.7.1

表 3.7.1 卫生器具典型节点大样(摘录)

名 称	页 码	摘 要
洗涤盆	8	冷、热水水嘴洗涤盆安装图
化验盆	14	单联化验水嘴化验盆安装图
洗涤池	19	洗涤池安装图(甲、乙型)

续表

名　称	页　码	摘　要
污水池	20	污水池安装图(甲、乙型)
污水盆	24	污水盆安装图
厨房洗涤盆	32	双柄水嘴双槽厨房洗涤盆安装图
挂墙式洗脸盆	37	4″单柄水嘴挂墙式洗脸盆安装图
立柱式洗脸盆	39	4″单柄水嘴立柱式洗脸盆安装图
台上式洗脸盆	41	4″单柄水嘴台上式洗脸盆安装图
台下式洗脸盆	45	4″单柄水嘴台下式洗脸盆安装图
碗式洗脸盆	49	单柄水嘴单孔碗式洗脸盆安装图
感应水嘴洗脸盆	53	感应水嘴(交流电)洗脸盆安装图
单冷水感应水嘴洗脸盆	55	单冷水感应水嘴(干电池)洗脸盆安装图
自闭水嘴洗手盆	62	自闭式水嘴洗手盆安装图
混合水嘴洗发盆	64	单柄莲蓬头混合水嘴洗发盆安装图
连体式下排水坐便器	72	连体式下排水(普通连接)坐便器安装图
连体式后排水坐便器	74	连体式后排水(特殊连接)坐便器安装图
温水冲洗便座	75	温水冲洗便座安装图
自闭式冲洗阀坐便器	78	自闭式冲洗阀坐便器安装图
高水箱蹲式大便器	81	高水箱蹲式大便器安装图
低水箱蹲式大便器	83	低水箱蹲式大便器安装图
脚踏开关低水箱蹲式大便器	86	液压脚踏开关低水箱蹲式大便器安装图
自闭式冲洗阀蹲式大便器	87	自闭式冲洗阀蹲式大便器安装图
液压脚踏冲洗阀蹲式大便器	89	液压脚踏冲洗阀蹲式大便器安装图
感应式冲洗阀蹲式大便器	91	感应式冲洗阀蹲式大便器安装图
自闭式冲洗阀挂式小便器	98	自闭式冲洗阀壁挂式小便器安装图
自闭式冲洗阀落地式小便器	100	自闭式冲洗阀落地式小便器安装图
单柄水嘴浴盆	115	单柄水嘴铸铁无裙边浴盆安装图
双管成品淋浴器	130	双管成品淋浴器安装图
手阀控制小便槽	142	手阀控制小便槽安装图

3.7.2　地面式清扫口和地漏典型节点大样

表3.7.2

地面式清扫口和地漏典型节点大样见标准图集《建筑排水设备附件选用安装》(04S301),如表3.7.2所示。

表3.7.2　地面式清扫口和地漏典型节点大样(摘录)

名　称	页　码	摘　要
地面式清扫口(甲型)	13	地面式清扫口(甲型)安装图 DN50—DN150
无水封直通式地漏(甲型)	23	无水封直通式地漏(甲型)安装图 DN50—DN150
有水封地漏(甲型)	30	有水封地漏(甲型)安装图 DN50—DN150
铸铁防溢地漏	43	铸铁防溢地漏构造及安装图 DN50—DN150
塑料多通道地漏	51	塑料多通道地漏构造及安装图 DN75
铸铁侧墙式地漏	63	铸铁侧墙式地漏安装图 DN50—DN150

3.7.3　建筑排水塑料管道典型节点大样

表3.7.3

建筑排水塑料管道典型节点大样见标准图集《建筑排水塑料管道安装》(10S406),如表3.7.3所示。

表3.7.3　建筑排水塑料管道典型节点大样(摘录)

名　称	页　码	摘　要
承插(零件)粘接	20	粘接连接
橡胶密封圈和螺帽压紧式连接	21	橡胶密封圈和螺帽压紧式连接
热熔对接连接	22	热熔对接连接
电熔连接	23	电熔连接
横管安装	26	横管安装示意图
立管安装	27	立管安装示意图
管道穿越楼板阻火圈	32	管道穿越楼面阻火圈安装
管道穿越防火墙阻火圈	33	管道穿越防火墙、井壁阻火圈安装
管道穿楼面套管	34	管道穿楼面(A、B型)
管道穿屋面套管	38	管道穿屋面
管道穿墙套管	39	管道穿外墙、内墙、井壁及砂基础
横管固定及立管底部固定	41	横管固定及立管底部固定

3.7.4　雨水系统典型节点大样

表3.7.4

雨水系统典型节点大样见标准图集《雨水口》(05S518)和《雨水斗选用及安装》(09S302),如表 3.7.4 所示。

表 3.7.4　雨水系统典型节点大样(摘录)

名　称	页　码	摘　要
单箅雨水口(05S518)	6	砖砌平箅式单箅雨水口
多箅雨水口(05S518)	8	砖砌平箅式多箅雨水口(铸铁井盖)
雨水斗屋面安装(09S302)	10	87 型雨水斗下沉式屋面安装图
虹吸式雨水斗安装(09S302)	25	虹吸式雨水斗安装图
侧入式雨水斗安装(09S302)	36	侧入式雨水斗安装图

3.7.5　室外排水系统典型节点大样

表3.7.5

室外排水系统典型节点大样见标准图集《排水检查井》(02S515)、《建筑小区塑料排水井》(08SS523)、《埋地塑料排水管道施工》(04S520)和《钢筋混凝土化粪池》(03S702),如表 3.7.5 所示。

表 3.7.5　室外排水系统典型节点大样(摘录)

名　称	页　码	摘　要
圆形砖砌雨水检查井(02S515)	10	ϕ700 mm 圆形砖砌雨水检查井($D\leqslant400$)
圆形砖砌污水检查井(02S515)	19	ϕ700 mm 圆形砖砌污水检查井($D\leqslant400$)
矩形直线混凝土雨水检查井(02S515)	33	矩形直线混凝土雨水检查井($D=800\sim2\ 000$)
矩形 90°三通砖砌雨水检查井(02S515)	34	矩形 90°三通砖砌雨水检查井($D=900\sim2\ 000$)
矩形直线混凝土污水检查井(02S515)	39	矩形直线混凝土污水检查井($D=800\sim1\ 500$)
矩形 90°三通砖砌污水检查井(02S515)	45	矩形 90°三通砖砌污水检查井($D=900\sim1\ 500$)
检查井构成示意(08SS523)	10	检查井构成示意图
排出管汇合(08SS523)	19	排出管汇合配件连接
防护井盖(08SS523)	25	防护井盖选用安装

续表

名　称	页　码	摘　要
平箅式单箅雨水口(08SS523)	27	平箅式单箅雨水口
立箅式单箅雨水口(08SS523)	29	立箅式单箅雨水口
埋地塑料管基础(04S520)	57	埋地塑料排水管基础及沟槽宽度
1号钢筋混凝土化粪池(03S702)	18	1号钢筋混凝土化粪池平、剖面图

3.8 排水系统手工计量

排水系统手工计量是一项传统工作,随着BIM建模技术的推广,手工计量在造价工作中所占的份额会大大减少,但不会消失。因此,学习者有必要了解手工计量的相关知识,掌握基本的操作技能。

3.8.1 工程造价手工计量方式概述

1)工程造价手工计量方式

具体内容详见1.8.1节"1)工程造价手工计量方式"。

2)安装工程造价工程量手工计算表

手工计量宜采用规范的计算表格,如表3.8.1所示。

表3.8.1　安装工程造价工程量手工计算表(示例)

工程名称:学生宿舍楼D栋　　　　子分部工程名称:排水系统

项目序号	部位序号	编号/部位	项目名称/计算式		层数	单位	工程量
1		标准间	大便器:脚踏自闭延时冲洗阀DN25蹲式大便器			个	317
			1×52(1层)+53(2~6层)×5(层数)		317		
2		标准间	其他卫生器具:成品洗手台配陶瓷阀芯水嘴DN20				
			1×52(1层)+53(2~6层)×5(层数)		317		
3		标准间	塑料管:PVC-U塑料排水管De75,承插连接				

续表

项目序号	部位序号	编号/部位	项目名称/计算式		层数	单位	工程量
			2.125(每层长度)×317(层数)		317	m	317
		标准间	止水环:PVC-U 塑料排水管止水环 De75				
4			塑料管:PVC-U 塑料排水管 De100,承插连接,主立管和水平横杆管应做通球试验和灌水试验				
	①		排水干管:3(每层长度)×317(层数)		6	m	951
	②		竖向立管:(21.8+2.4)(每层长度)×[52(污水立管根数)+13(阳台雨水立管根数)]		6	m	1 508
			止水环:PVC-U 塑料排水管止水环 De100				

3.8.2 安装工程手工计量的程序和技巧

1)以科学的识图程序为前提

(1)安装工程识图的主要程序

详见 1.8.2 节中的相应内容。

(2)识读系统图和平面图的技巧

①宜以水流方向为主线,确定排水系统的起点;

②室内污水排水系统以卫生器具为起点,沿着排水支管→排水横杆管→排水立管引入污水检查井;

③雨水排水系统以雨水口或雨水斗为起点,沿着排水立管引入雨水检查井。

2)立项的技巧

详见 1.8.2 节中的相应内容。

3)计量的技巧

①依据已经确立的清单项目的顺序依次进行计量;

②区分不同楼层作为部位的第一层级关系;

③在同一个楼层中,区分不同的功能区域作为部位的第二层级关系,统计“计数型”数据,并同时备注“功能区名称”;

④在同一个楼层中,区分不同回路顺流测量作为部位的第二层级关系,统计“计量型”数据,一般宜将同一功能区域的数据作为一组数据集记入计算表中,并同时备注功能区名称;

⑤采用具有汇总统计功能的计量软件。

3.8.3 排水系统在 BIM 建模后的手工计量

手工计量主要针对不宜在 BIM 建模中表达的项目。

采用 BIM 技术建模,从提高工作效率的角度出发,并不需要建立工程造价涉及的所有定额子目,因此需要采用手工计量的方式补充必要的项目。排水系统常见的需要采用手工计量的项目如下:

①塑料管卡;

②预留孔洞;

③管道除锈和刷油。

3.9 排水系统招标工程量清单编制

本节以学生宿舍 D 栋已经形成的 BIM 模型工程量表为基础,依据《通用安装工程工程量计算规范》(GB 50856—2013)的规定,编制排水系统招标工程量清单。

3.9.1 建立预算文件体系

建立预算文件体系是招标工程量清单编制的基础工作,操作程序可参照 3.4.2 节中的相应内容,主要区别是新建项目时选择“新建招标项目”。

3.9.2 编制工程量清单

1)建立分部和子分部,添加清单项目

建立清单项目就是依据“排水系统工程量表”的数据,按照《通用安装工程工程量计算规范》(GB 50856—2013)的规定,进行相应的编制工作。操作可分成以下两个阶段:

(1)添加项目及工程量

添加项目及工程量的具体操作如表 3.9.1 所示。

表 3.9.1 添加项目及工程量

步骤	工 作	图 标	工具→命令	说 明
1.1	建立分部		下拉菜单→安装工程→给排水、采暖、燃气工程	
1.2	建立子分部	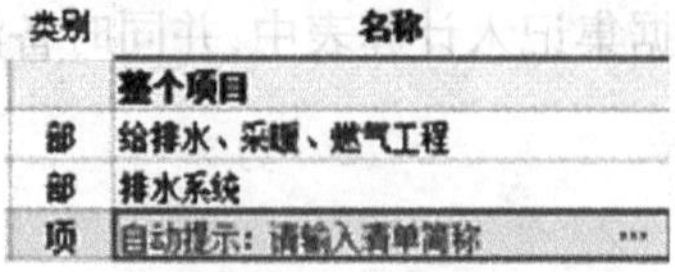	单击鼠标右键增加子分部,输入“排水系统”	

续表

步骤	工　作	图　标	工具→命令	说　明
1.3	添加项目		查询→查询清单	
1.4	选择项目	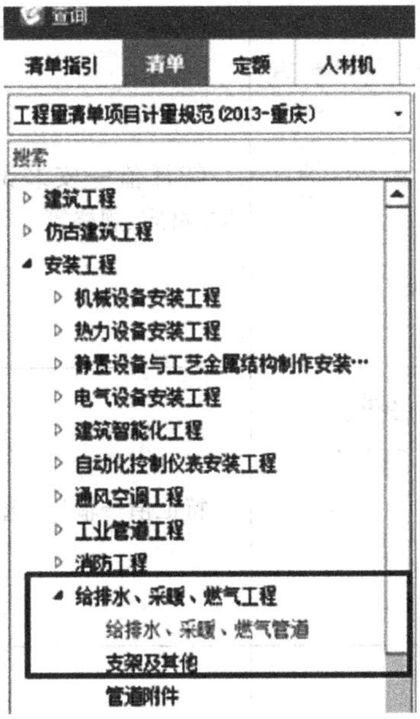	查询→清单→安装工程→给排水、采暖、燃气工程→给排水、采暖、燃气管道→项目	
1.5	修改名称	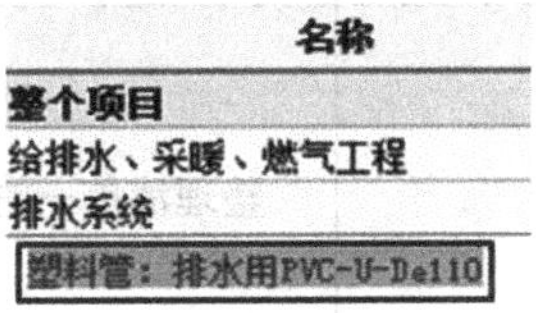	名称→选中/复制/粘贴(表格数据)	
1.6	修改工程量	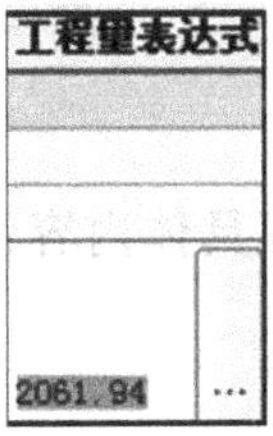	工程量表达式→选中/复制/粘贴(表格数据)	
1.7	逐项重复以上操作			

(2)编辑项目特征和工作内容

编辑项目特征是编制招标工程量清单中具有一定难度的工作。做好此工作,必须要掌握清单计价的理论,并且熟悉施工图设计要求和理解施工工艺。工作内容是依据项目特征进行选择的,具体操作如表 3.9.2 所示。

表 3.9.2　编辑项目特征和工作内容

步骤	工　作	图　标	工具→命令	说　明
2.1	选择特征命令		名称→特征及内容	
2.2	编辑项目特征	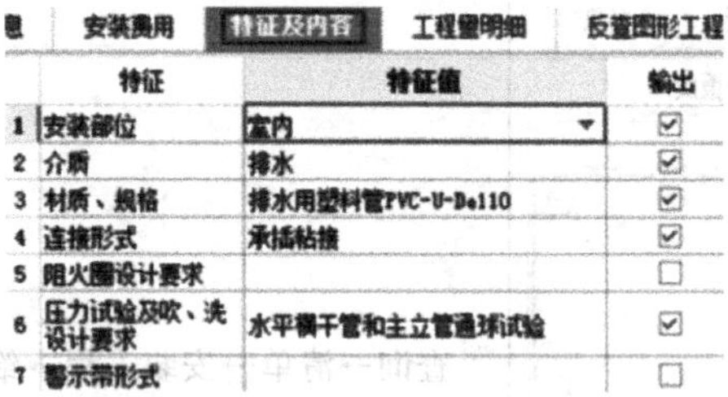	特征值→安装部位/介质/材质、规格等	
2.3	编辑工作内容	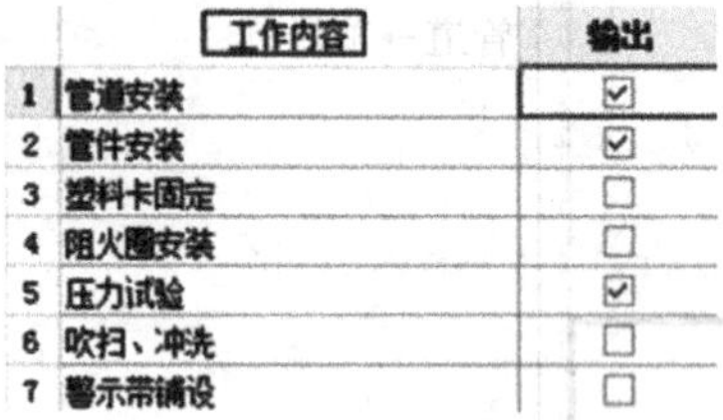	特征值→输出(选择)	
2.4	逐项重复以上操作			
2.5	清单排序	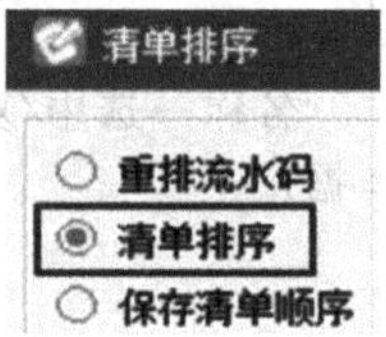	整理清单→清单排序	

2)导出报表

选择报表的依据、选择报表的种类、报表的导出等具体内容,请参照 1.9.2 节中的相应内容。

实训任务

任务:请独立完成某办公楼排水系统招标工程量清单的编制及导出。

3.10　排水系统 BIM 建模实训

BIM 建模实训是在已经完成前述内容的学习后,本着强化 BIM 建模技能而安排的一个环节。

3.10.1　BIM 建模实训的目的与任务

1)BIM 建模实训的目的

BIM 建模实训的目的是让学习者从“逆向学习”转变为“顺向工作”,具体内容详见1.10.1 节中的相应内容。

2)BIM 建模实训的任务

将“顺向工作法”中难度较大的“立项与计量”环节作为实训任务,如图 1.10.3 所示。

3.10.2　BIM 建模实训的要求

1)BIM 建模实训的工作程序

BIM 建模实训的工作程序如图 1.10.4 所示。

2)整理基础数据的结果

整理基础数据就是需要形成三张参数表,具体内容如图 1.10.5 所示。

3)形成的工程量表需要达到的质量要求

形成的工程量表的数据质量,应符合《通用安装工程工程量计算规范》(GB 50856—2013)项目特征描述的要求,并满足《重庆市通用安装工程计价定额》(CQAZDE—2018)计价定额子目的需要。

在时间允许的条件下,宜通过编辑“招标工程量表”进行验证。

3.10.3　排水系统 BIM 建模实训的关注点

1)采用某办公楼施工图进行实训

为达到既能检验学习效果,又不过多占用学生在校时间的目的,实训已知条件如下:

①完成某办公楼 BIM 建模前整理;

②完成某办公楼 BIM 建模;

③整理某办公楼工程量表,和再次编制招标工程量表。

2)需要特别关注的问题

①本工程排水系统会涉及“超高”,要专门建立相应的工作量表;

②统一采用①/Ⓐ轴线交点作为建模基点。

第 4 章　其他管道工程

4.1　空调系统

4.1.1　初识空调系统

1) 空气调节与空调系统

空气调节与空调系统是两个相关而又不相同的概念。空气调节是指对空气质量指标进行处理。空调系统是指为实现空气调节的目标而采取的相应措施。

(1)空气调节的目标

空气调节的目标如图 4.1.1 所示。

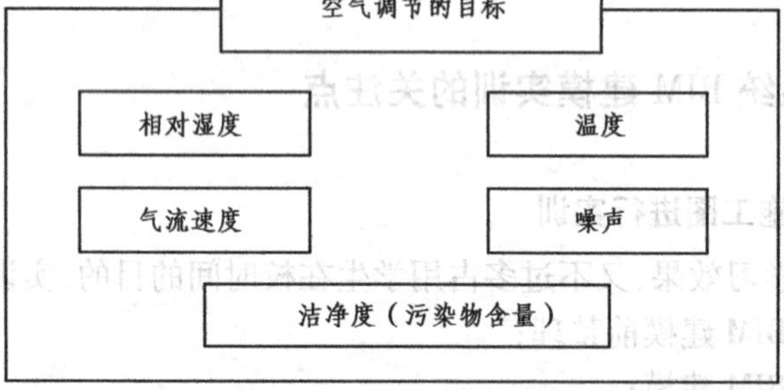

图 4.1.1　空气调节的目标

(2)空调系统的基础知识

①空调系统是空气调节、空气净化与洁净空调系统的总称。

②舒适性空调需要满足室内温度、相对湿度、空气流速三项指标的要求。其一般按照以下参数进行室内设计,室内温度:夏季 24～28 ℃,冬季 18～22 ℃;相对湿度:夏季 40%～65%,冬季 40%～60%;风速:夏季≤0.3 m/s,冬季≤0.2 m/s。

③空气净化与洁净空调具体分为一般净化、中等净化和超级净化 3 种。其中,一般净化对空气质量要求没有明确的指标;中等净化要求空气中悬浮微粒的质量浓度不大于 0.15 mg/m^3;超级净化分成了英制的 1 级、10 级、100 级、1 000 级、10 000 级和 10 万级 6 个档次或 SI 的 M1 到 M7(每 0.5 进一级)共 13 个档次,其控制指标是粒径(单位:μm)和单位体积粒子数(单位:ft^3或 m^3)。

(3)空调系统的分类

空调系统的分类如图 4.1.2 所示。

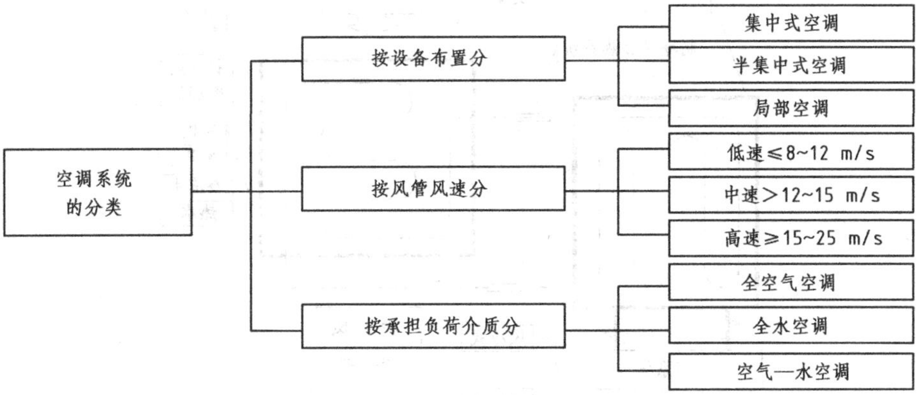

图 4.1.2 空调系统的分类

(4)制冷及制冷系统的分类

①制冷又称为冷冻,是指将物体温度降低到或维持在自然环境温度以下。实现制冷的途径有天然制冷和人工制冷两种。

②工质又称为制冷剂,是指在制冷系统中,用于实现制冷的工作物质。压缩式制冷常用制冷剂有氨(代号 R717)、氟利昂(R12,现用 R134a 替代,用于车用空调和商业、工业制冷;R22 和 R502,现用 R404a 替代用于中低湿冷冻系统,用 R290 替代用于中央空调、热泵空调、家用空调和其他小型制冷设备压缩机)、水(加入溴化锂)。

③冷媒是指在制冷系统中,用于传递冷量的媒介物质。常用冷媒是空气、冷冻水和盐水。

④制冷系统的分类。制冷系统按照冷源不同进行分类,如图 4.1.3 所示。

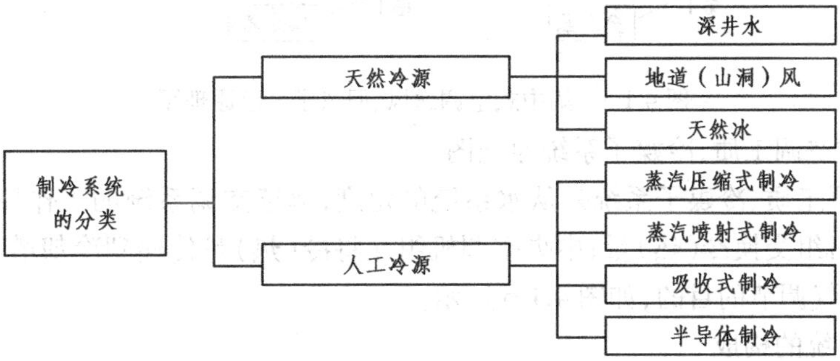

图 4.1.3 制冷系统的分类

(5)空调系统工作原理图

空调系统由风系统和制冷(或加热)子系统组成。其中,风系统将制冷(或加热)子系统的冷(热)传递到室内的空调房间,制冷(或加热)子系统又将吸收风系统的热(冷)量传递到室外,实现能量的转换与循环,如图 4.1.4 所示。

(6)集中式空调送风、回风子系统原理图

集中式空调送风、回风子系统是从风系统的角度,解读空调系统的工作原理。室内空气在风机的作用下,将气流引入空调机盘管,带动冷(热)量吹向室内,实现空气调节的目的;而空调机盘管中的冷媒从分水器到集水器,集中形成冷(热)量的传递,如图 4.1.5 所示。

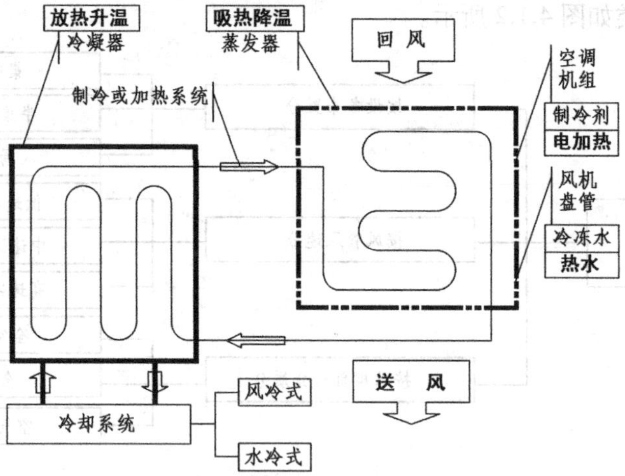

图 4.1.4　空调系统工作原理图

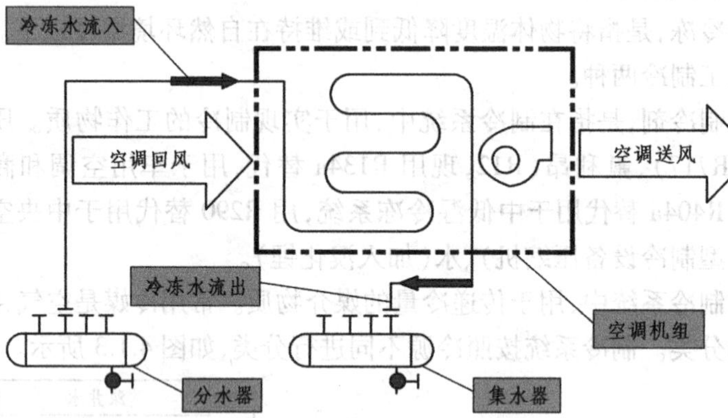

图 4.1.5　集中式空调送风、回风子系统原理图

(7)集中式空调工质、冷媒子系统原理图

集中式空调工质、冷媒子系统是从水系统的角度,解读空调系统的工作原理。它通过冷媒向中央空调机组交换冷(热)量;中央空调机组又将冷(热)量传递到冷却塔,与室外空气进行交换,实现空气调节的目的,如图 4.1.6 所示。

(8)空调系统的构成

空调系统由风系统和冷(热)媒系统构成。

①集中式空调系统中风系统构成如图 4.1.7 所示。

②集中式空调系统中水系统构成如图 4.1.8 所示。

2)空调系统的主要设备和设施

(1)两类空调机组

两类空调机组如图 4.1.9 所示。

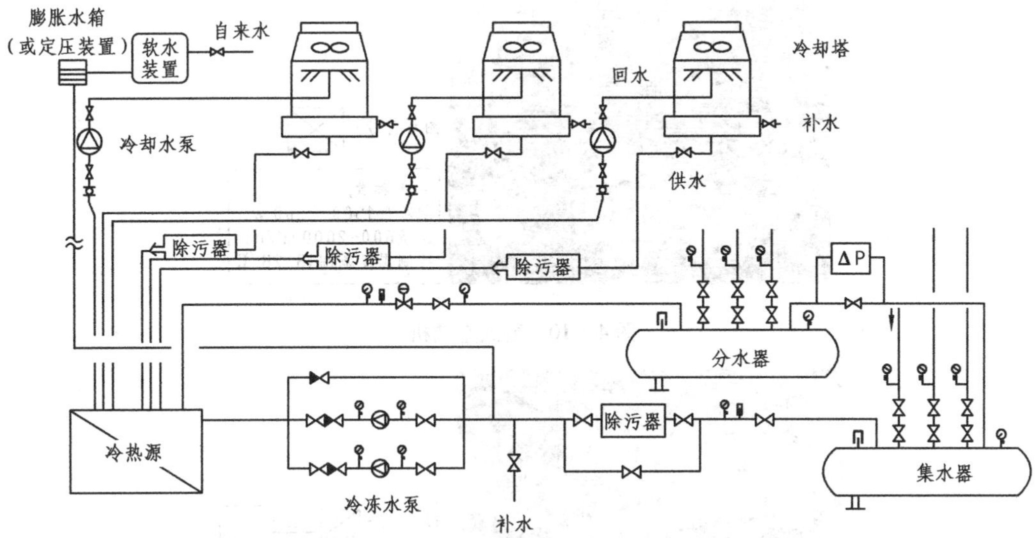

图 4.1.6　集中式空调工质、冷媒子系统原理图

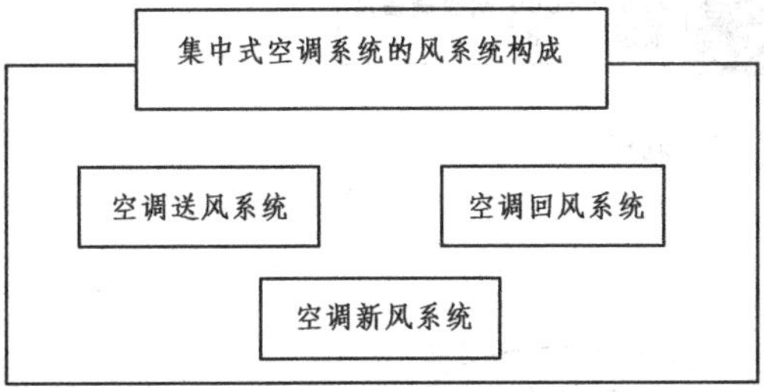

图 4.1.7　集中式空调系统中风系统构成

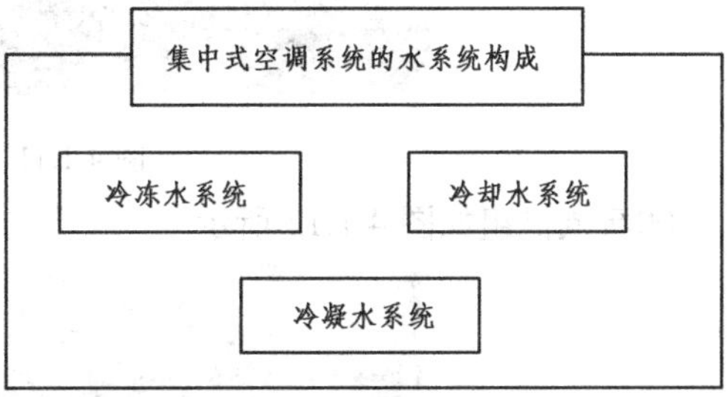

图 4.1.8　集中式空调系统中水系统构成

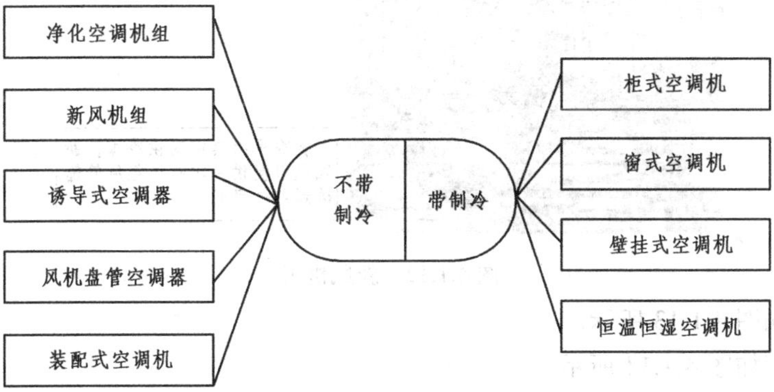

图 4.1.9　两类空调机组

①窗式空调机如图 4.1.10 所示。

②分体式空调机如图 4.1.11 所示。

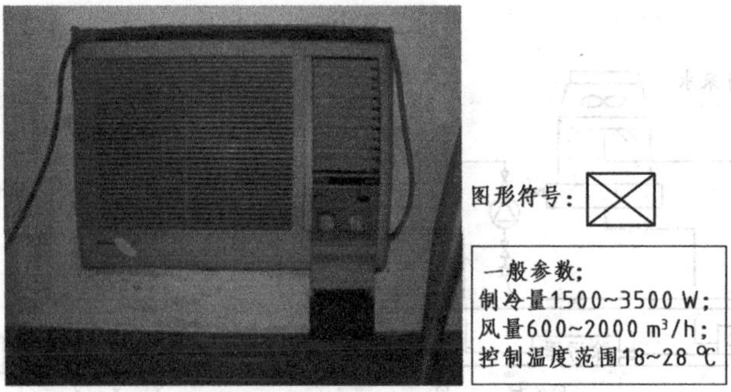

图 4.1.10　窗式空调机

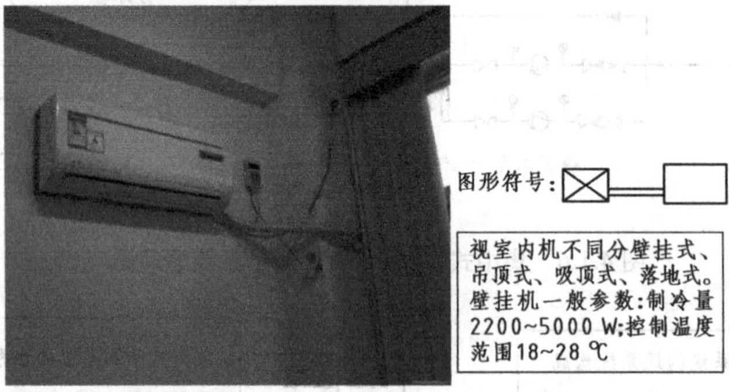

图形符号：
制冷量1500~3500 W；
风量600~2000 m³/h；
视室内机不同分壁挂式、吊顶式、吸顶式、落地式。壁挂机一般参数：制冷量2200~5000 W；控制温度范围18~28 ℃

图 4.1.11　分体式空调机

③新风机组如图 4.1.12 所示。

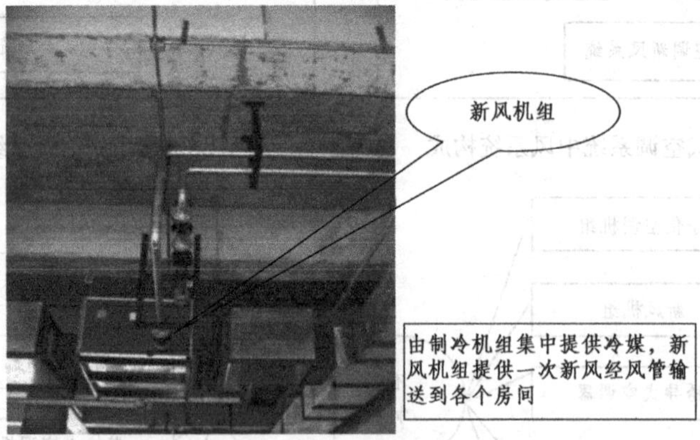

由制冷机组集中提供冷媒，新风机组提供一次新风经风管输送到各个房间

图 4.1.12　新风机组

④诱导器如图 4.1.13 所示。

⑤风机盘管如图 4.1.14 所示。

⑥分段组装空调机组如图 4.1.15 所示。

⑦整体式空调机组如图 4.1.16 所示。

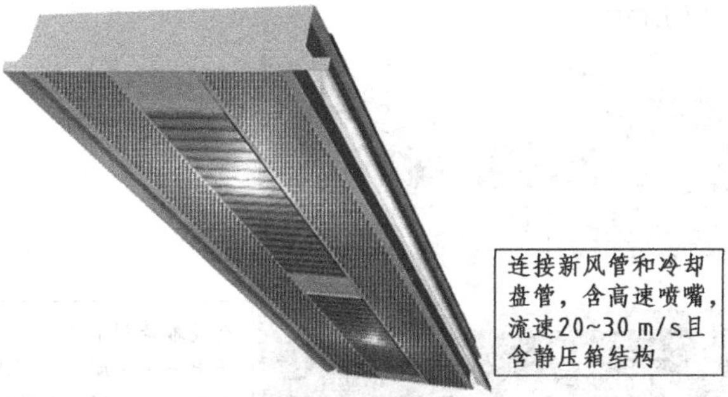

连接新风管和冷却盘管，含高速喷嘴，流速20~30 m/s且含静压箱结构

图 4.1.13　诱导器

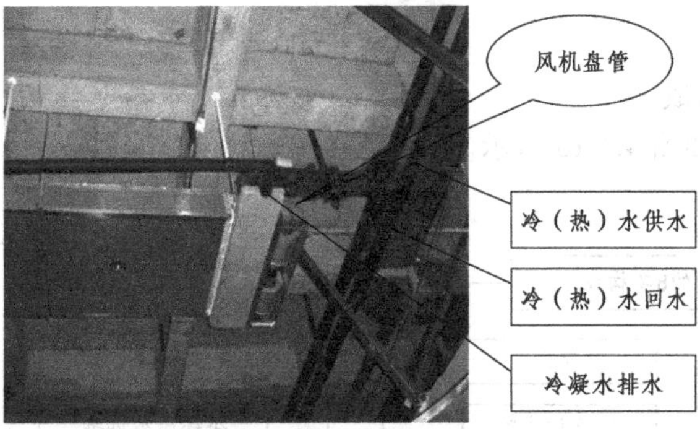

图 4.1.14　风机盘管

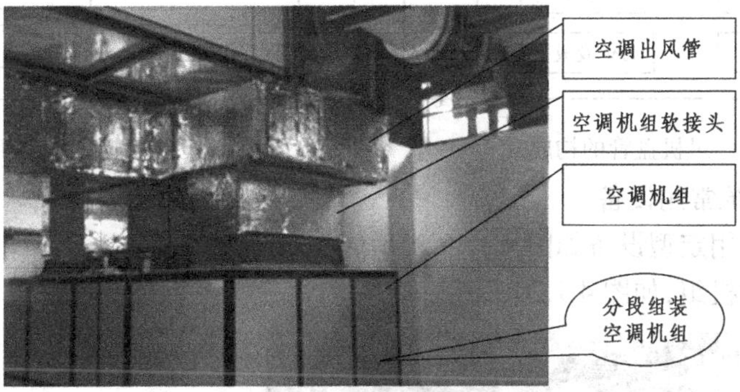

图 4.1.15　分段组装空调机组

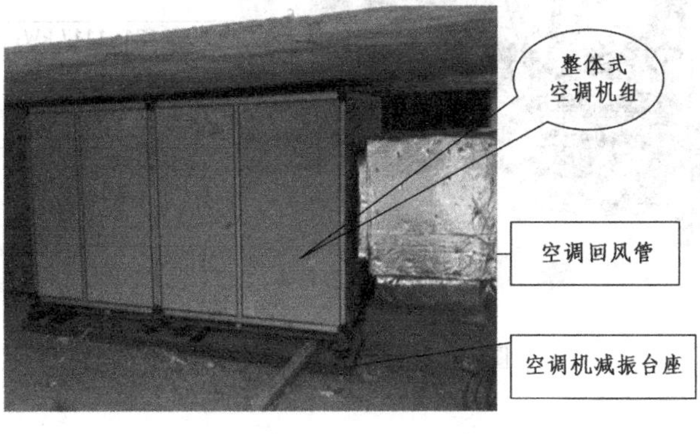

图 4.1.16　整体式空调机组

⑧空气幕如图 4.1.17 所示。

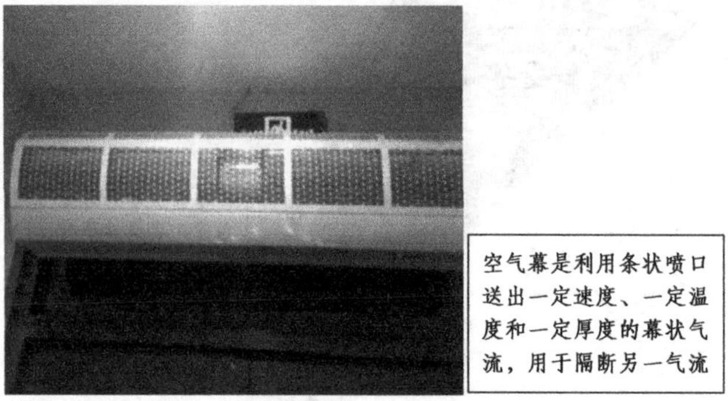

空气幕是利用条状喷口送出一定速度、一定温度和一定厚度的幕状气流，用于隔断另一气流

图 4.1.17　空气幕

(2)风机盘管的构成

风机盘管的构成如图 4.1.18 所示。

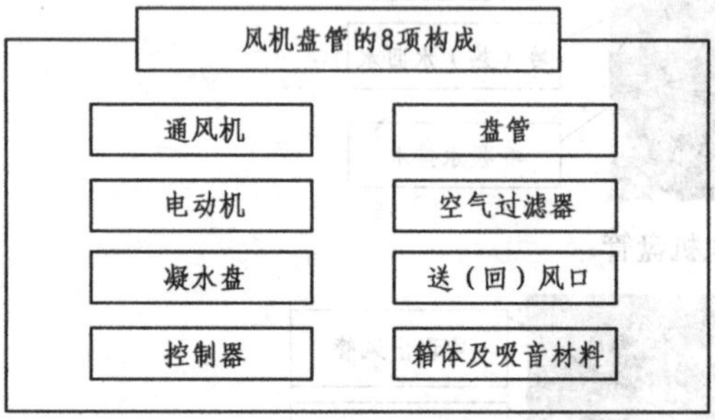

风机盘管的8项构成
通风机
盘管
电动机
空气过滤器
凝水盘
送（回）风口
控制器
箱体及吸音材料

图 4.1.18　风机盘管的构成

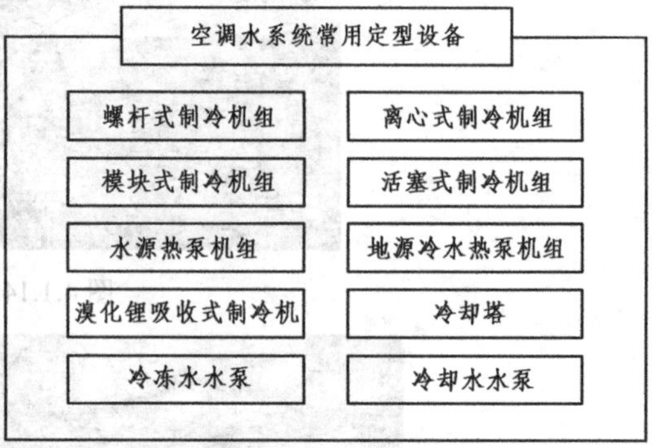

图 4.1.19　空调水系统常用的定型设备

(3)空调水系统常用设备

空调水系统常用定型设备如图 4.1.19 所示。

①螺杆式制冷机组,如图 4.1.20 所示。

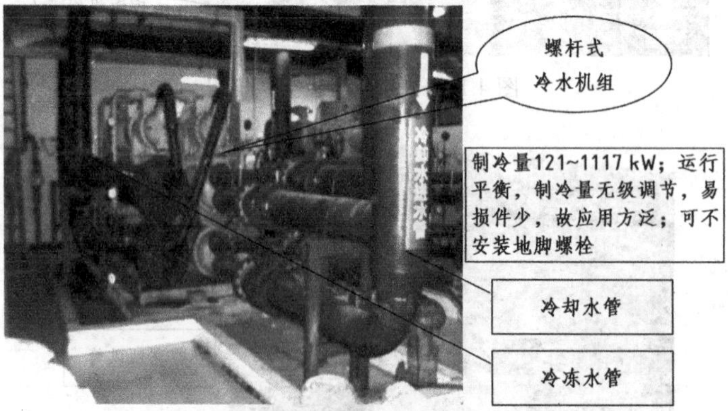

制冷量121~1117 kW；运行平衡，制冷量无级调节，易损件少，故应用方泛；可不安装地脚螺栓

图 4.1.20　螺杆式制冷机组

②离心式制冷机组,如图 4.1.21 所示。

按机组能耗分类:
一般型0.253 kW/kW;
节能型0.238 kW/kW;
超节能型0.222 kW/kW

图 4.1.21　离心式制冷机组

③水冷式模块化机组,如图 4.1.22 所示。

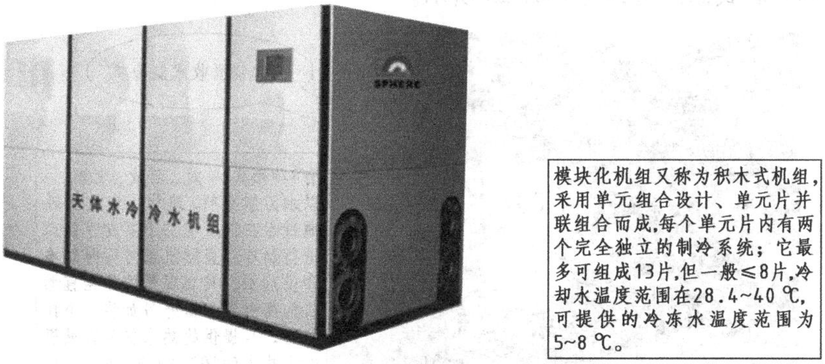
天体水冷 冷水机组
模块化机组又称为积木式机组,采用单元组合设计、单元片并联组合而成,每个单元片内有两个完全独立的制冷系统;它最多可组成13片,但一般≤8片,冷却水温度范围在28.4~40 ℃,可提供的冷冻水温度范围为5~8 ℃。

图 4.1.22　水冷式模块化机组

④风冷式模块化机组,如图 4.1.23 所示。

模块化冷水机组的最大优点是调节性能好、传热效率高、占地面积小、启动电流小、噪声低,特别对于非满负荷运行尤为适用;缺点是蒸发器、冷凝器进出水无相应的启闭装置,对于大型空调建筑及区域性空调,它处于劣势

图 4.1.23　风冷式模块化机组

⑤活塞式制冷机组,如图 4.1.24 所示。

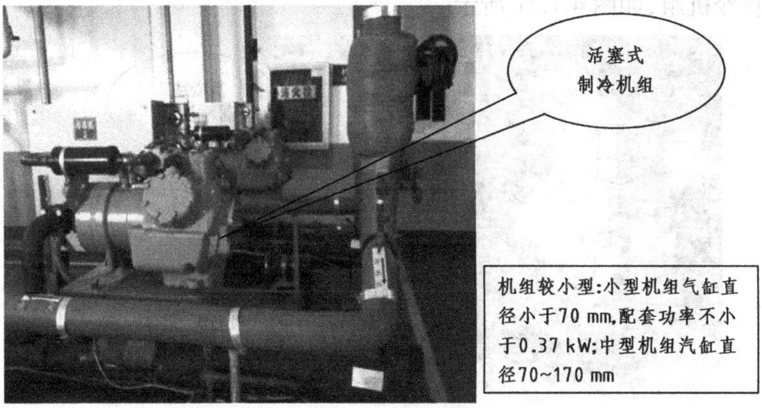

机组较小型:小型机组气缸直
径小于70 mm,配套功率不小
于0.37 kW;中型机组汽缸直
径70~170 mm

图 4.1.24　活塞式制冷机组

⑥溴化锂吸收式制冷机,如图 4.1.25 所示。

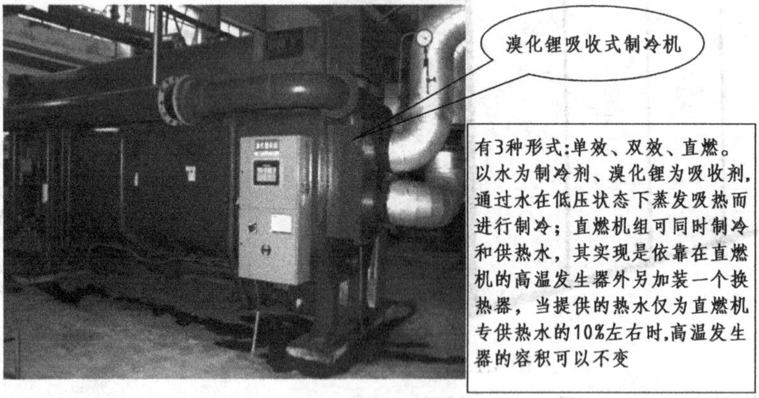

溴化锂吸收式制冷机
有3种形式:单效、双效、直燃。
以水为制冷剂、溴化锂为吸收剂,
通过水在低压状态下蒸发吸热而
进行制冷;直燃机组可同时制冷
和供热水,其实现是依靠在直燃
机的高温发生器外另加装一个换
热器,当提供的热水仅为直燃机
专供热水的10%左右时,高温发生
器的容积可以不变

图 4.1.25　溴化锂吸收式制冷机

⑦水源热泵机组,如图 4.1.26 所示。

以自然水体作为冷热源,可
一机二用(冬季供热水、夏
季供冷水)或三用(供冷、
供暖、供生活用水),具有
显著的节能效果和环保效益。
需要用集水器和分水器组成
调节水路,来转换供应方向

图 4.1.26　水源热泵机组

⑧地源冷水热泵机组,如图4.1.27所示。

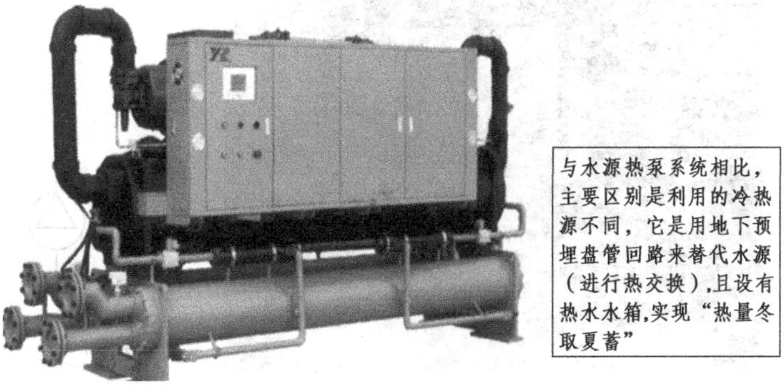
与水源热泵系统相比,主要区别是利用的冷热源不同,它是用地下预埋盘管回路来替代水源(进行热交换),且设有热水水箱,实现“热量冬取夏蓄”

图4.1.27　地源冷水热泵机组

⑨冷却塔,如图4.1.28所示。

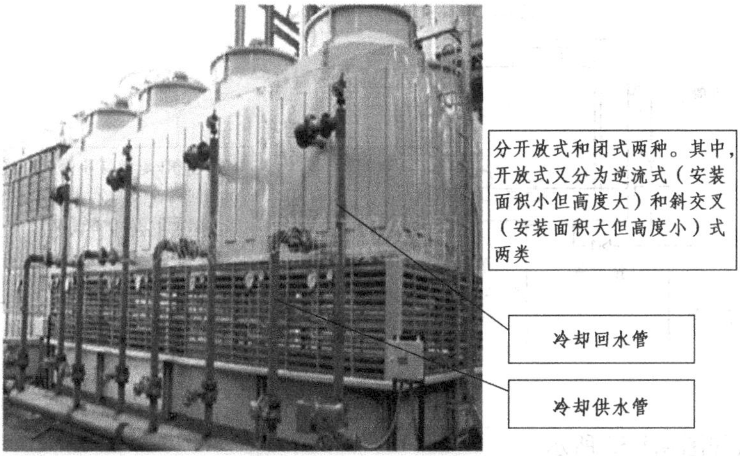
分开放式和闭式两种。其中,开放式又分为逆流式(安装面积小但高度大)和斜交叉(安装面积大但高度小)式两类
冷却回水管
冷却供水管

图4.1.28　冷却塔

⑩冷冻水水泵,如图4.1.29所示。

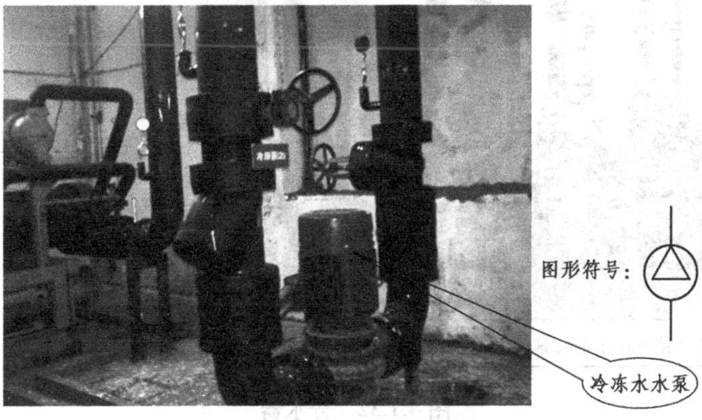
图形符号:
冷冻水水泵

图4.1.29　冷冻水水泵

⑪冷却水水泵,如图4.1.30所示。

图 4.1.30　冷却水水泵

⑫膨胀水箱，如图 4.1.31 所示。

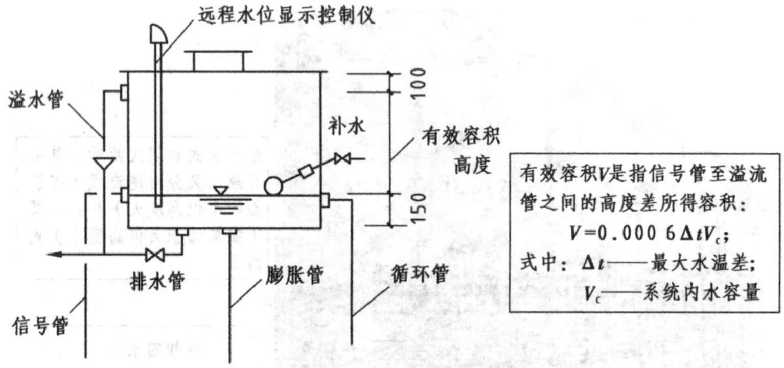

图 4.1.31　膨胀水箱

⑬分水器，如图 4.1.32 所示。

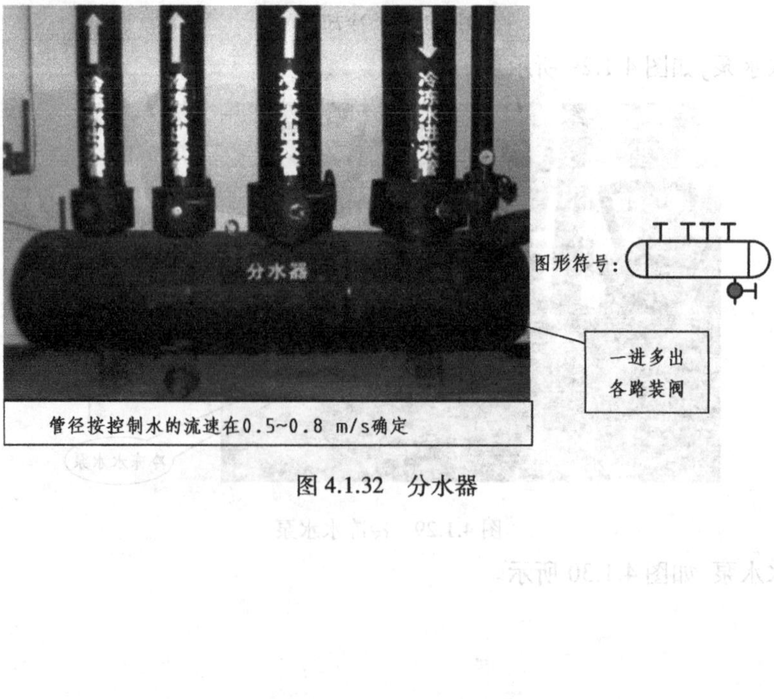

图 4.1.32　分水器

⑭集水器,如图 4.1.33 所示。

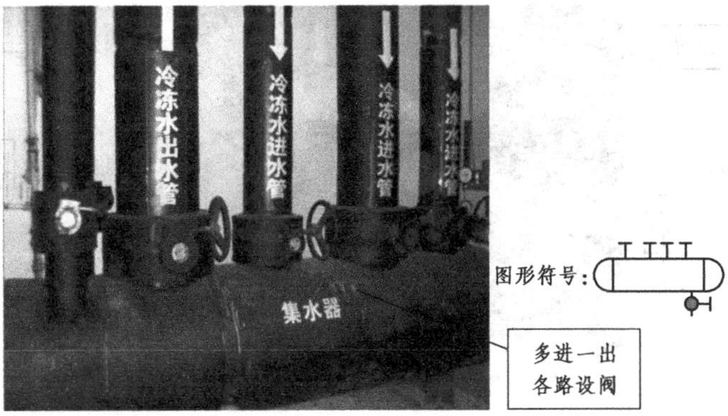

图 4.1.33　集水器

⑮板式换热器,如图 4.1.34 所示。

图 4.1.34　板式换热器

(4)空调水系统常用设施

①压差平衡阀,如图 4.1.35 所示。

图 4.1.35　压差平衡阀

②温度计和压力表,如图 4.1.36 所示。

压力表
温度计
图形符号:
图形符号:

图 4.1.36　温度计和压力表

③过滤器,如图 4.1.37 所示。

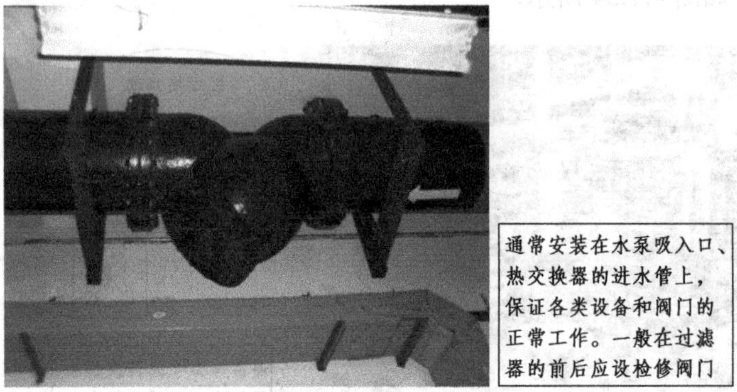
通常安装在水泵吸入口、热交换器的进水管上,保证各类设备和阀门的正常工作。一般在过滤器的前后应设检修阀门

图 4.1.37　过滤器

④角通除污器,如图 4.1.38 所示。

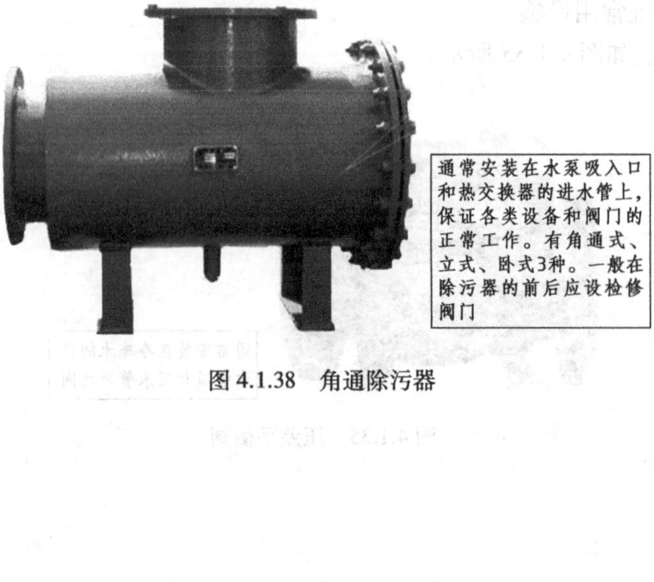
通常安装在水泵吸入口和热交换器的进水管上,保证各类设备和阀门的正常工作。有角通式、立式、卧式3种。一般在除污器的前后应设检修阀门

图 4.1.38　角通除污器

⑤电动二通阀,如图 4.1.39 所示。

图 4.1.39　电动二通阀

⑥支架垫木等,如图 4.1.40 所示。

图 4.1.40　支架垫木等

⑦竖向管道支架等,如图 4.1.41 所示。

图 4.1.41　竖向管道支架等

⑧橡塑保温材料,如图 4.1.42 所示。

图 4.1.42　橡塑保温材料

⑨离心玻璃棉保温管壳,如图 4.1.43 所示。

图 4.1.43　离心玻璃棉保温管壳

⑩阀门保温,如图 4.1.44 所示。

图 4.1.44　阀门保温

⑪复合硅酸盐保温瓦,如图 4.1.45 所示。

图 4.1.45　复合硅酸盐保温瓦

3)初识空调系统平面图

空调系统平面图通常用来表达空调风机(本例是风机盘管)、送回风管及风口、空调水管之间的位置关系,如图 4.1.46 所示。

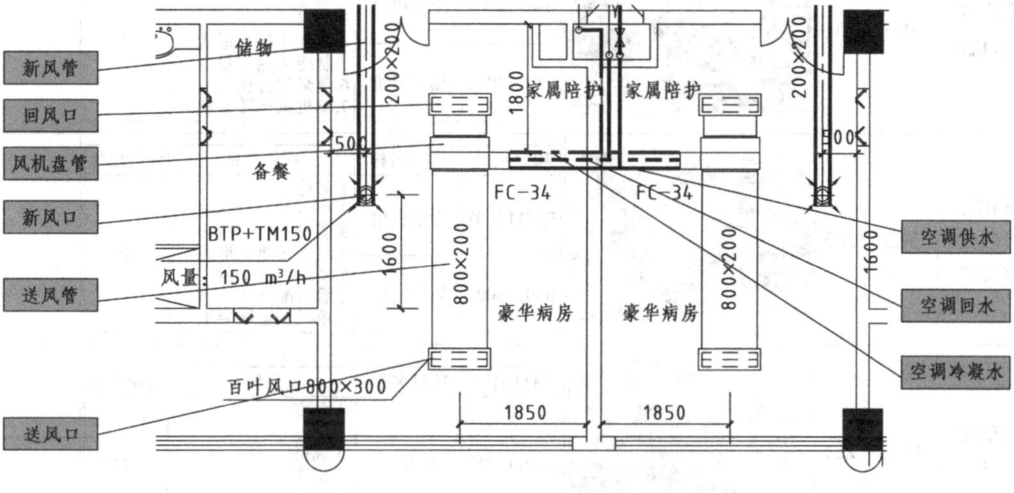

图 4.1.46　某工程病房空调平面图

4.1.2　空调系统预(结)算的典型项目

空调系统“风系统”的定额子目和清单项目,请参照《建筑消防工程预(结)算》中“第 2 章　通风系统”的相关内容。

空调系统“水系统”涉及水泵和管道类的定额子目和清单项目,请参考《建筑消防工程预(结)算》中“第 3 章　灭火系统和建筑消防设施”的相关内容,以及《建筑管道工程预(结)算》中涉及管道的相关内容。

本节主要介绍空调设备和保温绝热中涉及的定额子目和清单项目。相关定额是《重庆市通用安装工程计价定额》(CQAZDE—2018)中第一册《机械设备安装工程》、第三册《静置设备与工艺金属结构制作安装工程》、第七册《通风空调安装工程》、第十册《给排水、采暖、燃气安装工程》和第十一册《刷油、防腐蚀、绝热安装工程》。

1)空调系统常用设备的典型项目

空调系统常用设备主要包括制冷设备、给排水设备和静置设备、空调设备的相应内容。空调系统常用设备的典型项目如表 4.1.1 所示。

表4.1.1

表 4.1.1　空调系统常用设备的典型项目

<table>
<tr><th>定额项目</th><th>章节编号</th><th>定额页码</th><th>图　片</th><th>对应清单</th><th>说　明</th></tr>
<tr><td>螺杆式冷水机组</td><td>M.2</td><td>260</td><td></td><td><table><tr><th>项目编码</th><th>项目名称</th><th>项目特征</th><th>计量单位</th></tr><tr><td>030113001</td><td>冷水机组</td><td rowspan="2">1.名称
2.型号
3.质量
4.制冷（热）形式
5.制冷（热）量
6.灌浆配合比
7.单机试运转要求</td><td rowspan="2">台</td></tr><tr><td>030113002</td><td>热力机组</td></tr></table></td><td></td></tr>
<tr><td>离心式冷水机组</td><td>M.3</td><td>261</td><td></td><td><table><tr><th>项目编码</th><th>项目名称</th><th>项目特征</th><th>计量单位</th></tr><tr><td>030113001</td><td>冷水机组</td><td rowspan="2">1.名称
2.型号
3.质量
4.制冷（热）形式
5.制冷（热）量
6.灌浆配合比
7.单机试运转要求</td><td rowspan="2">台</td></tr><tr><td>030113002</td><td>热力机组</td></tr></table></td><td></td></tr>
<tr><td>溴化锂吸收式制冷机</td><td>M.5</td><td>263</td><td></td><td><table><tr><th>项目编码</th><th>项目名称</th><th>项目特征</th><th>计量单位</th></tr><tr><td>030113001</td><td>冷水机组</td><td rowspan="2">1.名称
2.型号
3.质量
4.制冷（热）形式
5.制冷（热）量
6.灌浆配合比
7.单机试运转要求</td><td rowspan="2">台</td></tr><tr><td>030113002</td><td>热力机组</td></tr></table></td><td></td></tr>
<tr><td>玻璃钢冷却塔</td><td>M.19</td><td>284</td><td></td><td><table><tr><th>项目编码</th><th>项目名称</th><th>项目特征</th><th>计量单位</th></tr><tr><td>030113017</td><td>冷却塔</td><td>1.名称
2.型号
3.规格
4.材质
5.质量
6.单机试运转要求</td><td>台</td></tr></table></td><td></td></tr>
<tr><td>热泵机组</td><td>M.4</td><td>262</td><td></td><td><table><tr><th>项目编码</th><th>项目名称</th><th>项目特征</th><th>计量单位</th></tr><tr><td>031006006</td><td>地源
（水源、汽源）
热泵机组</td><td>1.型号、规格
2.安装方式
3.减震装置形式</td><td>组</td></tr></table></td><td></td></tr>
<tr><td>整体容器安装</td><td>B.2</td><td>55</td><td>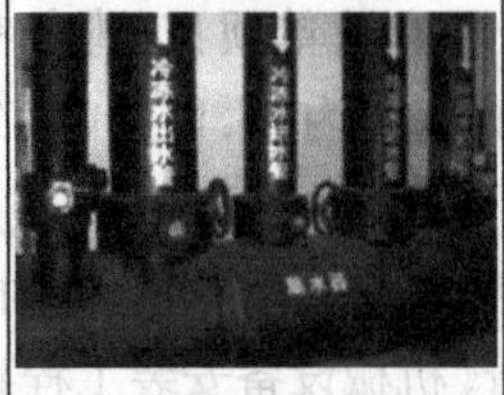</td><td><table><tr><th>项目编码</th><th>项目名称</th><th>项目特征</th><th>计量单位</th></tr><tr><td>030302002</td><td>整体容器安装</td><td>1.名称
2.构造形式
3.质量
4.规格
5.压力试验设计要求
6.清洗地、脱脂、钝化设计要求
7.安装高度
8.灌浆配合比</td><td>台</td></tr></table></td><td>集水器和分水器安装</td></tr>
</table>

续表

<table>
<tr><th>定额项目</th><th>章节编号</th><th>定额页码</th><th>图 片</th><th>对应清单</th><th>说 明</th></tr>
<tr><td>热交换器安装</td><td>B.5.1</td><td>99</td><td></td><td><table><tr><th>项目编码</th><th>项目名称</th><th>项目特征</th><th>计量单位</th></tr><tr><td>030302005</td><td>热交换器类设备安装</td><td>1.名称
2.构造形式
3.质量
4.安装高度
5.抽芯设计要求
6.灌浆配合比</td><td>台</td></tr></table></td><td></td></tr>
<tr><td>吊顶式、落地式空调器</td><td>A.3.1</td><td>10</td><td></td><td><table><tr><th>项目编码</th><th>项目名称</th><th>项目特征</th><th>计量单位</th></tr><tr><td>030701003</td><td>空调器</td><td>1.名称
2.型号
3.规格
4.安装形式
5.质量
6.隔振垫（器）、支架形式、材质</td><td>台（组）</td></tr></table></td><td></td></tr>
<tr><td>墙上式空调器</td><td>A.3.2</td><td>10</td><td></td><td><table><tr><th>项目编码</th><th>项目名称</th><th>项目特征</th><th>计量单位</th></tr><tr><td>030701003</td><td>空调器</td><td>1.名称
2.型号
3.规格
4.安装形式
5.质量
6.隔振垫（器）、支架形式、材质</td><td>台（组）</td></tr></table></td><td></td></tr>
<tr><td>多联式空调机室外机</td><td>A.3.3</td><td>11</td><td>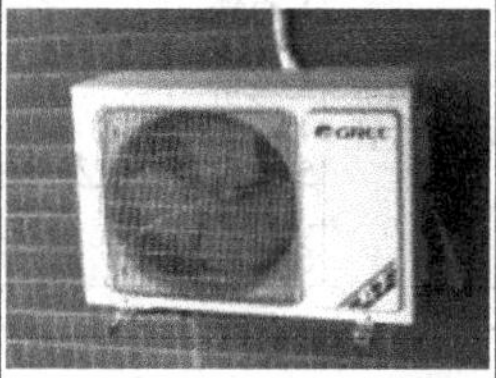</td><td><table><tr><th>项目编码</th><th>项目名称</th><th>项目特征</th><th>计量单位</th></tr><tr><td>030701003</td><td>空调器</td><td>1.名称
2.型号
3.规格
4.安装形式
5.质量
6.隔振垫（器）、支架形式、材质</td><td>台（组）</td></tr></table></td><td></td></tr>
<tr><td>多联式空调机室内机</td><td>A.3.4</td><td>11</td><td></td><td><table><tr><th>项目编码</th><th>项目名称</th><th>项目特征</th><th>计量单位</th></tr><tr><td>030701003</td><td>空调器</td><td>1.名称
2.型号
3.规格
4.安装形式
5.质量
6.隔振垫（器）、支架形式、材质</td><td>台（组）</td></tr></table></td><td></td></tr>
<tr><td>多联机组铜管安装</td><td>A.3.5.1</td><td>12</td><td></td><td><table><tr><th>项目编码</th><th>项目名称</th><th>项目特征</th><th>计量单位</th></tr><tr><td>030701003</td><td>空调器</td><td>1.名称
2.型号
3.规格
4.安装形式
5.质量
6.隔振垫（器）、支架形式、材质</td><td>台（组）</td></tr></table></td><td></td></tr>
</table>

续表

<table>
<tr><th>定额项目</th><th>章节编号</th><th>定额页码</th><th>图　片</th><th>对应清单</th><th>说　明</th></tr>
<tr><td>冷媒充注</td><td>A.3.5.3</td><td>14</td><td></td><td><table><tr><th>项目编码</th><th>项目名称</th><th>项目特征</th><th>计量单位</th></tr><tr><td>030701003</td><td>空调器</td><td>1.名称
2.型号
3.规格
4.安装形式
5.质量
6.隔振垫（器）、支架形式、材质</td><td>台（组）</td></tr></table></td><td></td></tr>
<tr><td>空气幕</td><td>A.3.6</td><td>15</td><td>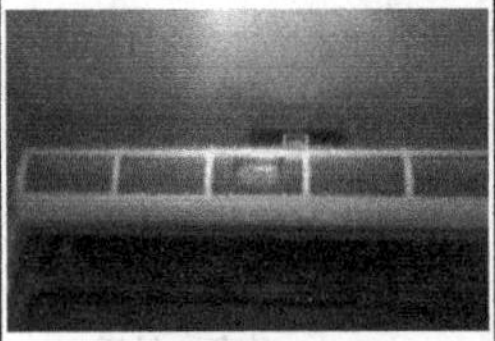</td><td><table><tr><th>项目编码</th><th>项目名称</th><th>项目特征</th><th>计量单位</th></tr><tr><td>030701006</td><td>密闭门</td><td rowspan="4">1.名称
2.型号
3.规格
4.形式
5.支架形式、材质</td><td rowspan="4">个</td></tr><tr><td>030701007</td><td>挡水板</td></tr><tr><td>030701008</td><td>滤水器、溢水盘</td></tr><tr><td>030701009</td><td>金属壳体</td></tr></table></td><td></td></tr>
<tr><td>分段组装空调器安装</td><td>A.3.7</td><td>18</td><td></td><td><table><tr><th>项目编码</th><th>项目名称</th><th>项目特征</th><th>计量单位</th></tr><tr><td>030701003</td><td>空调器</td><td>1.名称
2.型号
3.规格
4.安装形式
5.质量
6.隔振垫（器）、支架形式、材质</td><td>台（组）</td></tr></table></td><td></td></tr>
<tr><td>风机盘管</td><td>A.4</td><td>19</td><td>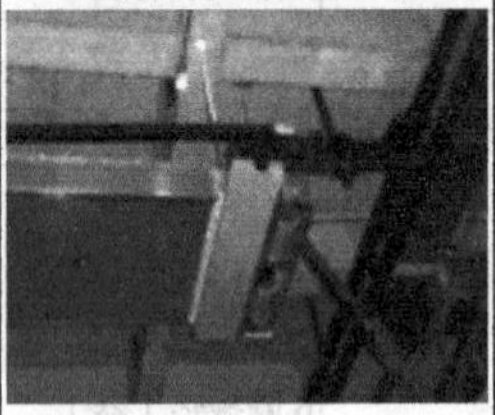</td><td><table><tr><th>项目编码</th><th>项目名称</th><th>项目特征</th><th>计量单位</th></tr><tr><td>030701004</td><td>风机盘管</td><td>1.名称
2.型号
3.规格
4.安装形式
5.减振器、支架形式、材质
6.试压要求</td><td>台</td></tr></table></td><td></td></tr>
</table>

2) 空调系统绝热的典型项目

空调系统绝热主要包括水系统管道绝热、阀门绝热、通风管道绝热、保护层的相应内容。空调系统绝热的典型项目如表 4.1.2 所示。

表4.1.2

表 4.1.2　空调系统绝热的典型项目

<table>
<tr><th>定额项目</th><th>章节编号</th><th>定额页码</th><th>图　片</th><th>对应清单</th><th>说　明</th></tr>
<tr><td>带铝箔离心玻璃棉管壳安装</td><td>J.2.10</td><td>404</td><td></td><td><table><tr><th>项目编码</th><th>项目名称</th><th>项目特征</th><th>计量单位</th></tr><tr><td>031208001</td><td>设备绝热</td><td>1.绝热材料品种
2.绝热厚度
3.设备形式
4.软木品种</td><td rowspan="2">m^3</td></tr><tr><td>031208002</td><td>管道绝热</td><td>1.绝热材料品种
2.绝热厚度
3.管道外径
4.软木品种</td></tr></table></td><td></td></tr>
</table>

续表

定额项目	章节编号	定额页码	图　片	对应清单：项目编码	项目名称	项目特征	计量单位	说　明
硬质瓦块安装	J.2.1	387		031208001	设备绝热	1.绝热材料品种 2.绝热厚度 3.设备形式 4.软木品种	m^3	
				031208002	管道绝热	1.绝热材料品种 2.绝热厚度 3.管道外径 4.软木品种		
橡塑管壳安装（管道）	J.2.11	407		031208001	设备绝热	1.绝热材料品种 2.绝热厚度 3.设备形式 4.软木品种	m^3	
				031208002	管道绝热	1.绝热材料品种 2.绝热厚度 3.管道外径 4.软木品种		
橡塑板安装（管道）	J.2.12	407		031208001	设备绝热	1.绝热材料品种 2.绝热厚度 3.设备形式 4.软木品种	m^3	
				031208002	管道绝热	1.绝热材料品种 2.绝热厚度 3.管道外径 4.软木品种		
带铝箔离心玻璃棉管壳（阀门）	J.4.4	413	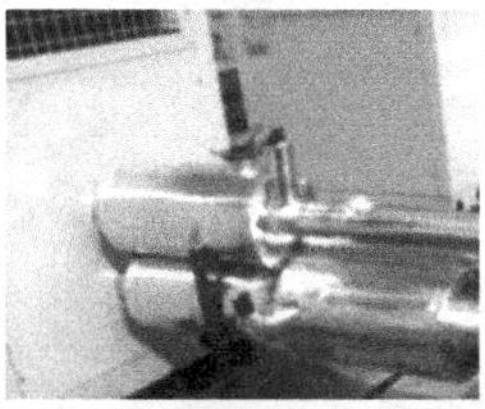	031208004	阀门绝热	1.绝热材料 2.绝热厚度 3.阀门规格	m^3	
				031208005	法兰绝热	1.绝热材料 2.绝热厚度 3.法兰规格		
橡塑板安装（阀门）	J.4.5	413		031208004	阀门绝热	1.绝热材料 2.绝热厚度 3.阀门规格	m^3	
				031208005	法兰绝热	1.绝热材料 2.绝热厚度 3.法兰规格		
带铝箔离心玻璃棉板安装（风管）	J.3.1	408		031208003	通风管道绝热	1.绝热材料品种 2.绝热厚度 3.软木品种	1.m^3 2.m^2	
橡塑板安装（风管）	J.3.2	408		031208003	通风管道绝热	1.绝热材料品种 2.绝热厚度 3.软木品种	1.m^3 2.m^2	

续表

定额项目	章节编号	定额页码	图片	对应清单	说明
铁丝网、铝箔及复合玻璃钢(保护)	J.7.3	421		项目编码：031208007 项目名称：防潮层、保护层 项目特征：1.材料 2.厚度 3.层数 4.对象 5.结构形式 计量单位：1.m^2 2.kg	
铁皮保护层	J.7.8	426		项目编码：031208007 项目名称：防潮层、保护层 项目特征：1.材料 2.厚度 3.层数 4.对象 5.结构形式 计量单位：1.m^2 2.kg	

4.2 供暖系统

4.2.1 初识供暖系统

1)供暖系统及特点

(1)供暖系统的基础知识

①供暖与供暖系统的概念。供暖是指用人工方法向室内供给热量,使室内保持一定的温度,以创造适宜的生活条件或工作条件。供暖系统由热源(热媒制备)、热循环系统(管网或热媒输送)及散热设备(热媒利用)3个主要部分组成。

②供暖系统常与热水系统和空调系统共用设施。供暖方式的选择,与使用者所处的气候环境、资源供给能力和生活习惯有密切关系。

③供暖系统的基本工作原理。低温热媒通过在热源中吸收热量,转变为高温热媒(高温水或蒸汽),经输送管道送往室内,通过散热设备释放热量,从而使室内的温度升高;散热后温度降低,再次变成低温热媒(低温水),通过回收管道返回热源循环使用。如此不断循环,从而不断将热量从热源送到室内,以补充室内的热量损耗,使室内保持一定的温度。

④供暖系统的类型有多种不同的分类方法,按照热媒的不同可以分为热水供暖系统、蒸汽供暖系统、热风采暖系统;按照热源的不同又分为热电厂供暖、区域锅炉房供暖、集中供暖、局部供暖方式等。

⑤依据《建筑工程施工质量验收统一标准》(GB 50300—2013)的规定,供暖系统可由以下子分部工程组成,如表4.2.1所示。

表 4.2.1　组成供暖系统的子分部工程

分部工程	子分部工程	分项工程
建筑给水排水及供暖	室内热水系统	管道及配件安装,辅助设备安装,防腐,绝热,试验与调试
	室内供暖系统	管道及配件安装,辅助设备安装,散热器安装,低温热水地板辐射供暖系统安装,电加热供暖系统安装,燃气红外辐射供暖系统安装,热风供暖系统安装,热计量及调控装置安装,试验与调试,防腐,绝热
	室外供热管网	管道及配件安装,系统水压试验,系统调试,防腐,绝热,试验与调试
	室外二次供热管网	管道及配管安装,土建结构,防腐,绝热,试验与调试

(2)热水供暖系统的主要特点

热水供暖系统是较为常用的一种供暖方式,其主要特点如图 4.2.1 所示。

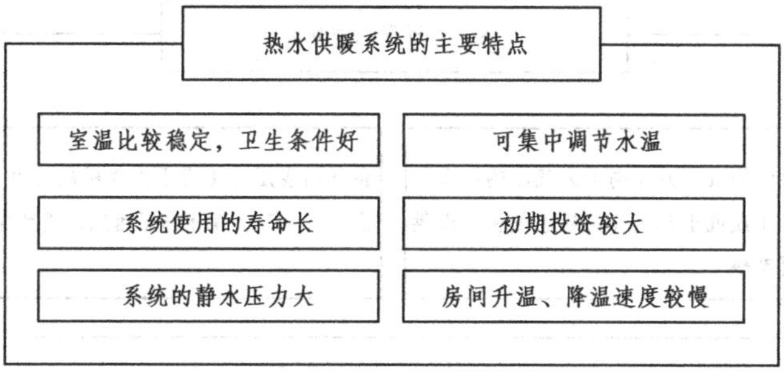

图 4.2.1　热水供暖系统的主要特点

(3)蒸汽供暖系统的主要特点

蒸汽供暖系统的主要特点如图 4.2.2 所示。

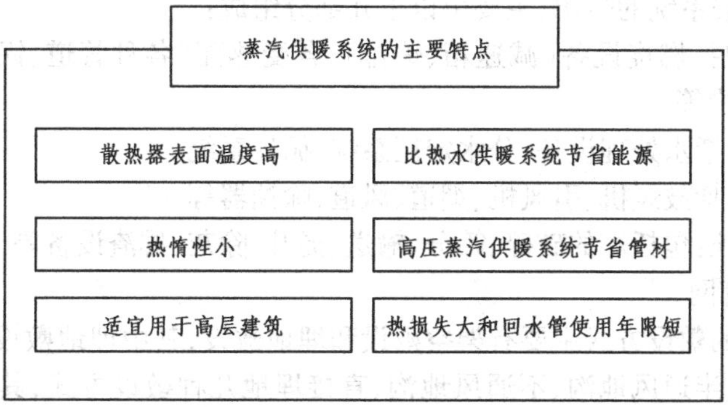

图 4.2.2　蒸汽供暖系统的主要特点

2)热水供暖系统的分类

热水供暖系统按照维度的不同进行分类,如图 4.2.3 所示。

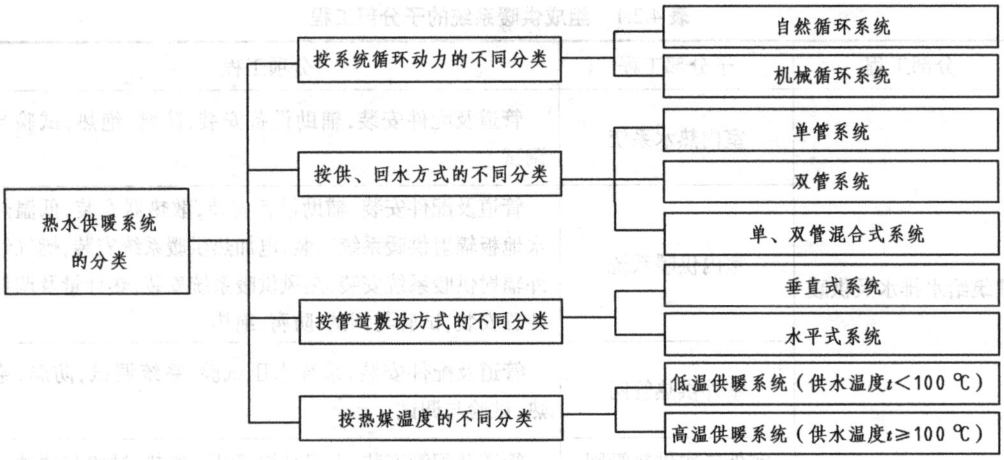

图 4.2.3　热水供暖系统的分类

3)蒸汽供暖系统的分类

按照供气压力的大小,蒸汽供暖系统分为两大类,如图 4.2.4 所示。

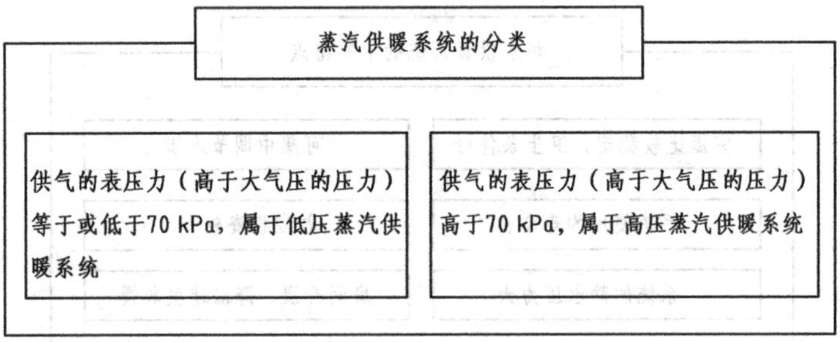

图 4.2.4　蒸汽供暖系统的分类

4)供暖系统的主要设备和设施

(1)锅炉房

锅炉房属于供暖系统的热源,主要由以下几部分组成:

①锅炉本体:包括燃烧设备(减速箱、炉排)、各受热面(各种管道、锅筒、空气预热器、省煤器)、炉体围护结构等。

②热力系统:包括水处理设备、分水定压系统、循环系统。

③烟风系统:包括鼓风机、引风机、烟道、风道、除油器等。

④运煤除灰系统:包括煤的破碎、筛分、输送、提升、除灰、排渣设备等。

(2)室外供热管网

室外供热管网的敷设方式主要有架空敷设和埋地敷设,其中埋地敷设比较常见。埋地敷设又分为通风地沟、半通风地沟、不通风地沟、直接埋地几种敷设方式,其中涉及的主要设备设施有供回水管道、各类阀件、伸缩器、支架、法兰垫、管道地沟及屋顶膨胀水箱等。

(3)室内供暖系统

室内供暖系统主要是指室内的供回水管道、管路上的排气阀、伸缩器阀件、散热设备及室内地沟等。

(4) 局部供暖系统

近年来,各类太阳能热水器、天然气热水器、电热水器以及太阳能与电混合的热水器等能源设备,均较为广泛地运用于室内供暖系统中,而局部供暖方式的应用范围也在逐步扩大,典型代表就是地暖系统的应用。

5) 热水集中供暖系统

热水集中供暖系统主要是由加热设备、热交换器、循环水泵和凝结水泵、膨胀水箱和凝结水箱、分水器和集水器等设备,通过热水管、回水管、凝结水管、各类阀门和除污器组等组成的一个可供应热水和供暖的大系统,如图 4.2.5 所示。

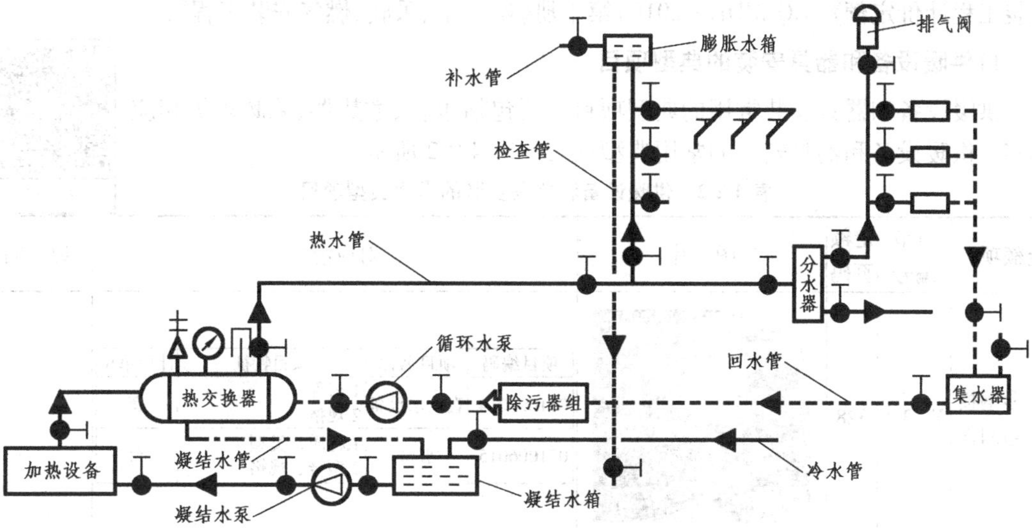

图 4.2.5　热水集中供暖系统框图

6) 天然气地暖系统工作原理图

天然气地暖系统在我国南方地区以家庭为单位推行,使用范围较为广泛,其工作原理如图4.2.6所示。

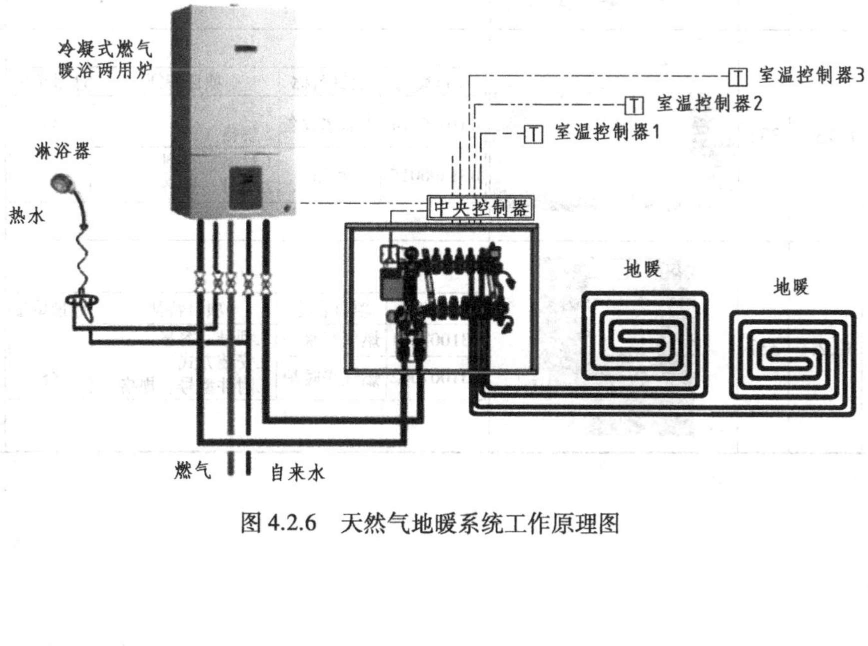

图 4.2.6　天然气地暖系统工作原理图

4.2.2 供暖系统预(结)算的典型项目

供暖系统管道安装的绝大多数定额子目和清单项目,请参照“第1章 生活给水系统”中的相关内容。

供暖系统管道和设备绝热的绝大多数定额子目和清单项目,请参照“4.1 空调系统”中的相关内容。

本节主要介绍室内供暖系统涉及的特定定额子目和清单项目。主要定额是《重庆市通用安装工程计价定额》(CQAZDE—2018)第十册《给排水、采暖、燃气安装工程》。

1)供暖设备和器具安装的典型项目

供暖设备和器具安装常用的典型项目主要包括水箱、散热器、采暖炉等相应内容。供暖设备和器具安装的常用典型项目如表4.2.2所示。

表4.2.2

表4.2.2 供暖设备和器具安装的常用典型项目

<table>
<tr><th>定额项目</th><th>章节编号</th><th>定额页码</th><th>图 片</th><th>对应清单</th><th>说 明</th></tr>
<tr><td>矩形钢板水箱制作</td><td>F.13.1</td><td>328</td><td></td><td><table><tr><th>项目编码</th><th>项目名称</th><th>项目特征</th><th>计量单位</th></tr><tr><td>031006014</td><td>直饮水设备</td><td>1.名称
2.规格</td><td>套</td></tr><tr><td>031006015</td><td>水箱</td><td>1.材质、类型
2.型号、规格</td><td>台</td></tr></table></td><td></td></tr>
<tr><td>整体水箱安装</td><td>F.13.4</td><td>330</td><td></td><td><table><tr><th>项目编码</th><th>项目名称</th><th>项目特征</th><th>计量单位</th></tr><tr><td>031006014</td><td>直饮水设备</td><td>1.名称
2.规格</td><td>套</td></tr><tr><td>031006015</td><td>水箱</td><td>1.材质、类型
2.型号、规格</td><td>台</td></tr></table></td><td></td></tr>
<tr><td>组装水箱安装</td><td>F.13.5</td><td>331</td><td></td><td><table><tr><th>项目编码</th><th>项目名称</th><th>项目特征</th><th>计量单位</th></tr><tr><td>031006014</td><td>直饮水设备</td><td>1.名称
2.规格</td><td>套</td></tr><tr><td>031006015</td><td>水箱</td><td>1.材质、类型
2.型号、规格</td><td>台</td></tr></table></td><td></td></tr>
<tr><td>采暖炉安装</td><td>G.2.1</td><td>337</td><td></td><td><table><tr><th>项目编码</th><th>项目名称</th><th>项目特征</th><th>计量单位</th></tr><tr><td>031007001</td><td>燃气开水炉</td><td rowspan="2">1.型号、容量
2.安装方式
3.附件型号、规格</td><td rowspan="2">台</td></tr><tr><td>031007002</td><td>燃气采暖炉</td></tr></table></td><td></td></tr>
</table>

续表

<table>
<tr><th>定额项目</th><th>章节编号</th><th>定额页码</th><th>图　片</th><th>对应清单</th><th>说　明</th></tr>
<tr><td>金属复合散热器安装</td><td>E.1.1</td><td>301</td><td></td><td><table><tr><th>项目编码</th><th>项目名称</th><th>项目特征</th><th>计量单位</th></tr><tr><td>031005002</td><td>钢制散热器</td><td>1.结构形式
2.型号、规格
3.安装方式
4.托架刷油设计要求</td><td rowspan="2">组（片）</td></tr><tr><td>031005003</td><td>其他成品散热器</td><td>1.材质、类型
2.型号、规格
3.托架刷油设计要求</td></tr></table></td><td></td></tr>
<tr><td>艺术造型散热器安装</td><td>E.1.2</td><td>301</td><td>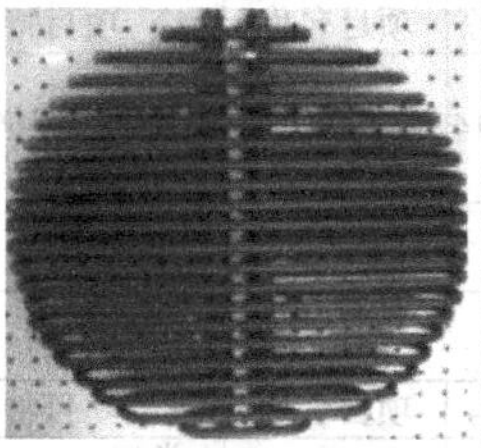</td><td><table><tr><th>项目编码</th><th>项目名称</th><th>项目特征</th><th>计量单位</th></tr><tr><td>031005002</td><td>钢制散热器</td><td>1.结构形式
2.型号、规格
3.安装方式
4.托架刷油设计要求</td><td rowspan="2">组（片）</td></tr><tr><td>031005003</td><td>其他成品散热器</td><td>1.材质、类型
2.型号、规格
3.托架刷油设计要求</td></tr></table></td><td></td></tr>
<tr><td>暖风机安装</td><td>E.3.1</td><td>309</td><td></td><td><table><tr><th>项目编码</th><th>项目名称</th><th>项目特征</th><th>计量单位</th></tr><tr><td>031005005</td><td>暖风机</td><td>1.质量
2.型号、规格
3.安装方式</td><td>台</td></tr></table></td><td></td></tr>
<tr><td>不带箱热媒集配装置安装</td><td>E.6.1</td><td>313</td><td></td><td><table><tr><th>项目编码</th><th>项目名称</th><th>项目特征</th><th>计量单位</th></tr><tr><td>031005007</td><td>热媒集配装置</td><td>1.材质
2.规格
3.附件名称、规格、数量</td><td>台</td></tr></table></td><td></td></tr>
<tr><td>带箱热媒集配装置安装</td><td>E.6.2</td><td>314</td><td></td><td><table><tr><th>项目编码</th><th>项目名称</th><th>项目特征</th><th>计量单位</th></tr><tr><td>031005007</td><td>热媒集配装置</td><td>1.材质
2.规格
3.附件名称、规格、数量</td><td>台</td></tr></table></td><td></td></tr>
</table>

2）供暖管道附件和管道安装的典型项目

供暖管道附件和管道主要包括热量表、温控阀、地板敷设采暖、室内薄壁不锈钢管（卡压连接）、室内铜管（卡压连接）、室内超薄不锈钢衬塑复合给水管（热熔连接）的相应内容。供暖管道附件和管道安装的典型项目如表4.2.3所示。

表4.2.3

表 4.2.3　供暖管道附件和管道安装的典型项目

<table>
<tr><th>定额项目</th><th>章节编号</th><th>定额页码</th><th>图　片</th><th>对应清单</th><th>说明</th></tr>
<tr><td>户用热量表组成安装(螺纹连接)</td><td>C.13.1</td><td>252</td><td>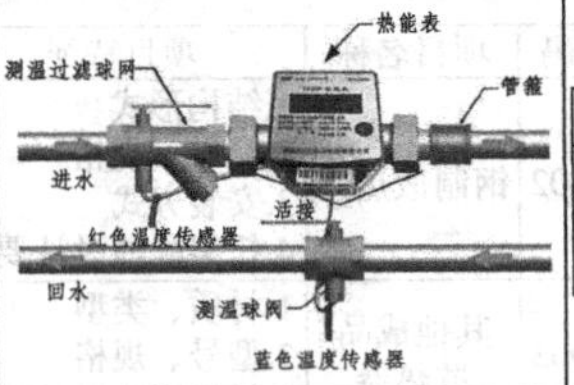
</td><td><table><tr><th>项目编码</th><th>项目名称</th><th>项目特征</th><th>计量单位</th></tr><tr><td>031003014</td><td>热量表</td><td>1.类型
2.型号、规格
3.连接形式</td><td>块</td></tr></table></td><td></td></tr>
<tr><td>热水采暖入口热量表组成安装(螺纹连接)</td><td>C.13.2</td><td>253</td><td>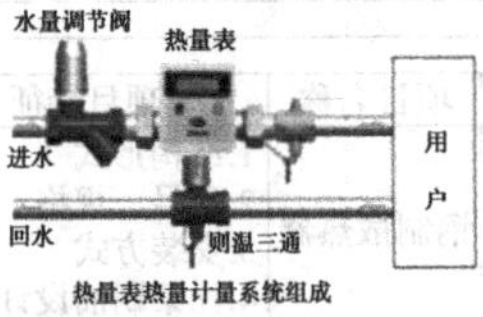
</td><td><table><tr><th>项目编码</th><th>项目名称</th><th>项目特征</th><th>计量单位</th></tr><tr><td>031003014</td><td>热量表</td><td>1.类型
2.型号、规格
3.连接形式</td><td>块</td></tr></table></td><td></td></tr>
<tr><td>热水采暖入口热量表组成安装(法兰连接)</td><td>C.13.3</td><td>255</td><td></td><td><table><tr><th>项目编码</th><th>项目名称</th><th>项目特征</th><th>计量单位</th></tr><tr><td>031003014</td><td>热量表</td><td>1.类型
2.型号、规格
3.连接形式</td><td>块</td></tr></table></td><td></td></tr>
<tr><td>散热器温控阀</td><td>C.1.5</td><td>190</td><td></td><td><table><tr><th>项目编码</th><th>项目名称</th><th>项目特征</th><th>计量单位</th></tr><tr><td>031003001</td><td>螺纹阀门</td><td rowspan="3">1.类型
2.材质
3.规格、压力等级
4.连接形式
5.焊接方法</td><td rowspan="3"></td></tr><tr><td>031003002</td><td>螺纹法兰阀门</td></tr><tr><td>031003003</td><td>焊接法兰阀门</td></tr></table></td><td></td></tr>
<tr><td>塑料管敷设(地板敷设采暖)</td><td>E.4.1</td><td>254</td><td></td><td><table><tr><th>项目编码</th><th>项目名称</th><th>项目特征</th><th>计量单位</th></tr><tr><td>031005006</td><td>地板辐射采暖</td><td>1.保温层材质、厚度
2.钢丝网设计要求
3.管道材质、规格
4.压力试验及吹扫设计要求</td><td>1.m^2
2.m</td></tr></table></td><td></td></tr>
<tr><td>保温隔热层敷设(地板敷设采暖)</td><td>E.4.2</td><td>254</td><td>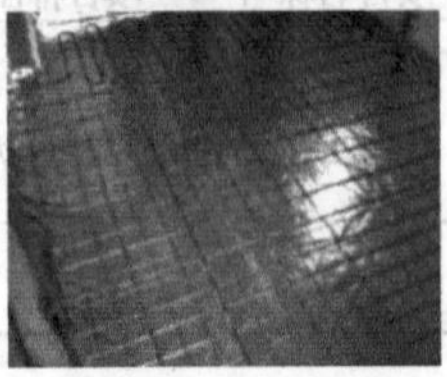</td><td><table><tr><th>项目编码</th><th>项目名称</th><th>项目特征</th><th>计量单位</th></tr><tr><td>031005006</td><td>地板辐射采暖</td><td>1.保温层材质、厚度
2.钢丝网设计要求
3.管道材质、规格
4.压力试验及吹扫设计要求</td><td>1.m^2
2.m</td></tr></table></td><td></td></tr>
<tr><td>室内薄壁不锈钢管(卡压连接)</td><td>A.3.6</td><td>61</td><td>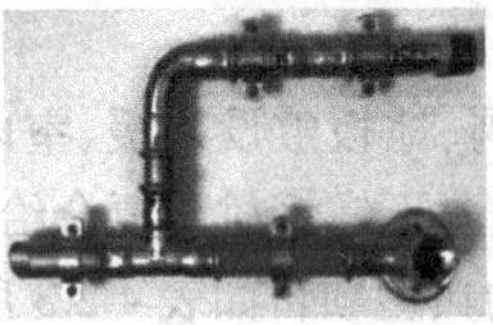</td><td><table><tr><th>项目编码</th><th>项目名称</th><th>项目特征</th><th>计量单位</th></tr><tr><td>031001001</td><td>镀锌钢管</td><td rowspan="4">1.安装部位
2.介质
3.规格、压力等级
4.连接形式
5.压力试验及吹、洗设计要求
6.警示带形式</td><td rowspan="4"></td></tr><tr><td>031001002</td><td>钢管</td></tr><tr><td>031001003</td><td>不锈钢管</td></tr><tr><td>031001004</td><td>钢管</td></tr></table></td><td></td></tr>
</table>

续表

定额项目	章节编号	定额页码	图　片	对应清单：项目编码	项目名称	项目特征	计量单位	说明
室内铜管（卡压连接）	A.4.1	67		031001001	镀锌钢管	1.安装部位 2.介质 3.规格、压力等级 4.连接形式 5.压力试验及吹、洗设计要求 6.警示带形式		
				031001002	钢管			
				031001003	不锈钢管			
				031001004	钢管			
内超薄不锈钢衬塑复合给水管（热熔连接）	A.7.8	142		031001007	复合管	1.安装部位 2.介质 3.材质、规格 4.连接形式 5.压力试验及吹、洗设计要求 6.警示带形式		

参考文献

[1] 中华人民共和国住房和城乡建设部.建筑工程施工质量验收统一标准:GB 50300—2013[S].北京:中国计划出版社,2013.

[2] 中华人民共和国建设部.建筑给水排水及采暖工程施工质量验收规范:GB 50242—2002[S].北京:中国计划出版社,2002.

[3] 中华人民共和国住房和城乡建设部.给水排水管道工程施工及验收规范:GB 50268—2008[S].北京:中国计划出版社,2008.

[4] 中华人民共和国住房和城乡建设部.消防给水及消火栓系统技术规范:GB 50974—2014[S].北京:中国计划出版社,2014.

[5] 北京市市政设计院.水表井及安装:S145[S].北京:中国建筑标准设计研究院,1977.

[6] 北京市市政工程设计研究总院.防水套管:02S404[S].北京:中国建筑标准设计研究院,2002.

[7] 中机国际工程设计研究院.管道穿墙、屋面防水套管:01R409[S].北京:中国建筑标准设计研究院,2001.

[8] 中国建筑东北设计研究院有限公司.矩形给水箱:12S101[S].北京:中国计划出版社,2012.

[9] 中国有色工业设计研究总院.室内管道支架及吊架:03S402[S].北京:中国建筑标准设计研究院,2003.

[10] 北京市市政工程设计研究总院.室外消火栓安装:01S201[S].北京:中国建筑标准设计研究院,2001.

[11] 机械工业部第一设计研究院.消防水泵接合器安装:99S203[S].北京:中国建筑标准设计研究院,1999.

[12] 机械工业部第一设计研究院.倒流防止器安装:05S108[S].北京:中国建筑标准设计研究院,2005.

[13] 中国建筑标准设计研究院,北京市自来水设计公司.室外给水管道附属构筑物:05S502[S].北京:中国建筑标准设计研究院,2005.

[14] 第一机械工业部第八设计研究院.弹簧压力表安装图:R901[S].北京:中国建筑标准设计研究院,1966.

[15] 上海建筑设计研究院有限公司,广西华蓝设计(集团)有限公司.建筑给水塑料管道安装:11S405[S].北京:中国计划出版社,2011.

[16] 广西华蓝设计(集团)有限公司.建筑排水塑料管道安装:10S406[S].北京:中国计划出版社,2010.

[17] 上海建筑设计研究院有限公司.卫生设备安装:09S304[S].北京:中国计划出版社,2009.

[18] 华东建筑设计研究院有限公司.建筑排水设备附件选用安装:04S301[S].北京:中国计划出版社,2004.

[19] 华东建筑设计研究院有限公司.住宅厨、卫给水排水管道安装:14S307[S].北京:中国建筑标准设计研究院,2014.

[20] 中华人民共和国住房和城乡建设部.建设工程工程量清单计价规范:GB 50500—2013[S].北京:中国计划出版社,2013.

[21] 中华人民共和国住房和城乡建设部.通用安装工程工程量计算规范:GB 50856—2013[S].北京:中国计划出版社,2013.

[22] 中华人民共和国住房和城乡建设部.房屋建筑与装饰工程工程量计算规范:GB 50854—2013[S].北京:中国计划出版社,2013.

[23] 重庆市建设工程造价管理总站.重庆市建设工程费用定额:CQFYDE—2018[S].重庆:重庆大学出版社,2018.

[24] 重庆市建设工程造价管理总站.重庆市通用安装工程计价定额:CQAZDE—2018[S].重庆:重庆大学出版社,2018.